执业资格考试丛书

全国注册城乡规划师职业资格考试辅导教材(第十三版)

第1分册 城乡规划原理

惠 劼 张洁璐 主编

中国建筑工业出版社

图书在版编目（CIP）数据

全国注册城乡规划师职业资格考试辅导教材. 第1分册，城乡规划原理/惠劼，张洁璐主编. —13版. —北京：中国建筑工业出版社，2020.5

（执业资格考试丛书）
ISBN 978-7-112-25166-7

Ⅰ.①全… Ⅱ.①惠…②张… Ⅲ.①城乡规划-中国-资格考试-自学参考资料 Ⅳ.①TU984.2

中国版本图书馆 CIP 数据核字（2020）第 080632 号

责任编辑：陆新之 焦 扬
责任校对：芦欣甜

执业资格考试丛书
全国注册城乡规划师职业资格考试辅导教材（第十三版）
第1分册 城乡规划原理
惠 劼 张洁璐 主编

*

中国建筑工业出版社出版、发行（北京海淀三里河路9号）
各地新华书店、建筑书店经销
北京红光制版公司制版
河北鹏润印刷有限公司印刷

*

开本：787×1092毫米 1/16 印张：19½ 字数：468千字
2020年6月第十三版 2020年6月第十九次印刷
定价：75.00元
ISBN 978-7-112-25166-7
（35826）

版权所有 翻印必究
如有印装质量问题，可寄本社退换
（邮政编码 100037）

《全国注册城乡规划师职业资格考试辅导教材》(第十三版)总编辑委员会

主　任：邱　跃

副主任（以姓氏笔画为序）：

　　　　王　玮　　王翠萍　　甘靖中　　苏海龙　　惠　劼

委　员（以姓氏笔画为序）：

　　　　王宇新　　王孝慈　　王殿芳　　孙德发

　　　　纪立虎　　李祥平　　李瑞强　　宋　强

　　　　迟志武　　张洁璐　　陆新之　　林心怡

　　　　罗　西　　栾耀华　　郭　鑫　　梁利军

　　　　谭迎辉　　潘育耕

第十三版前言

建设部和人事部决定自 2000 年起实施注册城市规划师执业资格考试制度，迄今已有 18 年（2015 年、2016 年停考）。2008 年 6 月全国城市规划执业制度管理委员会公布了《全国城市规划师执业资格考试大纲（修订版）》，对考试大纲作了新的调整，对注册城市规划师执业提出了新的、更高的要求，考试内容和题型也有新的变化。

2017 年 5 月 22 日，人力资源和社会保障部与住房和城乡建设部共同印发了《人力资源社会保障部住房城乡建设部关于印发〈注册城乡规划师职业资格制度规定〉和〈注册城乡规划师职业资格考试实施办法〉的通知》，文件将以往的"注册城市规划师""注册城市规划师执业资格"改称为"注册城乡规划师"与"注册城乡规划师职业资格"，并对注册和执业制度以及考试做出了新的规定与安排。

2018 年初，党的十九届三中全会审议通过《深化党和国家机构改革方案》。国务院第一次常务会议审议通过国务院部委管理的国家局设置方案，组建自然资源部，将住房和城乡建设部的城乡规划管理和其他部门职责整合入内。经过一年的努力，其内部机构设置尘埃落定，但新形势下空间规划相关的法律法规及规章规范尚未更新完善。2020 年，新冠疫情暴发，在本套丛书出版之日前，新版考试大纲尚未颁布，2020 年辅导教材仍沿用 2008 版大纲。针对这种新旧交替之时考试所出现的新变化，中国建筑工业出版社组织成立了编委会，共同编写这套《全国注册城乡规划师职业资格考试辅导教材》（第十三版）。为方便考生在较短时间内达到好的复习效果以备迎考，辅导教材共分四册：《城乡规划原理》、《城乡规划相关知识》、《城乡规划管理与法规》和《城乡规划实务》。辅导教材为适应考试的新变化，增加国土空间规划方面的内容，以 2019 年 5 月 23 日发布的《中共中央 国务院关于建立国土空间规划体系并监督实施的若干意见》为核心。

本书编写阵容齐整，分工合理，由多年从事北京市城乡规划管理实践工作的专家和上海复旦规划建筑设计研究院的专家编写《城乡规划管理与法规》《城乡规划实务》，西安建筑科技大学城乡规划专业资深教授编写《城乡规划相关知识》《城乡规划原理》。编委会成员既有担任过全国注册规划师考试辅导班的教师，也有对全国注册城乡规划师执业考试研究颇深的专家。他们熟悉考试要点、难点，对题型尤其是近年新出现的多选题型有深入的研究。其中《城乡规划原理》由惠劼、张洁璐主编，惠劼统稿；《城乡规划相关知识》

由王翠萍、王宇新主编，王翠萍统稿；《城乡规划管理与法规》由邱跃、苏海龙主编；《城乡规划实务》由苏海龙、邱跃、郭鑫主编。

辅导教材每分册主要分成复习指导、复习题解及习题三部分内容。复习指导既包括对考试大纲的解析，也对考试要点、难点进行归纳总结，便于考生强化记忆。复习题解针对前几次考试已经统计出来的经常出现的疑难点进行重点分析，为考生澄清错误的思维方式，理清正确的答题思路。其中《城乡规划原理》《城乡规划相关知识》《城乡规划管理与法规》三个分册增加了大量的多选题，《城乡规划相关知识》还增加了真题分析及解答，《城乡规划实务》针对前几次试卷提供直截了当的分析方法和简明扼要的答题思路，使考生准确地掌握考试得分点。辅导教材的习题对考试的适用性较强，且具有很强的针对性。

为与读者形成良好的互动，本丛书建立了一个QQ答疑群，并开设了一个微信服务号来建立微信答疑群，用于解答读者在看书过程中所产生的问题，并收集读者发现的问题，从而对本丛书进行迭代优化。欢迎大家加群，在共同学习的过程中发现问题、解决问题并相互促进和提升！

规划丛书答疑QQ群
群号：648363244

微信服务号
微信号：JZGHZX

《全国注册城乡规划师职业资格考试辅导教材》编委会

2020年4月30日

目 录

第一部分 复习指导

第一章 城市与城市发展 ·· 2
 一、城市与乡村 ··· 2
 二、城市的形成与发展规律 ··· 12
 三、城镇化及其发展 ·· 14
 四、城市发展与区域、经济社会及资源环境的关系 ··········· 21

第二章 城市规划的发展及主要理论与实践 ································ 24
 一、国外城市与城市规划理论 ··· 24
 二、中国城市与城市规划的发展 ····································· 36
 三、世纪之交时期城市规划的理论探索和实践 ················ 44
 四、国土空间规划 ··· 52

第三章 城乡规划体系 ··· 66
 一、城乡规划的内涵 ··· 66
 二、我国城乡规划体系 ·· 69
 三、城乡规划的制定 ··· 72

第四章 城镇体系规划 ··· 75
 一、城镇体系规划的作用和任务 ···································· 75
 二、城镇体系规划的编制 ·· 77
 三、城镇群规划 ·· 81

第五章 城市总体规划 ··· 84
 一、城市总体规划的作用和任务 ···································· 84
 二、城市总体规划编制程序和方法 ································ 85
 三、城市总体规划的基础研究 ······································· 86
 四、城市总体规划纲要 ·· 95
 五、城镇发展布局规划 ·· 97
 六、城市用地布局规划 ·· 100
 七、城市综合交通规划 ·· 105
 八、城市历史文化遗产保护规划 ································· 125

九、其他主要专项规划……………………………………………………… 132
　　十、城市总体规划成果……………………………………………………… 147

第六章　城市近期建设规划……………………………………………………… 151
　　一、掌握城市近期建设规划的作用与任务………………………………… 151
　　二、城市近期建设规划的编制……………………………………………… 152

第七章　城市详细规划…………………………………………………………… 156
　　一、控制性详细规划………………………………………………………… 156
　　二、修建性详细规划………………………………………………………… 162
　　三、城市详细规划的强制性内容…………………………………………… 164

第八章　镇、乡和村庄规划……………………………………………………… 165
　　一、镇、乡和村庄规划的工作范畴及任务………………………………… 165
　　二、镇规划的编制…………………………………………………………… 169
　　三、乡和村庄规划的编制…………………………………………………… 181
　　四、名镇和名村保护规划…………………………………………………… 191
　　五、特色小镇建设…………………………………………………………… 201

第九章　其他主要规划类型……………………………………………………… 203
　　一、居住区规划……………………………………………………………… 203
　　二、风景名胜区规划………………………………………………………… 211
　　三、城市设计………………………………………………………………… 215

第十章　城乡规划实施…………………………………………………………… 219
　　一、城乡规划实施的含义、作用与机制…………………………………… 219
　　二、掌握城乡规划实施的基本因素………………………………………… 222
　　三、熟悉公共性设施建设与城乡规划实施的关系………………………… 223
　　四、熟悉商业性开发与城乡规划实施的关系……………………………… 224

第二部分　模　拟　试　题

模拟试题一…………………………………………………………………………… 228
模拟试题二…………………………………………………………………………… 241
模拟试题三…………………………………………………………………………… 255
模拟试题四…………………………………………………………………………… 269
模拟试题五…………………………………………………………………………… 282
参考答案……………………………………………………………………………… 296
参考文献……………………………………………………………………………… 299
后记…………………………………………………………………………………… 301

第一部分 复 习 指 导

第一章 城市与城市发展

大纲要求： 掌握城市和乡村的基本特征，熟悉我国城乡社会经济的特点。了解城市形成和发展的主要动因，熟悉城市发展的阶段及其差异，熟悉城市空间环境演进的基本规律及主要影响因素。熟悉城镇化的含义，熟悉城镇化发展的基本特征，熟悉我国城镇化发展的历程及当前状况。熟悉城市发展与区域发展的关系，熟悉城市发展与经济发展的关系，熟悉城市发展与社会发展的关系，熟悉城市发展与资源环境的关系。

一、城市与乡村

（一）掌握城市和乡村的基本特征

城市是一个复杂的社会，人们对它的理解多种多样，这既反映了城市生活多元的本质特征，也反映了城市及其研究学科的不断发展、动态演进的过程。

城市最早是政治统治、军事防御和商品交换的产物，"城"是由军事防御产生的，"市"是由商品交换产生的。城市是生产力发展的产物，是社会剩余产品交换和争夺的产物，是社会分工和产业分工的产物。

城市与乡村的分离，源于物质劳动与精神劳动的最大的一次分工。城市的产生，一直被认为是人类文明的象征。

1. 城市的概念

目前关于城市的一些主要理解或定义归纳有：

（1）城市产生的定义：城市是社会经济发展到一定阶段的产物，具体说是人类第三次社会大分工的产物。是以行政和商业活动为基本职能的复杂化、多样化的客观实体。

（2）城市功能的定义：城市是工商业活动集聚的场所，是从事工商业活动的人群聚居的场所。

（3）城市集聚的定义：城市的本质特点是集聚，高密度的人口、建筑和信息是城市的普遍特征。

（4）城市的区域定义：作为人类活动的中心，与周围广大区域保持着密切的联系，具有控制、调整和服务等职能。

（5）城市的景观定义：城市是以人造景观为特征的聚落景观，包括土地利用的多样化、建筑物的多样化和空间利用的多样化。它包括了自然环境却又是以人造物和人文景观为主的一种地理环境。

（6）城市的系统定义：城市是一个复杂且处于动态变化之中的自然－社会复合的巨系统。

当前所获得的共识：

城市是非农业人口集中，以从事工商业等非农业生产活动的居民点，是一定地域范围内社会、经济、文化活动的中心，是城市内外各部门、各要素有机结合的大系统。

2. 城市的基本特征

（1）城市的概念是相对存在的。

① 城市与乡村是人类聚落的两种基本形式，两者的关系是相辅相成、密不可分的。

② 在人口稠密及经济发达地区，城乡之间的界线已变得模糊不清了。

③ 若没有了乡村，城市的概念也就无意义了。

（2）城市是以要素聚集为基本特征的。

① 城市不仅是人口聚居、建筑密集的区域，同时也是生产、消费、交换的集中地。

② 城市集聚效益是其不断发展的根本动力，也是与乡村的一大本质区别。

③ 城市各种资源的密集性，使其成为一定地域空间的经济、社会、文化辐射中心。

（3）城市的发展是动态变化和多样的。其变化的轨迹如下：

① 古代城市是被城墙、壕沟所限定的明确空间；

② 现代城市是一种功能性地域；

③ 在一些西方发达国家城市出现了郊区化、逆城镇化、再城镇化等一系列现象；

④ 现今经济全球一体化、全球劳动地域分工，城市传统的功能、社会、文化、景观等方面都已发生了重大转变；

⑤ 城市还将随着信息网络、交通、建筑技术的发展继续发生变化。

（4）城市具有系统性。

① 城市的巨系统包括经济子系统、政治子系统、社会子系统、空间环境子系统以及要素流动子系统。

② 城市各系统要素间的关系是互相交织重叠、共同发挥作用的。

3. 当今城市地域的新类型

（1）大都市区（Metropolitan District）。大都市区是一个大的城市人口核心以及与其有着密切社会经济联系的、具有一体化倾向的临接地域的组合，它是国际上进行城市统计和研究的基本地域单元，是城镇化发展到较高阶段时产生的城市空间形式。

美国是最早采用大都市区概念的国家，1980年后改称为大都市统计区，它反映了大城市及其辐射区域在美国社会经济生活中的地位不断增长的客观事实。

西方国家建立的城市地域新类型实例：

① 加拿大的国情调查大都市区；

② 英国的标准大都市劳动区、大都市经济劳动区；

③ 澳大利亚的国情调查扩展城市区；

④ 瑞典的劳动—市场区；

⑤ 日本的都市圈。

（2）大都市带（Megaloplis）。1957年法国地理学家戈特曼首先提出了大都市带的概念：有许多都市区连成一体，在经济、社会、文化等方面活动存在密切交互作用的巨大的城市地域。

戈特曼认为世界上存在6个大都市带：

①从波士顿经纽约、费城、巴尔的摩到华盛顿的美国东北部大都市带；
②从芝加哥向东经底特律、克利夫兰到匹兹堡的大湖都市带；
③从东京、横滨经名古屋、大阪到神户的日本太平洋沿岸大都市带；
④从伦敦经伯明翰到曼彻斯特、利物浦的英格兰大都市带；
⑤从阿姆斯特丹到鲁尔和法国北部工业聚集体的西北欧大都市带；
⑥以上海为中心的城市密集地区。

可能成为大都市带的地区：
①以巴西里约热内卢和圣保罗两大核心组成的复合体；
②以米兰－都灵－热那亚三角区为中心沿地中海岸向南延伸到比萨和佛罗伦萨，向西延伸到马赛和阿维尼翁的地区；
③以洛杉矶为中心，向北到旧金山湾，向南到美国－墨西哥边界的太平洋沿岸地区。

（3）全球城市区域（Global City Region）。

全球城市即为具有全球城市功能的城市。

全球城市区域既不同于普遍意义上的城市范畴，也不同于因地域联系形成的城市群或城市辐射区，而是在全球化高度发展的前提下，以经济联系为基础，由全球城市及其腹地内经济实力较为雄厚的二级大中城市扩展联合而形成的一种独特空间现象。

全球城市区域是以全球城市为核心的城市区域，而不是以一般的中心城市为核心的区域。

全球城市区域是多核心的城市扩展联合的空间结构，而非单一核心的城市地区。

4. 乡村的基本特征

（1）乡村是具有自然、社会、经济特征的地域综合体；
（2）兼具生产、生活、生态、文化等多重功能；
（3）与城镇互促互进、共生共存，共同构成人类活动的主要空间。

（二）熟悉我国城乡社会经济的特点

1. 城市社会经济的特点

（1）工业和服务业可称为非农经济，是城市社会经济的主要特点。
（2）城市社会的经济形式多样。
（3）城市经济分为：为了满足来自城市内部的产品和服务需求为主的经济活动的非基本经济部类，和为了满足来自城市外部的产品和服务需求为主的经济活动的基本经济部类。基本经济部类是城市经济发展的主因。

2. 乡村社会经济的基本特点

（1）农业和畜牧业是农村社会经济的主要特点。
（2）农村社会的经济形式较单一。
（3）农村社会的经济多为自给自足的方式。

3. 城乡划分与建制体系

（1）城乡聚落的划分

对于城乡的划分各国各地区根据各自的社会经济发展的特点，制订了不同的城镇定义标准。但各国对城乡标准的制定基本离不开城镇的基本特征，所不同的是有些强调某一个、有些强调某几个特征；有些明确数量指标，有些只有定性指标。

很难在城市与乡村之间划出一条有严格科学意义的界线，主要有以下两个原因：

① 从城市到乡村是渐变的，有的是交错的；

② 城市本身是一定历史阶段的产物，其概念在不同的历史条件下发生不断的变化。

(2) 我国的城市建制体系

① 我国 20 世纪 50 年代就制定了具体的城市（市镇）设置标准。

② 我国城镇设置基于两方面的标准：

A. 聚集人口规模。

B. 政治经济地位。依照城市所拥有的政治经济地位，设置了首都、直辖市、省会城市等。

除以上两个标准外，我国对市镇设置还有经济、社会等方面一系列指标的要求。

③ 我国市制的两个基本特点：

A. 市制由多层次的建制构成：直辖市、省辖设区市、不设区市（或自治州辖市）三个层次。

B. 市制兼具城市管理和区域管理的双重性。市既管理自己的直属辖区，又管辖了下级政区（县或乡镇）。中国的市制实行的是城区型与地域型相结合的行政区划建制模式，一般称为广域型市制。

④ 2014 年 10 月 29 日国务院颁布《关于调整城市规模划分标准的通知》。

通知认为：改革开放以来，伴随着工业化进程加速，我国城镇化取得了巨大成就，城市数量和规模都有了明显增长，原有的城市规模划分标准已难以适应城镇化发展等新形势的要求。当前，我国城镇化正处于深入发展的关键时期，为更好地实施人口和城市分类管理，满足经济社会发展需要，现将城市规模划分标准调整为：

A. 以城区常住人口为统计口径，将城市划分为五类七档。城区常住人口 50 万以下的城市为小城市，其中 20 万以上 50 万以下的城市为Ⅰ型小城市，20 万以下的城市为Ⅱ型小城市；城区常住人口 50 万以上 100 万以下的城市为中等城市；城区常住人口 100 万以上 500 万以下的城市为大城市，其中 300 万以上 500 万以下的城市为Ⅰ型大城市，100 万以上 300 万以下的城市为Ⅱ型大城市；城区常住人口 500 万以上 1000 万以下的城市为特大城市；城区常住人口 1000 万以上的城市为超大城市。（以上包括本数，以下不包括本数）

B. 城区是指在市辖区和不设区的市、区、市政府驻地的实际建设连接到的居民委员会所辖区域和其他区域。

C. 常住人口包括：居住在本乡镇街道，且户口在本乡镇街道或户口待定的人；居住在本乡镇街道，且离开户口登记地所在的乡镇街道半年以上的人；户口在本乡镇街道，且外出不满半年或在境外工作学习的人。

4. 城市与乡村的区别与联系

(1) 城市与乡村作为两个相对概念，存在着一些基本的区别，主要有：

① 集聚规模差异：城市与乡村的首要差别主要体现在空间要素的集中程度上。

② 生产效率差异：城市经济活动的高效率，是由于城市的高度组织性；相反，乡村

经济活动，还依附于土地等初级生产要素。

③ 生产力结构差异：由于城乡居民的职业构成的不同，也造就了生产力结构的根本区别。

④ 职能差异：城市一般是一个地域的政治、经济、文化的中心，而乡村则不然。

⑤ 物质形态差异：城市具有比较健全的市政设施和公共设施，而乡村则不具备。

⑥ 文化观念差异：城市与乡村不同的社会关系，使得两者在文化内容、意识形态、风俗习惯、传统观念等方面产生了差别。

（2）城市与乡村的基本联系。

① 城市与乡村有着很多不同之处，但仍是一个统一体，不存在截然的界线；

② 随着社会经济的发展以及交通、通信条件的改善与进步，城乡一体化发展的现象愈发明显。

③ 城乡社会、经济以及景观和聚落都具有连续性。

（3）城市与乡村联系的要素。

城乡联系包含的内容非常丰富，其联系要素可以分为：

① 物质联系：公路网、水网、铁路网、生态环境等互相联系；

② 经济联系：市场形势、原材料和中间产品、资本流动、生产联系、消费和购物形式、收入流、行业结构和地区间商品流动；

③ 人口移动联系：流动人口、通勤人口；

④ 技术联系：技术互相依赖、灌溉系统、通信系统；

⑤ 社会作用与联系：访问形式、亲戚关系、仪式、宗教行为、社会团体相互作用；

⑥ 服务联系：信用、金融和网络、教育培训、医疗、商业和技术服务形式、交通服务形式；

⑦ 政治、行政组织联系：结构关系、政府预算流、组织相互依赖性、权力－监督形式、非正式政治决策联系。

（三）我国城乡发展的总体现状

1. 中华人民共和国成立后我国城乡关系的基本历程

中华人民共和国成立 70 多年以来，城乡关系经历了深刻变迁，从流动互惠到二元分割，又从互动融合到高位分散再到城乡统筹的演进过程，正在逐步形成城乡一体化发展的新格局。

2. 我国城乡差异的基本现状

长期以来，我国呈现出城乡分割，人才、资本、信息单向流动，城乡居民生活差距拉大，城乡关系呈现不均等、不和谐等发展状况，其差异概括为：

（1）城乡结构"二元化"。长期以来，我国一直实行"一国两策，城乡分治"的二元经济社会体制和"城市偏向，工业优先"的战略和政策选择。

（2）城乡收入差距拉大。目前我国城乡居民实际收入差距已达 6：1～7：1，为中华人民共和国成立以来最高峰值。

（3）优势发展资源向城市单向集中。城市一直是我国各类生产要素聚集的中心，城乡资源流动单向化，不均衡现象明显。

(4) 逐步走向城乡统筹发展新阶段。自党的十六大提出全面建设小康社会以来，中国在推进"以工促农、以城带乡、工农互惠、城乡一体的新型工农、城乡关系"的统筹城乡发展战略中取得了新进展，中国城乡关系翻开了新篇章，城乡关系进入统筹发展的新阶段。

3. 现阶段的城乡关系

2018年中央一号文件指出：要加快形成工农互促、城乡互补、全面融合、共同繁荣的新型工农城乡关系。

（四）乡村振兴

1. 乡村振兴的总体要求

产业兴旺、生态宜居、乡风文明、治理有效、生活富裕。

2. 乡村振兴的内容

（1）在制度改革方面，大力推进城乡协调发展。建立健全城乡融合发展体制机制和政策体系；深化农村各项改革，落实并完善农村承包地"三权"分置制度；深化农村"三变"改革，即"资源变资产、资金变股金、农民变股东"。

（2）在乡村规划方面，加强乡村振兴规划引领。编制城乡融合发展专项规划；根据不同地区和乡村的个性特色，注重保护乡村传统肌理、空间形态和传统建筑；做好重要空间、建筑和景观设计，深挖历史古韵，传承乡土文脉，形成特色风貌。

（3）在基础建设方面，加快垃圾、污水处理设施和电网、供水、网络等建设；加大"四好农村路"建设。

"四好农村路"即建好、管好、护好、运营好农村公路。

（4）在农村环境建设方面，落实农村人居环境整治三年行动方案，加强农村突出环境问题综合治理，以垃圾污水治理、"厕所革命"、安全饮水、村容村貌整治为重点，改善农村生产生活条件。

3. 乡村振兴的重点

（1）产业振兴。把产业发展落到促进农民增收上来，全力以赴消除农村贫困。

（2）人才振兴。让愿意留在乡村、建设家乡的人留得安心，打造一支强大的乡村振兴人才队伍。

（3）文化振兴。培育文明乡风、良好家风、淳朴民风，提高乡村社会文明程度。

（4）生态振兴。扎实实施农村人居环境整治三年行动方案，推进农村"厕所革命"，完善农村生活设施。

（5）组织振兴。打造千千万万个坚强的农村基层党组织，确保乡村社会充满活力、安定有序。

4. 乡村振兴战略规划的意义

实施乡村振兴战略，是解决新时代我国社会主要矛盾、实现"两个一百年"奋斗目标和中华民族伟大复兴、中国梦的必然要求，具有重大现实意义和深远历史意义。

（1）实施乡村振兴战略是建设现代化经济体系的重要基础。

（2）实施乡村振兴战略是建设美丽中国的关键举措。

（3）实施乡村振兴战略是传承中华优秀传统文化的有效途径。

(4) 实施乡村振兴战略是健全现代社会治理格局的固本之策。
(5) 实施乡村振兴战略是实现全体人民共同富裕的必然选择。

5. 乡村振兴战略规划的新要求

(1) 统筹城乡发展空间，加快形成城乡融合发展的空间格局。

(2) 优化乡村发展布局，坚持人口资源环境相均衡、经济社会生态效益相统一，延续人与自然有机融合的乡村空间关系。

(3) 完善城乡融合发展政策体系，推动城乡要素自由流动、平等交换，为乡村振兴注入新动能。

(4) 把打好精准脱贫攻坚战作为优先任务，把提高脱贫质量放在首位，推动脱贫攻坚与乡村振兴有机结合相互促进。

6. 乡村振兴战略规划的基本原则

(1) 坚持党管农村工作。毫不动摇地坚持和加强党对农村工作的领导，健全党管农村工作方面的领导体制机制和党内法规，确保党在农村工作中始终总揽全局、协调各方，为乡村振兴提供坚强有力的政治保障。

(2) 坚持农业农村优先发展。把实现乡村振兴作为全党的共同意志、共同行动，做到认识统一、步调一致，在干部配备上优先考虑，在要素配置上优先满足，在资金投入上优先保障，在公共服务上优先安排，加快补齐农业农村短板。

(3) 坚持农民主体地位。充分尊重农民意愿，切实发挥农民在乡村振兴中的主体作用，调动亿万农民的积极性、主动性、创造性，把维护农民群众根本利益、促进农民共同富裕作为出发点和落脚点，促进农民持续增收，不断提升农民的获得感、幸福感、安全感。

(4) 坚持乡村全面振兴。准确把握乡村振兴的科学内涵，挖掘乡村多种功能和价值，统筹谋划农村经济建设、政治建设、文化建设、社会建设、生态文明建设和党的建设，注重协同性、关联性、整体部署，协调推进。

(5) 坚持城乡融合发展。坚决破除体制机制弊端，使市场在资源配置中起决定性作用，更好发挥政府作用，推动城乡要素自由流动、平等交换，推动新型工业化、信息化、城镇化、农业现代化同步发展，加快形成工农互促、城乡互补、全面融合、共同繁荣的新型工农城乡关系。

(6) 坚持人与自然和谐共生。牢固树立和践行"绿水青山就是金山银山"的理念，落实节约优先、保护优先、自然恢复为主的方针，统筹山水林田湖草系统治理，严守生态保护红线，以绿色发展引领乡村振兴。

(7) 坚持改革创新、激发活力。不断深化农村改革，扩大农业对外开放，激活主体、激活要素、激活市场，调动各方力量投身乡村振兴。以科技创新引领和支撑乡村振兴，以人才汇聚推动和保障乡村振兴，增强农业农村自我发展动力。

(8) 坚持因地制宜、循序渐进。科学把握乡村的差异性和发展走势分化特征，做好顶层设计，注重规划先行、因势利导、分类施策、突出重点，体现特色、丰富多彩。既尽力而为，又量力而行，不搞层层加码，不搞一刀切，不搞形式主义和形象工程，久久为功，扎实推进。

7. 乡村振兴战略规划的阶段性重点任务

(1) 以农业供给侧结构性改革为主线，促进乡村产业兴旺。坚持质量兴农、品牌强农,构建现代农业产业体系、生产体系、经营体系,推动乡村产业振兴。

(2) 以践行"绿水青山就是金山银山"的理念为遵循,促进乡村生态宜居。统筹山水林田湖草系统治理,加快转变生产生活方式,推动乡村生态振兴。

(3) 以社会主义核心价值观为引领,促进乡村乡风文明。传承发展乡村优秀传统文化,培育文明乡风、良好家风、淳朴民风,建设邻里守望、诚信重礼、勤俭节约的文明乡村,推动乡村文化振兴。

(4) 以构建农村基层党组织为核心、自治法治德治"三治结合"的现代乡村社会治理体系为重点,促进乡村治理有效。把夯实基层基础作为固本之策,建立健全党委领导、政府负责、社会协同、公众参与、法治保障的现代乡村社会治理体制,推动乡村组织振兴,打造充满活力、和谐有序的善治乡村。

(5) 以确保实现全面小康为目标,促进乡村生活富裕。加快补齐农村民生短板,让农民群众有更多实实在在的获得感、幸福感、安全感。

8. 乡村振兴新格局

坚持乡村振兴和新型城镇化双轮驱动,统筹城乡国土空间开发格局,优化乡村生产生活生态空间,分类推进乡村振兴,打造各具特色的现代版"富春山居图"。

(1) 统筹城乡发展空间。按照主体功能定位,对国土空间的开发、保护和整治进行全面安排和总体布局,推进"多规合一",加快形成城乡融合发展的空间格局。

① 强化空间用途管制

强化国土空间规划对各专项规划的指导约束作用,统筹自然资源开发利用、保护和修复,按照不同主体功能定位和陆海统筹原则,开展资源环境承载能力和国土空间开发适宜性评价,科学划定生态、农业、城镇等空间和生态保护红线、永久基本农田、城镇开发边界及海洋生物资源保护线、围填海控制线等主要控制线,推动主体功能区战略格局在市县层面精准落地,健全不同主体功能区差异化协同发展长效机制,实现山水林田湖草整体保护、系统修复、综合治理。

② 完善城乡布局结构

以城市群为主体构建大中小城市和小城镇协调发展的城镇格局,增强城镇地区对乡村的带动能力。

加快发展中小城市,完善县城综合服务功能,推动农业转移人口就地就近城镇化。

因地制宜发展特色鲜明、产城融合、充满魅力的特色小镇和小城镇,加强以乡镇政府驻地为中心的农民生活圈建设,以镇带村、以村促镇,推动镇村联动发展。

建设生态宜居的美丽乡村,发挥多重功能,提供优质产品,传承乡村文化,留住乡愁记忆,满足人民日益增长的美好生活需要。

③ 推进城乡统一规划

通盘考虑城镇和乡村发展,统筹谋划产业发展、基础设施、公共服务、资源能源、生态环境保护等主要布局,形成田园乡村与现代城镇各具特色、交相辉映的城乡发展形态。

强化县域空间规划和各类专项规划引导约束作用,科学安排县域乡村布局、资源利用、设施配置和村庄整治,推动村庄规划管理全覆盖。

综合考虑村庄演变规律、集聚特点和现状分布,结合农民生产生活半径,合理确定县域村庄布局和规模,避免随意撤并村庄搞大社区、违背农民意愿大拆大建。

加强乡村风貌整体管控，注重农房单体个性设计，建设立足乡土社会、富有地域特色、承载田园乡愁、体现现代文明的升级版乡村，避免千村一面，防止乡村景观城市化。

（2）优化乡村发展布局。坚持人口资源环境相均衡、经济社会生态效益相统一，打造集约高效生产空间，营造宜居适度生活空间，保护山清水秀生态空间，延续人和自然有机融合的乡村空间关系。

① 统筹利用生产空间

乡村生产空间是以提供农产品为主体功能的国土空间，兼具生态功能。

围绕保障国家粮食安全和重要农产品供给，充分发挥各地比较优势，重点建设以"七区二十三带"为主体的农产品主产区。

落实农业功能区制度，科学合理划定粮食生产功能区、重要农产品生产保护区和特色农产品优势区，合理划定养殖业适养、限养、禁养区域，严格保护农业生产空间。

适应农村现代产业发展需要，科学划分乡村经济发展片区，统筹推进农业产业园、科技园、创业园等各类园区建设。

② 合理布局生活空间

乡村生活空间是以农村居民点为主体、为农民提供生产生活服务的国土空间。

坚持节约集约用地，遵循乡村传统肌理和格局，划定空间管控边界，明确用地规模和管控要求，确定基础设施用地位置、规模和建设标准，合理配置公共服务设施，引导生活空间尺度适宜、布局协调、功能齐全。

充分维护原生态村居风貌，保留乡村景观特色，保护自然和人文环境，注重融入时代感、现代性，强化空间利用的人性化、多样化，着力构建便捷的生活圈、完善的服务圈、繁荣的商业圈，让乡村居民过上更舒适的生活。

③ 严格保护生态空间

乡村生态空间是具有自然属性、以提供生态产品或生态服务为主体功能的国土空间。

加快构建以"两屏三带"为骨架的国家生态安全屏障，全面加强国家重点生态功能区保护，建立以国家公园为主体的自然保护地体系。

树立山水林田湖草是一个生命共同体的理念，加强对自然生态空间的整体保护，修复和改善乡村生态环境，提升生态功能和服务价值。

全面实施产业准入负面清单制度，推动各地因地制宜制定禁止和限制发展产业目录，明确产业发展方向和开发强度，强化准入管理和底线约束。

（3）分类推进乡村发展。顺应村庄发展规律和演变趋势，根据不同村庄的发展现状、区位条件、资源禀赋等，按照集聚提升、融入城镇、特色保护、搬迁撤并的思路，分类推进乡村振兴，不搞一刀切。

① 集聚提升类村庄

现有规模较大的中心村和其他仍将存续的一般村庄，占乡村类型的大多数，是乡村振兴的重点。

科学确定村庄发展方向，在原有规模基础上有序推进改造提升，激活产业、优化环境、提振人气、增添活力，保护保留乡村风貌，建设宜居宜业的美丽村庄。

鼓励发挥自身比较优势，强化主导产业支撑，支持农业、工贸、休闲服务等专业化村庄发展。加强海岛村庄、国有农场及林场规划建设，改善生产生活条件。

② 城郊融合类村庄

城市近郊区以及县城城关镇所在地的村庄，具备成为城市后花园的优势，也具有向城市转型的条件。

综合考虑工业化、城镇化和村庄自身发展需要，加快城乡产业融合发展、基础设施互联互通、公共服务共建共享，在形态上保留乡村风貌，在治理上体现城市水平，逐步强化服务城市发展、承接城市功能外溢、满足城市消费需求能力，为城乡融合发展提供实践经验。

③ 特色保护类村庄

历史文化名村、传统村落、少数民族特色村寨、特色景观旅游名村等自然历史文化特色资源丰富的村庄，是彰显和传承中华优秀传统文化的重要载体。

统筹保护、利用与发展的关系，努力保持村庄的完整性、真实性和延续性。

切实保护村庄的传统选址、格局、风貌以及自然和田园景观等整体空间形态与环境，全面保护文物古迹、历史建筑、传统民居等传统建筑。

尊重原住居民生活形态和传统习惯，加快改善村庄基础设施和公共环境，合理利用村庄特色资源，发展乡村旅游和特色产业，形成特色资源保护与村庄发展的良性互促机制。

④ 搬迁撤并类村庄

对位于生存条件恶劣、生态环境脆弱、自然灾害频发等地区的村庄，因重大项目建设需要搬迁的村庄，以及人口流失特别严重的村庄，可通过易地扶贫搬迁、生态宜居搬迁、农村集聚发展搬迁等方式，实施村庄搬迁撤并，统筹解决村民生计、生态保护等问题。

拟搬迁撤并的村庄，严格限制新建、扩建活动，统筹考虑拟迁入或新建村庄的基础设施和公共服务设施建设。

坚持村庄搬迁撤并与新型城镇化、农业现代化相结合，依托适宜区域进行安置，避免新建孤立的村落式移民社区。

搬迁撤并后的村庄原址，因地制宜复垦或还绿，增加乡村生产生态空间。

农村居民点迁建和村庄撤并，必须尊重农民意愿并经村民会议同意，不得强制农民搬迁和集中上楼。

（4）坚决打好精准脱贫攻坚战。把打好精准脱贫攻坚战作为实施乡村振兴战略的优先任务，推动脱贫攻坚与乡村振兴有机结合相互促进，确保到 2020 年我国现行标准下农村贫困人口实现脱贫，贫困县全部摘帽，解决区域性整体贫困。

① 深入实施精准扶贫精准脱贫

健全精准扶贫精准脱贫工作机制，夯实精准扶贫精准脱贫基础性工作。

因地制宜、因户施策，探索多渠道、多样化的精准扶贫精准脱贫路径，提高扶贫措施针对性和有效性。

做好东西部扶贫协作和对口支援工作，着力推动县与县精准对接，推进东部产业向西部梯度转移，加大产业扶贫工作力度。

加强和改进定点扶贫工作，健全驻村帮扶机制，落实扶贫责任。加大金融扶贫力度。健全社会力量参与机制，引导激励社会各界更加关注、支持和参与脱贫攻坚。

② 重点攻克深度贫困

实施深度贫困地区脱贫攻坚行动方案。以解决突出制约问题为重点，以重大扶贫工程和到村到户到人帮扶为抓手，加大政策倾斜和扶贫资金整合力度，着力改善深度贫困地区发展条件，增强贫困农户发展能力。

推动新增脱贫攻坚资金、新增脱贫攻坚项目、新增脱贫攻坚举措主要用于"三区三州"等深度贫困地区。

推进贫困村基础设施和公共服务设施建设，培育壮大集体经济，确保深度贫困地区和贫困群众同全国人民一道进入全面小康社会。

③ 巩固脱贫攻坚成果

加快建立健全缓解相对贫困的政策体系和工作机制，持续改善欠发达地区和其他地区相对贫困人口的发展条件，完善公共服务体系，增强脱贫地区"造血"功能。

结合实施乡村振兴战略，推进实施生态宜居搬迁等工程，巩固易地扶贫搬迁成果。注重扶志扶智，引导贫困群众克服"等靠要"思想，逐步消除精神贫困。

建立正向激励机制，将帮扶政策措施与贫困群众参与挂钩，培育提升贫困群众发展生产和务工经商的基本能力。

加强宣传引导，讲好中国减贫故事。

认真总结脱贫攻坚经验，研究建立促进群众稳定脱贫和防范返贫的长效机制，探索统筹解决城乡贫困的政策措施，确保贫困群众稳定脱贫。

二、城市的形成与发展规律

（一）了解城市形成和发展的主要动因

1. 城市的形成与发展历程

（1）城市是社会经济发展到一定历史阶段的产物，是技术进步、社会分工的结果。

（2）最早的城市产生于人类劳动大分工，两次人类劳动大分工对于城市的产生都具有较大的促进作用。

（3）以农业和畜牧业为标志的第一次人类劳动大分工，产生了固定的居民点。

（4）城市是人类第二次劳动大分工的产物。以商业、手工业从农业中的分离为标志的第二次人类劳动大分工，产生了以商业和手工业的聚集地——城市。

（5）记载中最早的城市：以目前考古发现为依据，人类历史上最早的城市大约在公元前3000年左右。

（6）城市经历了5000多年的历史，城市经历的工业经济时期仅有300年的历程。

2. 城市发展的主要动因

（1）城市的形成与发展是在各种力量组合推动下的复杂过程，这些推动力量主要有：自然条件、经济作用、政治因素、社会结构、技术条件等。

（2）工业时期的城市发展主要动因：

①"农村的推力"，工业技术使农业生产力得到空前提高，导致越来越多的农业剩余劳动力的出现，农业人口向城市的集中与转移成为可能；

②"城市的引力"，工业的兴起为庞大的农业剩余劳动力提供了就业机会，对扩大城市人口规模有促进作用。

3. 现代城市发展凸现的动力机制

(1) 自然资源开发和保护。自然资源开发和保护并存以及对可持续发展的追求成为现代城市发展的重要动因。

(2) 科技革命与创新。科学技术是推动社会进步和城市发展的根本动力。

(3) 全球化与新经济。全球化背景下的经济发展对现代城市的发展起到了至关重要的作用。

(4) 城市文化特质。城市文化特质的凸现是现代城市发展的持久动力。

(二) 熟悉城市发展的阶段及其差异

1. 城市发展阶段的划分

(1) 农业社会城市。出现过少数相当繁荣的城市，并在城市和建筑方面留下了十分宝贵的人类文化遗产。

(2) 工业社会城市。18世纪后期开始工业革命从根本上改变了人类社会经济发展的状态，城市逐渐成为主要空间形态和经济发展的空间载体。

(3) 后工业社会城市。后工业社会的生产力将以科技为主体，以高技术为生产与生活的支撑，文化趋于多元化。

2. 各阶段的差异

(1) 农业社会的城市

① 农业社会生产力低下，城市的数量和规模决定于农业的发展；

② 城市没有起到经济中心的作用，城市中的手工业和商业不占主导地位，政治、军事或宗教在城市中占主导地位。

(2) 工业社会的城市

① 人口和经济要素向城市集中；

② 城市规模扩张、数量猛增，产生了世界性的城镇化浪潮；

③ 工业化生产带来的生产力空前提高，导致了原有城市空间与职能的巨大重组，促进了新兴工业城市的形成；

④ 城市成为国家和地区的经济发展中心；

⑤ 工业文明也导致了环境污染、能源短缺、交通拥堵、生态失衡等诸多城市问题。

(3) 后工业社会的城市

① 城市性质由生产功能转向服务功能，制造业的地位明显下降，经济呈服务化；

② 现代化交通工具大大削弱了空间距离对人口和经济要素流动的阻碍；

③ 环境危机日益严重，城市的建设思想也由此走向生态觉醒，人类价值观念发生转变，向"生态时代"迈进；

④ 后工业社会种种因素导致了人们对未来城市发展形态及空间基础的多种理解，也为城市研究、城市设计提供了无比广阔的遐想空间。

(三) 熟悉城市空间环境演进的基本规律及主要影响因素

1. 城市空间环境演进的基本规律

(1) 从封闭的单中心到开放的多中心空间环境

① 大城市建立了适应现代经济生产方式、社会生活方式、交通方式的多中心开放空间结构。

② 这种多中心的开放结构不仅适应了城市自身发展的要求,而且有利于城乡区域的发展互动。

(2) 从平面空间环境到立体空间环境

① 城市空间的利用从平面延展逐步转向立体利用;

② 城市交通道路的立体化、建筑的地下化等,共同组成立体交错的空间。

(3) 从生产性城市空间到生活性城市空间

① 经济的发展和生活水平的提高,"宜居"的生活概念深入人心;

② 公共空间的构建、消费空间的塑造、生活尺度空间的设计等,成为高质量城市生活空间环境所追求的目标。

(4) 从分离的均质城市空间到连续的多样城市空间

① 现代城市空间环境已从传统的独立、均质城市,向连续的城市区域空间转变;

② 从大尺度的大都市带、城市连绵带的出现,到城市内部的各种分异空间的出现,都从尺度和要素构成上塑造了一个多样化的城市空间。

2. 影响城市空间环境演进的主要因素

(1) 自然环境因素,影响城市选址、城市空间特色、空间环境质量等。

主要包括:地形地貌、地质条件、水文、气候、动植物、土壤等。

(2) 社会文化因素,影响城市居民的行为方式和文化价值观念。

主要包括:城市历史、社会结构、人口、土地使用、企事业单位情况、科教文卫等。

(3) 经济与技术环境因素。

① 经济的发展导致城市各组成部分功能的变化,加剧了城市功能与既有空间形态之间的矛盾,从而促进了城市空间的演化;

② 科学技术发展带来的营造技术水平变化,直接影响了城市空间结构以及空间建构方式。

主要包括:国民经济收入、产业结构、产品、产量、产值等,建筑材料、建筑技术和施工技术等。

(4) 政策制度因素,影响行政区划、投资区位、城镇化战略、城建政策、经济政策以及城市规划等。

主要包括:各种政策与管理制度等。

三、城镇化及其发展

(一) 熟悉城镇化的含义

1. 城镇化的基本概念与内涵

城镇化是18世纪产业革命以后,世界各国先后开始的从以农业为主的传统乡村社会转向以工业和服务业为主的现代城市社会的现象。城镇化是乡村转变为城市的复杂过程,从社会学、经济学和地理学等学科来看,概括起来有两个方面:

（1）"有形的城镇化"，即物质上和形态上的城镇化，具体反映在：

① 人口的集中。人口的集中是通过城镇人口比重的增大、城镇点的增加、城镇密度的加大、城镇规模的扩大等方式来实现的。

② 空间形态的改变。反映在城市建设用地的增长、城市用地功能的分化，以及建筑物和构筑物的大量增加所带来的土地景观的改变。

③ 经济结构的变化。经济结构变化体现在产业的转变，即由第一产业向第二、第三产业的转变。

④ 社会组织结构的变化。社会结构的变化主要是由分散的家庭到集体的街道，由个体、自给自营到各种经济文化组织和集团。

（2）"无形的城镇化"，即指精神上、意识形态上、生活方式上的城镇化，主要表现在：

① 城市生活方式的扩散；

② 农村意识、行为方式、生活方式向城市转化的过程；

③ 农村居民逐渐脱离固有的乡土式生活态度、方式，而采取城市生活态度、方式的过程。

概括起来，城镇化被认为是一个过程，是一个农业人口转化为非农业人口、农村地域转化为城市地域、农业活动转化为非农业活动的过程，也可以认为是非农业人口和非农活动在不同规模的城市环境的地理集中的过程，以及城市价值观、城市生活方式在农村的地理扩散过程。

城镇化是一个广泛涉及经济、社会与景观变化的复杂过程。

2. 城镇化水平的测度

（1）各个国家和地区城镇化进程不一，对城镇的标准与定义也不一致，测度、衡量城镇化是一个广泛涉及经济、社会与景观变化的过程，并非一件容易的事。

（2）在现行工作中，通常采用的国际通行方法是：将城镇常住人口占区域总人口的比重作为反映城镇化过程的最重要指标。

（3）计算公式为：$PU=U/P$

式中　PU——城镇化率；

　　　U——城镇常住人口；

　　　P——区域总人口。

（4）城镇化指标只能用来测度人口、土地、产业等有形的城镇化过程，无形的城镇化过程如思想观念、生活方式等是无法测量的。

（二）熟悉城镇化发展的基本特征

1. 城镇化的基本动力机制

（1）农村剩余的贡献。一般认为农业发展是城镇化的初始动力，城市率先在农业发达地区兴起，农产品的剩余刺激了人口劳动结构的分化。

（2）工业化的推进。一般认为工业化是城镇化的根本动力，工业化的集聚要求促成资本、人力、资源和技术等生产要素在有限空间上的高度组合，从而促进城市的形成与发展，并进而启动了城镇化的进程。

(3) 比较利益驱动。城镇化发生的规模与速度受到城乡间比较利益差异的引导和制约，城市拉力和农村推力决定人口从乡村向城市转移的规模和速度。

① 城市拉力主要来自对劳动力的需求，以及城市中较优越的物质环境所产生的诱惑力；

② 农村推力来自于农业人口的增长、土地资源的有限、生产力的提高和农业劳动力的剩余，以及享乐的需求。

(4) 制度变迁的促进。制度的变迁对于城镇化进程在根本动力上具有显著的加速作用。就我国城镇化的进程而言，户籍制度、城乡土地使用制度、住房制度等，都从不同方面影响或推动着城镇化发展的道路。

(5) 市场机制导向。因城市相比于乡村对要素具有巨大的增值效应，在市场的作用下，城镇化的进程得到了不断的推进。

(6) 生态环境诱导和制约的双重作用。生态环境对于城镇化的影响包括诱导和制约作用，它们常常叠加于一个地区的城镇化过程之中。其原因来自两个方面：

① 随着城镇化的推进和城市的过度集聚，一些生态环境优良的郊区开始吸引高品质的居住、休闲旅游和先进产业的发展；

② 有限的生态环境容量将会在很大程度上制约城镇化的进程。

(7) 城乡规划调控。城乡规划引导区域城镇合理布局，对城镇化起到积极的推动作用，而且可以从根本上提升城市与区域的竞争力与可持续发展能力。

2. 城镇化的基本阶段

依据时间序列，城镇化进程一般可以分为四个基本阶段。

(1) 集聚城镇化阶段。表现为人口与产业等要素从农村向城市集聚，显著特征是城乡差别较大。

(2) 郊区化阶段。表现为城市中上阶层开始移居到市郊或外围地带居住，显著特征是住宅、商业服务部门、实务部门以及大量的就业岗位相继向城市郊区迁移。

(3) 逆城镇化阶段。主要表现为市中心区人口继续外迁，郊区人口也向更大的城市外围区域迁移，大都市区人口出现负增长的局面，人们的通勤半径可以扩大到100km左右，特点是人口迁移方向与城镇的聚集相反。

(4) 再城镇化阶段。用调整产业结构、改善城市环境、提升城市功能，开发城市中的衰落地区，来吸引一部分特定人口从郊区向中心城市回流。

3. 世界各国（或地区）城镇化的进程是不同的，世界范围的城市化进程可分为三个阶段。

(1) 1760~1851年：世界城镇化的兴起、验证和示范阶段，世界出现第一个城市化达到50%以上的国家（即英国）。

(2) 1851~1950年：城镇化在欧洲和北美等发达国家的推广、普及和基本实现阶段。

(3) 1950年至今：城镇化在全世界范围内推广、普及和加快阶段。

(三) 熟悉我国城镇化发展的历程及当前状况

1. 中华人民共和国成立后中国城镇化的总体历程

我国的城镇化进程并不是一帆风顺的，经历了一条坎坷曲折的发展道路，总起来可分为以下几个阶段。

（1）启动阶段：1949～1957年，形成了以工业化为基本内容和动力的城镇化。中华人民共和国成立初期三年恢复时期以后，我国很快进入了"一五计划"的大规模工业化建设和城市建设时期，国家采取"重点前进"的城市发展方针，城镇化得到了稳步推进。城镇化水平由10.6%提高到15.4%，平均每年提高0.6个百分点。

（2）波动发展阶段：1958～1965年。这个阶段是违背客观规律的城镇化大起大落时期。

"大起"：1958～1960年，三年"大跃进"期间农村人口进入城市严重失控，城镇化水平迅速提高到19.7%，三年提高了4.3个百分点，平均每年增加1.43个百分点。

"大落"："大跃进"后进入困难时期和调整阶段，城镇人口中2600万人被动员回乡，城镇化水平从19.75%下降到17.98%。

（3）停滞阶段：1966～1978年，"文革"十年，经济社会事业遭到极大破坏，城市甚至无法容纳因自然增长而形成的城市人口，受知识青年上山下乡、干部下放等逆向人口的迁移的影响，城市化水平多年徘徊在17%上下。大量工业配置到"三线"，分散的工业布局难形成聚集优势来发展城镇，小城镇出现萎缩。

（4）快速发展阶段：1979年至改革开放以来，我国进入稳步增长的城镇化阶段。一系列改革开放政策的贯彻执行极大地推动了城镇化的发展。1978～2005年，27年的时间内，我国城镇化水平由17.9%提高到43.0%（2010年第六次全国人口普查，中国城镇人口比重为49.68%；2011年末，中国内地城镇人口比重达到51.27%），平均每年增加0.93个百分点，是世界平均增长水平的2倍多。国家统计局公布《2018年国民经济和社会发展统计公报》，户籍人口城镇化率为43.37%，比上年末提高1.02个百分点。

2. 中国城镇化的典型模式

城镇化的模式，是指对一个国家、一个地区在特定阶段、特定环境背景中城镇化基本特征的模式化归纳、总结。

（1）计划经济体制下以国有企业为主导的城镇化模式。如攀枝花、大庆、鞍山、东营、克拉玛依等城市是这一时期的典型案例。

（2）商品短缺时期以乡镇集体经济为主导的城镇化模式。这种模式通过乡村集体经济和乡镇企业的发展促进了乡村城镇化进程。

（3）市场经济早期以分散家庭工业为主导的城镇化模式。这是由计划经济向市场经济转轨过程中，家庭手工业、个体私营企业以及批发零售业推动了农村工业化，并且带动了乡村人口转化为城市人口。

（4）以外资及混合型经济为主导的城镇化模式。20世纪90年代后期，以外向型经济园区为主体的空间集聚人口与产业，推动了城镇化。

3. 我国城镇化的现状、特征与趋势

（1）我国城镇化的现状。

① 已具备良好的城镇发展基础，步入了快速城镇化阶段；

② 城镇化的体制障碍正逐步消除；

③ 城镇化作为国家发展战略，受到高度重视；

④ 科学发展观为城镇化提供了明确的发展方向；

⑤ 城镇化是我国现代化建设的历史任务；

⑥ 中国共产党第十八次全国代表大会之后我国的新型城镇化道路开始实施，以城乡统筹、城乡一体、产城互动、节约集约、生态宜居、和谐发展为基本特征的城镇化，是大中小城市、小城镇、新型农村社区协调发展、互促共进的新型城镇化之路。

（2）中华人民共和国成立以来我国城镇化发展总体呈现以下特征：

① 城镇化经过了大起大落阶段以后，已进入了持续、加速和健康发展阶段；

② 城镇化发展的区域重点经历了由西向东的转移过程，目前总体是东部快于西部、南方快于北方；

③ 区域中心城市及城市密集地区发展加速，成为区域甚至是国家经济发展的中枢地区，成为接驳世界经济和应对全球化挑战的重要空间单元；

④ 部分城市正逐步走向国际化。

（3）我国城镇化的发展趋势。

① 东部沿海地区快于中西部内陆地区，中部地区不断加速，城市数量和等级都有较大提升；

② 以大城市为主体的多元化的城镇化道路将成为我国城镇化战略的主要选择；

③ 城市群、城市圈等将成为城镇化的重要空间单元；

④ 在沿海的一些发达的特大城市，开始出现了社会居住分化、"郊区化"趋势；

⑤ 特大城市和大城市要合理控制规模，充分发挥辐射带动作用，中小城市和小城镇要增强产业发展、公共服务、吸纳就业、人口集聚的功能；

⑥ 新型城镇化的道路就是要由过去片面注重追求城市规模扩大、空间扩张，改变为以提升城市的文化、公共服务等内涵为中心，真正使我们的城镇成为具有较高品质的适宜人居之所。

4. 推进健康城镇化对国家发展的战略意义

（1）健康城镇化

① 不是单纯追求人口意义的城镇化；

② 依靠第二产业和第三产业发展促进城镇化；

③ 注重城市整体质量的提高，更加完善城市服务功能；

④ 推行新型城镇化，实现城乡共同富裕。

（2）健康城镇化的五条底线

① 大中小城市和小城镇需协调发展；

② 城市和农村须协调互补发展；

③ 要保持城市的紧凑发展；

④ 防止空城大规模出现；

⑤ 保护好自然和文化遗产。

（3）健康城镇化的核心内容

① 健康城镇化实施的方针：坚持大、中、小城市和小城镇协调发展，提高城镇综合承载能力，按循序渐进、节约土地、集约发展、合理布局的原则，积极稳妥地推进城镇化。

② 健康城镇化的任务：特大城市和大城市要合理控制规模，充分发挥辐射带动作用，

中小城市和小城镇要增强产业发展、公共服务、吸纳就业、人口集聚的功能。

5.《国家新型城镇化规划（2014—2020年）》

《国家新型城镇化规划（2014—2020年）》，根据中国共产党第十八次全国代表大会报告、《中共中央关于全面深化改革若干重大问题的决定》、中央城镇化工作会议精神、《中华人民共和国国民经济和社会发展第十二个五年规划纲要》和《全国主体功能区规划》编制，按照走中国特色新型城镇化道路、全面提高城镇化质量的新要求，明确未来城镇化的发展路径、主要目标和战略任务，统筹相关领域制度和政策创新，是指导全国城镇化健康发展的宏观性、战略性、基础性规划。

（1）新型城镇化的概念

新型城镇化是以城乡统筹、城乡一体、产城互动、节约集约、生态宜居、和谐发展为基本特征的城镇化，是大中小城市、小城镇、新型农村社区协调发展、互促共进的城镇化。

（2）城镇化的核心

① 以人为本，公平共享。以人的城镇化为核心，合理引导人口流动，有序推进农业转移人口市民化，稳步推进城镇基本公共服务常住人口全覆盖，不断提高人口素质，促进人的全面发展和社会公平正义，使全体居民共享现代化建设成果。

② 四化同步，统筹城乡。推动信息化和工业化深度融合、工业化和城镇化良性互动、城镇化和农业现代化相互协调。促进城镇发展与产业支撑、就业转移和人口集聚相统一，促进城乡要素平等交换和公共资源均衡配置，形成以工促农、以城带乡、工农互惠、城乡一体的新型工农、城乡关系。

③ 优化布局，集约高效。根据资源环境承载能力，构建科学合理的城镇化宏观布局。以综合交通网络和信息网络为依托，科学规划建设城市群，严格控制城镇建设用地规模，严格划定永久基本农田，合理控制城镇开发边界，优化城市内部空间结构，促进城市紧凑发展，提高国土空间利用效率。

④ 生态文明，绿色低碳。把生态文明理念全面融入城镇化进程，着力推进绿色发展、循环发展、低碳发展，节约集约利用土地、水、能源等资源，强化环境保护和生态修复，减少对自然的干扰和损害，推动形成绿色低碳的生产生活方式和城市建设运营模式。

⑤ 文化传承，彰显特色。根据不同地区的自然历史文化禀赋，体现区域差异性，提倡形态多样性，防止千城一面，发展有历史记忆、文化脉络、地域风貌、民族特点的美丽城镇，形成符合实际、各具特色的城镇化发展模式。

⑥ 市场主导，政府引导。

⑦ 统筹规划，分类指导。

（3）城镇化发展的意义

① 城镇化是现代化的必由之路。工业革命以来的经济社会发展史表明，一国要成功实现现代化，在工业化发展的同时，必须注重城镇化发展。当今中国，城镇化与工业化、信息化和农业现代化同步发展，是现代化建设的核心内容，彼此相辅相成。

② 城镇化是保持经济持续健康发展的强大引擎。内需是我国经济发展的根本动力，扩大内需的最大潜力在于城镇化。

③ 城镇化是加快产业结构转型升级的重要抓手。产业结构转型升级是转变经济发展

方式的战略任务，加快发展服务业是产业结构优化升级的主攻方向。

④ 城镇化是解决农业农村农民问题的重要途径。我国农村人口过多，农业水土资源紧缺，在城乡二元体制下，土地规模经营难以推行，传统生产方式难以改变，这是"三农"问题的根源。

⑤ 城镇化是推动区域协调发展的有力支撑。改革开放以来，我国东部沿海地区率先开放发展，形成了京津冀、长江三角洲、珠江三角洲等一批城市群，有力推动了东部地区快速发展，成为国民经济重要的增长极。

⑥ 城镇化是促进社会全面进步的必然要求。城镇化作为人类文明进步的产物，既能提高生产活动效率，又能富裕农民、造福人民，全面提升生活质量。

（4）需着力解决的突出矛盾和问题

① 大量农业转移人口难以融入城市社会，市民化进程滞后。

② "土地城镇化"快于人口城镇化，建设用地粗放低效。

③ 城镇空间分布和规模结构不合理，与资源环境承载能力不匹配。

④ 城市管理服务水平不高，"城市病"问题日益突出。

⑤ 自然历史文化遗产保护不力，城乡建设缺乏特色。

⑥ 体制机制不健全，阻碍了城镇化健康发展。

⑦ 城镇化发展面临的外部挑战日益严峻。

⑧ 城镇化转型发展的内在要求更加紧迫。

⑨ 城镇化转型发展的基础条件日趋成熟。

（5）城镇化的发展目标

① 城镇化水平和质量稳步提升。城镇化健康有序发展，常住人口城镇化率达到60%左右，户籍人口城镇化率达到45%左右，户籍人口城镇化率与常住人口城镇化率差距缩小2个百分点左右，努力实现1亿左右农业转移人口和其他常住人口在城镇落户。

② 城镇化格局更加优化。"两横三纵"为主体的城镇化战略格局基本形成，城市群集聚经济、人口能力明显增强，东部地区城市群一体化水平和国际竞争力明显提高，中西部地区城市群成为推动区域协调发展的新的重要增长极。城市规模结构更加完善，中心城市辐射带动作用更加突出，中小城市数量增加，小城镇服务功能增强。

③ 城市发展模式科学合理。密度较高、功能混用和公交导向的集约紧凑型开发模式成为主导，人均城市建设用地严格控制在$100m^2$以内，建成区人口密度逐步提高。绿色生产、绿色消费成为城市经济生活的主流，节能节水产品、再生利用产品和绿色建筑比例大幅提高。城市地下管网覆盖率明显提高。

④ 城市生活和谐宜人。稳步推进义务教育、就业服务、基本养老、基本医疗卫生、保障性住房等城镇基本公共服务覆盖全部常住人口，基础设施和公共服务设施更加完善，消费环境更加便利，生态环境明显改善，空气质量逐步好转，饮用水安全得到保障。自然景观和文化特色得到有效保护，城市发展个性化，城市管理人性化、智能化。

⑤ 城镇化体制机制不断完善。户籍管理、土地管理、社会保障、财税金融、行政管理、生态环境等制度改革取得重大进展，阻碍城镇化健康发展的体制机制障碍基本消除。

（6）推进城镇化发展的环节与路径

① 有序推进农业转移人口市民化。按照尊重意愿、自主选择，因地制宜、分步推进，

存量优先、带动增量的原则，以农业转移人口为重点，兼顾高校和职业技术院校毕业生、城镇间异地就业人员和城区城郊农业人口，统筹推进户籍制度改革和基本公共服务均等化。

② 优化城镇化布局和形态。根据土地、水资源、大气环流特征和生态环境承载能力，优化城镇化空间布局和城镇规模结构，在《全国主体功能区规划》确定的城镇化地区，按照统筹规划、合理布局、分工协作、以大带小的原则，发展集聚效率高、辐射作用大、城镇体系优、功能互补强的城市群，使之成为支撑全国经济增长、促进区域协调发展、参与国际竞争合作的重要平台。构建以陆桥通道、沿长江通道为两条横轴，以沿海、京哈京广、包昆通道为三条纵轴，以轴线上城市群和节点城市为依托、其他城镇化地区为重要组成部分，大中小城市和小城镇协调发展的"两横三纵"城镇化战略格局。

③ 提高城市可持续发展能力。加快转变城市发展方式，优化城市空间结构，增强城市经济、基础设施、公共服务和资源环境对人口的承载能力，有效预防和治理"城市病"，建设和谐宜居、富有特色、充满活力的现代城市。

④ 推动城乡发展一体化。坚持工业反哺农业、城市支持农村和多予少取放活方针，加大统筹城乡发展力度，增强农村发展活力，逐步缩小城乡差距，促进城镇化和新农村建设协调推进。

⑤ 改革完善城镇化发展体制机制。加强制度顶层设计，尊重市场规律，统筹推进人口管理、土地管理、财税金融、城镇住房、行政管理、生态环境等重点领域和关键环节体制机制改革，形成有利于城镇化健康发展的制度环境。

四、城市发展与区域、经济社会及资源环境的关系

（一）熟悉城市发展与区域发展的关系

城市和其所在的区域存在着相互依存、相互促进和相互制约的密切关系，城市是区域增长、发展的核心，区域是城市存在与支撑其发展的基础。

1. 区域是城市发展的基础

（1）城市的发展要对周边的地域产生物质、能量、信息、社会关系等的交换作用，而一个城市的形成与发展也要受到相关区域的资源与其他发展条件的制约；

（2）城市和区域共同构成了统一、开放的巨系统，城市与区域发展的整体水平越高，它们之间的相互作用就越强；

（3）在经济全球化的时代，区域的角色与作用正在发生着巨大的变化，一个重要的趋势是区域一体化；

（4）一些中心城市与其所在的区域共同构成了参与全球竞争的基本空间单元——大都市区、都市圈等。

2. 城市是区域发展的核心

（1）城市是不能脱离区域而孤立存在与发展的，城市是引领区域发展的核心。生长极理论、核心－边缘模式、中心地理论等以城市为依托的区域增长理论无一不证实着城市与区域的紧密依存关系。

（2）城市对其所在区域发挥着吸引和辐射的作用。
（3）城市发展带动区域增长，区域发展支撑城市进步。

(二) 熟悉城市发展与经济发展的关系

1. 城市的基本经济部类与非基本经济部类

（1）城市经济可分为基本经济部类和非经济部类。
（2）基本经济部类是为了满足来自城市外部的产品和服务需求为主的经济活动。
（3）非基本经济部类则是为了满足城市内部的产品和服务需求。
（4）基本经济部类是促进城市发展的动力。
（5）基本经济部类的发展将对非基本经济部类的发展产生推进作用。
（6）城市经济学里的倒"U"形现象：区域中各个城市发展并不均衡，一些条件较为优越的城市由于规模经济和聚集经济的效应，它们的发展往往呈现不断循环和累积的过程，逐渐成为区域中心城市。这些城市发展到一定规模后，也将会遇到越来越多的阻力因素，城市发展初期的比较优势丧失，而其他城市的比较优势越来越显著。

2. 城市是现代经济发展的最主要的空间载体

（1）区域经济发展总是首先集中在一些条件较为优越的城市，有规模经济和聚集经济的效应，这些城市的发展呈现循环和不断积累的过程，逐渐成为中心城市。
（2）在经济全球化的背景下，世界城市在世界经济、政治体系中所起的控制和指挥中心的作用将进一步得到加强，这些城市能带动区域、国家甚至超国家尺度的空间经济发展。
（3）经济全球化的进一步加剧，使得中心控制功能越来越集中于少数世界城市。

(三) 熟悉城市发展与社会发展的关系

1. 城市是社会生活与矛盾的集合体

（1）由于人口的密集，社会问题就呈现出集中发生的现象，并且复杂多样。
（2）城市社会问题是经济发展到一定阶段的产物，不同的经济发展阶段产生不同的社会问题。
（3）不同的社会制度，社会问题的表现形式也不同，所以城市社会问题复杂多样，问题的严重程度不等。
（4）城市社会问题可以成为城市发展的桎梏，又反过来成为城市发展的目标和现实动力。
（5）旧的社会问题的解决总是会伴随着新的社会问题的产生，城市社会问题的不断出现、解决和城市规划有着十分密切的联系，近现代城市规划理论与实践也总是在不断地寻求解决城市问题的过程中取得发展的。

2. 健康的社会环境是促进城市发展的重要动力

（1）健康的社会环境旨在促进更加宽广的公平环境、诚信环境和管理环境，不仅能使资源得到公平合理的分配和利用，而且能使城市的各项社会资源的效益最大化，推动城市文明的继续发展。
（2）一个宽容的城市社会需要政府制定与此目标一致的政策，以保证基本的物质资源供给、社会安全与公平，需要政府政策更大程度代表全体公民的意志。

（3）基于上述考虑，城市规划既是一项技术性工程，更是一项社会工程，因而具有明确的公共政策属性。

（四）熟悉城市发展与资源环境的关系

1. 资源环境是城市发展的支撑与约束条件

（1）在现代社会的发展过程中，资源、人口、经济发展和环境之间的相互依存、相互影响的关系日益明显。

（2）城市的发展离不开资源的支撑作用，自然资源是城市和区域生产力的重要组成部分，也是经济社会发展的必要条件和物质基础。

（3）城镇化的速度和城市人口规模的增加与资源消耗的关系十分密切。一般认为，城市的能源消耗占人类总能源消耗的75%，城市资源的消耗占人类总资源消耗的80%，因此，资源环境对城市发展具有约束力，应促进人们优化发展模式，提升科技进步的意识和动力，增强人类对资源环境保护和建设的能力。

（4）作为规划者，我们不应该片面地思考如何突破资源环境这一约束条件，而应该将环境、资源、经济和社会发展作为一个统一的大系统，在城市经济发展过程中，始终从城市生态经济的整体出发，认识和把握经济规律与生态规律的矛盾性、相关性，努力探索二者的和谐发展的实现途径。

2. 健康的城市发展方式有利于资源环境集约利用

（1）科学发展观要求实现城市经济增长与资源环境的保护相互协调、相互促进的良性循环，健康的城市发展方式有利于资源环境的保护和节约。

（2）转变人们的思想观念、价值取向和行为方式，在于启迪人类尊重自然规律的生态境界，在于诱导人类健康、文明的生产和消费方式，在于改革不合理的管理体制和法律体系，培育适应经济与社会可持续发展要求的运行机制，最终实现人与自然的和谐发展。

第二章 城市规划的发展及主要理论与实践

大纲要求： 了解欧洲古代社会和政治体制下城市的典型格局，了解现代城市规划产生的历史背景，熟悉现代城市规划的早期思想，熟悉现代城市规划主要理论发展。了解中国古代社会和政治体制下城市的典型格局，了解中国近代城市发展背景与主要规划实践，熟悉我国现代城市规划思想和发展历程。了解当代城市发展中的主要问题和趋势，熟悉当代城市规划的主要理论或理念，熟悉当代城市规划的重要实践。

一、国外城市与城市规划理论

（一）了解欧洲古代社会和政治体制下城市的典型格局

1. 古典时期的社会与城市

（1）社会背景

① 公元前8世纪，希腊半岛形成了数十个相对稳定的奴隶制城邦国家，其中最繁荣的有雅典、斯巴达、米列都、科林斯等。各城邦之间经济、社会、文化的交流也十分频繁，并且经常在抵御外敌的时候团结起来，逐渐形成了一个自称为"希腊"的统一民族与文化地区。

古希腊人认为城市是一个为着自身美好生活而保持很小规模的社区，社区的规模和范围应当是其中的居民既有节制而又能自由自在地享受轻松的生活。

希腊人并不在意他们规模较小的城邦与低矮的房屋，而是将极大的智慧与热情投入到高高的卫城山上，以塑造他们的城邦精神与理想。

② 古罗马时期是西方奴隶制发展的繁荣阶段，国势强盛、领土扩张和财富敛集，城市达到了大规模发展。除去建造道路、桥梁、城墙和输水道等城市设施，还大量建造了公共浴室、斗兽场和宫殿，城市成为帝王宣扬功绩的工具。这个时期城市建设风格明显地表现出世俗化、军事化和军权化特征。这个时期的城市规划思想凸显了实用主义、强烈的秩序感和建筑的模数比例关系。

（2）古希腊时期的城市

① 城市布局上出现了以方格网的道路系统为骨架，以广场、公共建筑及市民集会场所为核心的希波丹姆（Hippodamus）模式。

② 该模式充分体现了奴隶制的民主政体，体现了民主和平等的城邦精神。

③ 典型代表：米列都城（Miletus）、雅典。

（3）古罗马时期的城市

① 罗马帝国时期，城市建设更是进入了鼎盛阶段。建造了公共浴室、斗兽场和宫殿

等供奴隶主享乐的设施。广场、铜像、凯旋门和纪功柱成为城市空间的核心和焦点。

② 古罗马城城市中心最为集中的体现是共和时期和帝国时期形成的广场群，是西方奴隶制发展的繁荣阶段的代表。

③ 营寨城的规划模式是：平面基本上都呈方形或长方形，中间十字形街道，通向东、南、西、北四个城门，中心交点附近为露天剧场或斗兽场与官邸建筑形成的中心广场。

④ 典型代表：巴黎、伦敦都是从营寨城发展而来。

2. 中世纪的社会与城市

（1）社会和政治背景

欧洲分裂成为许多小的封建领主国，封建割据和战争不断，使经济和社会生活中心转向农村，手工业和商业十分萧条，城市处于衰落状态。战争的频发和小的封建领主国出现，围绕着具有防御作用的城堡也形成了一些城市。

在中世纪，由于神权和世俗封建权力的分离，在教堂周边形成一些市场，并从属于教会管理，进而逐步形成了城市，由此教堂就占据了城市中心的位置，其庞大的体量和高耸的尖塔也成为城市空间和天际轮廓的主导因素。

（2）城市典型特征

① 中世纪欧洲的教会势力强大，教堂占据了城市的中心位置，教堂的庞大体量和高耸尖塔成为城市空间和天际轮廓的主导因素，使中世纪的欧洲城市景观具有独特的魅力。

② 这个时期城市多为自发生长，很少按规划建造，因城市由公共活动需要而形成，其格局都较为相似，在教堂前形成半圆或不规则的但围合感较强的广场，教堂与这些广场一起构成了城市公共中心。

③ 道路基本上是以教堂广场为中心向周边地区辐射出去，并逐渐在整个城市中形成蜘蛛网状的曲折道路系统。

④ 典型代表：佛罗伦萨。

3. 文艺复兴时期的社会与城市

（1）社会背景

① 14世纪后，封建社会内部产生了资本主义的萌芽，新生的城市资产阶级实力不断壮大，在一些城市中占统治地位。

② 以复兴古典文化来反对封建的、中世纪文化的文艺复兴运动蓬勃兴起，艺术、技术和科学都得到飞速发展。

（2）城市典型特征

① 许多中世纪的城市，已不适应新的生产及生活发展变化的要求，城市进行了局部地区的改建。这些改建主要是在人文主义思想的影响下，建设了一系列具有古典风格和构图严谨的广场和街道以及公共建筑。

② 随着新兴资产阶级的成长，越来越要求城市建设能显示出他们的富有和地位，府邸、市政机关、行会大厦等豪华、气派的新建筑开始逐步占据城市中心的位置，同时，城市里各种满足世俗生活、学习等需要的场所也越来越多起来。

③ 新的经济要素、新的城市生活和新的文化认知，都要求对中世纪继承过来的城市中的道路、广场、生活区、生产区等进行重新规划整理，出于各种不同目的的城市改建活动频繁。

④ 该时期城市规划与设计思想越来越重视所谓的科学性、规范化，提出了正方形、八角形、同心圆等理想城市布局形态，也即这个时期对体现秩序、几何规则的"理想城市形态"的追求，其典型代表有罗马的圣彼得大教堂广场和威尼斯的圣马可广场。

4. 绝对君权时期的社会与城市

（1）社会背景

17世纪后半叶，新生的资本主义迫切需要强大的国家机器提供庇护，资产阶级与国王结成联盟，反对封建割据和教会实力，建立了一批中央集权的绝对君权的国家，形成了现代国家的基础。这些国家的首都，如巴黎、伦敦、柏林、维也纳等，均已发展成为政治、经济、文化中心型的大城市。

（2）城市典型特征

① 当时最为强盛的法国，巴黎的城市改建体现了古典主义思潮，轴线放射的街道、宏伟壮观的宫殿花园和公共广场都是那个时期的典范。

② 典型代表：巴黎的香榭丽舍大街和凡尔赛宫。

路易十四要求将卢浮宫、凡尔赛宫等和城市秩序不可分离地联系在一起，对着卢浮宫构筑起一条巨大壮观而具有强烈视线进深的轴线，这条轴线后来一直作为巴黎城市的中轴线，也形成了壮丽、秩序的整体空间体系，无处不体现着王权至上的唯理主义思想。

（二）了解现代城市规划产生的历史背景

1. 现代城市规划产生的历史背景

（1）社会状况：18世纪在英国，由于工业生产方式的改进和交通技术的发展，吸引农村人口向城市不断集中，同时农业生产劳动率的提高和圈地法的实施，又迫使大量破产农民涌入城市，导致城市人口急剧增长。

（2）环境恶化：居住与工厂混杂，住房不仅设施严重缺乏，基本的通风、采光条件得不到满足，而且人口密度极高，设备年久失修，卫生状况极差，导致了传染疾病的流行。

（3）引发关注：在19世纪中叶，开始出现了一系列有关城市未来发展方向的讨论。这些讨论在很多方面是过去对城市发展讨论的延续，同时又开拓了新的领域和方向，为现代城市规划的形成和发展在理论上、思想上和制度上都进行了充分准备。

2. 现代城市规划形成的基础

（1）现代城市规划形成的思想基础——空想社会主义。

① 近代历史上的空想社会主义源自于莫尔的"乌托邦"概念；

② 近代历史上的空想社会主义的代表人物欧文、傅里叶等人提出的社会改良理论和实践活动等。

（2）现代城市规划形成的法律基础——英国关于城市卫生和工人住房的立法。英国针对工人的卫生和住房状况，设立的系列法规：

① 1842年提出了"关于英国工人阶级卫生条件的报告"。

② 1844年，成立了英国皇家工人阶级住房委员会，并于1848年通过了《公共卫生法》，该法规定了地方当局对污水排放、垃圾堆积、供水、道路等方面应负的责任。由此开始，英国通过一系列的卫生法规建立起一整套对卫生问题的控制手段。

③ 1868年的《贫民窟清理法》。

④ 1890年的《工人住房法》。

⑤ 1890年成立的伦敦郡委员会依法兴建工人住房。

⑥ 经过以上系列的法规的孕育，1909年英国《住房、城镇规划等法》通过，从而标志着现代城市规划的确立。

(3) 现代城市规划形成的行政实践——巴黎改建。巴黎针对城市的给排水设施、环境卫生、公园、墓地以及大片破旧肮脏的住房和没有最低限度的交通设施等，进行城市改建。改建以道路切割来划分整个城市的结构，并将塞纳河两岸地区紧密地连接在一起。在街道改建的同时，结合整齐、美观的街景建设需要，出现了标准的住房布局方式和街道设施。在城市的两侧建造了两个森林公园，在城市中配置了大量的大面积的公共开放空间，树立了当代资本主义城市的建设典范。

(4) 现代城市规划形成的技术基础——城市美化。此活动由改造街道两侧连续的联列式住宅围成的街坊中的点缀绿化，试图将农村的风景引入到城市中的设想所引起，后波及欧美等国家为美化城市景观和城市空间进行的实践活动。

(5) 现代城市规划形成的实践基础——公司城建设。资本家为了就近解决工人的居住条件，从而提高工人的生产力而出资建设和管理的小型城镇。公司城的建设对霍华德田园城市理论的提出和付诸实践具有重要的借鉴意义，在后来田园城市的建设和发展中发挥了重要作用。

(三) 熟悉现代城市规划早期思想

在19世纪中后期种种改革思想和实践活动的影响下，英国人霍华德针对当时的城市尤其是像伦敦这样的大城市所面临的拥挤、卫生等方面的问题，提出了一个兼有城市和乡村优点的理想城市——田园城市，"田园城市"是现代城市规划思想形成的标志，有一套比较完整的理论体系和实践框架。

田园城市思想主张的是城市分散发展模式。

1. 霍华德的田园城市理论

(1) 田园城市理论的提出：霍华德于1898年出版了以《明天：通往真正改革的和平之路》(Tomorrow: A Peaceful Path to Real Reform) 为题的论著，书中提出了田园城市 (Garden City) 的理论。

(2) 概念：田园城市是为健康、生活以及产业而设计的城市，它的规模足以提供丰富的社会生活，但不应超过这一程度；四周要有永久性的农业地带围绕，城市的土地归公众所有，由委员会受托管理。

(3) 方案模式：田园城市包括城市和乡村两个部分。城市规模必须加以限制，每个城市的人口限制为3万人，超过这一规模，就需要建设另一个新城市，目的是为了保证城市不过度集中和拥挤而产生各类大城市所产生的弊病，同时也可使每户居民都能极为方便地接近乡村自然空间。

(4) 设想：霍华德对田园城市的资金来源、土地分配、财政收支、经营管理等提出了建议，他认为工业和商业不能由公营垄断，要给予私营发展条件，但是，城市中的所有土地必须归全体居民所有，使用土地必须交付租金，城市的收入全部来自租金，在土地上进行建设、聚居而获得的增值仍归集体所有。

（5）规划实践：1902年在位于伦敦东北64km处，建设了莱契沃斯（Letchworth）城，人口18000人。1920年又在距伦敦西北约36km处建设了另一座田园城市韦林（Welwyn），初步规划人口4万人。

2. 柯布西耶的现代城市设想

柯布西耶在"明日城市"和"光辉城市"的规划方案中，通过对大城市结构的重组，在人口进一步集中的基础上，在城市内部通过技术的手段解决城市问题，体现了城市集中发展的思想。

（1）"明日城市"。1922年现代建筑运动的重要代表人物之一柯布西耶发表了"明日城市"的规划方案，阐述了他从功能和理性的角度对现代城市的基本认识，从现代建筑运动的思潮中所引发关于现代城市规划的基本构思。

① 在"明日城市"的书中提供了一个300万人口城市的规划方案图。

② 关于城市中心区，除设置必要的各种机关、商业和公共设施、文化和生活服务设施外，有将近40万人居住在24栋60层高的摩天大楼里，高楼周围有大片的绿地，建筑仅占5%。

③ 对于居住，设置在中心外围环形的居住带，有60万人住在多层连续的板式住宅内，最外围的是容纳200万居民的花园住宅。

④ 城市整体平面形式是几何形的构图，矩形的和对角的道路交织在一起。规划的中心思想是提高市中心的密度，改善交通，全面改造城市地区，形成新的城市概念，提供充足的绿地、空间和阳光。

⑤ 关于交通组织。柯布西耶特别强调大城市的交通运输的重要性，在中心区，规划了一个地铁站，车站上面布置直升机起降场；中心区的交通干道由三层组成：地下走重型车辆，地面用于市内交通，高架道路用于快速交通；市区与市郊由地铁和郊区铁路线来联系。

（2）"光辉城市"。1931年柯布西耶发表了他的"光辉城市"的规划方案，这一方案是对他以前"明日城市"规划方案的进一步深化，同时也是他的现代城市规划和建设思想的集中体现。在此他认为：

① 城市只有集中才有生命力，由于拥挤所带来的城市问题完全可以通过技术的手段进行改造而得到解决。这种技术的手段就是采用大量的高层建筑来提高密度和建设一个高效的城市交通系统。

② 这是人口集中、避免用地日益紧张、提高城市内部效率的一种极好的手段，同时也可以保证城市有充足的阳光、空间和绿化，因此在高层建筑之间保持较大比例的空旷地。

③ 在机械化时代，所有的城市应该是"垂直的花园城市"，而不是水平向的每家每户拥有花园的花园城市。

④ 城市道路系统应当保持行人的极大方便，这种系统由地铁和人车完全分离的高架道路组成。

⑤ 建筑物的地面全部架空，城市的全部地面均由行人支配，建筑屋顶设花园，地下通地铁，距地面5m高处设汽车运输干道和停车场网。

3. 现代城市规划早期的其他理论

(1) 线形城市理论

① 1882年西班牙工程师索里亚·玛塔提出的。

② 主要内容：在这个城市中，各种空间要素紧靠一条高速度、高运量的交通轴线聚集并无限地向两端延展，城市的发展必须尊重结构对称和留有发展余地这两条原则。城市不再是一个一个分散的不同地区的点，而是由一条铁路和干道串联在一起的、连绵不断的城市带。

③ 实践活动：1894年，索里亚·玛塔创立了马德里城市化股份公司，在马德里市郊建设了第一段线形城市。但由于经济和土地所有制的限制，这个线形城市只实现了一个片断——约5km长的建筑地段。

(2) 工业城市设想

1917年法国建筑师戈涅在《工业城市》的专著提出的，并于1904年在巴黎展出了这一方案的详细内容。

① 主要内容：城市选址是考虑"靠近原料产地或附近有提供能源的某种自然力量，或便于交通运输"。在城市内部的布局中，强调按功能划分为工业、居住、城市中心等，各功能之间是相互分离的，以便于今后各自扩展需要。

② 产生的影响："工业城市"中提出的功能分区思想，直接孕育了《雅典宪章》所提出的功能分区原则。这一原则对于解决当时城市中工业居住混杂而带来的种种弊病具有较积极的意义。

(3) 城市形态的研究

1889年西谛出版了《根据艺术原则建设城市》一书，被视为现代城市设计的经典之作，由此开创了城市形态的研究。

主要内容：西谛考察了希腊、罗马、中世纪和文艺复兴时期许多优秀建筑群实例，针对当时城市建设中出现的忽视城市空间艺术性的状况，提出"我们必须以确定的艺术方式形成城市建设的艺术原则。我们必须研究过去时代的作品并通过寻求出古代作品中美的因素弥补当今艺术传统方面的损失，这些有效的因素必须成为现代城市建设的基本原则。"

西谛通过对城市空间的各类构成要素，如广场、街道、建筑、小品等之间的相互关系的探讨，揭示了这些设施位置选择、布置以及与交通、建筑群体布置之间建立艺术的和宜人的相互关系的一些基本原则，强调人的尺度、环境的尺度与人的活动以及他们的感受之间的协调，从而建立起城市空间的丰富多彩和人的活动空间的有机构成。

(4) 区域规划

1915年格迪斯出版了著作《进化中的城市》，他把对城市的研究建立在客观现实的基础上，通过周密地分析地域潜力和限度对于居住地布局形式与地方经济体系的影响，突破了当时常规的城市概念，提出把自然地区作为规划研究的基本框架，即将城市和乡村的规划纳入到同一体系之中。这一思想经美国学者芒福德等人的发扬光大，形成了对区域的综合研究和区域规划。

(5) 城市规划方法的提出

格迪斯认为城市规划是社会改革的重要手段，因此城市规划要取得成功，就必须充分运用科学的方法来认识城市。在进行城市规划前要进行系统的调查，取得第一手资料，通过实地勘察了解所规划城市的历史、地理、社会、经济、文化、美学等因素，把城市的现状和地方的经济、环境发展潜力以及限制条件联系在一起进行研究，在这样的基础上，才可能进行城市规划工作。

格迪斯的名言"先诊断后治疗"，成了至今影响现代城市规划的过程公式："调查—分析—规划"，即通过对城市现实状况的调查，分析城市未来发展的可能，预测城市中各类要素之间的相互关系，然后依据这些分析和预测，制定规划方案。

（四）熟悉现代城市规划主要理论发展

1. 城市发展理论

（1）城市化理论。城市的发展始终是与城市化的过程结合在一起的。

城市化的发生与发展与农业发展、工业化和第三产业崛起等三大力量的推动与吸引关系极为密切。

① 城市兴起和成长的第一前提是农业生产力的发展；第二前提是农村劳动力的剩余。

② 现代城市化发展的基本动力是工业化。

③ 第三产业的发展成为城市化发展的推动力。

④ 美国城市地理学家诺瑟姆总结的城市化进程的三个阶段：

A. 初级阶段（城镇人口占总人口比重在30%以下）：农村人口占绝对优势，工业生产水平较低，工业提供的就业机会有限，农业剩余劳动力释放缓慢。

B. 中期阶段（城镇人口占总人口比重在30%～70%）：工业基础已经比较雄厚，经济实力明显增强，农业劳动生产率大大提高，工业吸收大批农业人口。

C. 后期阶段（城镇人口占总人口比重在70%～90%）：为了保持社会必需的农业规模，农村人口的转化趋于停止。

（2）城市发展原因的解释

① 城市发展的区域理论：城市是区域环境的一个核心。城市的形成与发展始终是在与区域的相互作用的过程中进行的。城市的中心作用强，就能带动作为区域社会经济的发展；区域社会经济水平高，则促进中心城市的繁荣。城市与区域关系的增长极核理论认为，城市作为增长极核与其腹地的基本作用机制有极化效应和扩散效应。

② 城市发展的经济学理论：在影响城市发展的诸多因素之中，城市的经济活动是其中最为重要和最为显著的因素之一。在城市经济中可以把所有产业划分成为两部分——基础产业和服务性产业。基础产业是城市经济力量的主体。

经济基础理论认为，城市发展包括几个阶段：第一阶段是专门化，城市发展最初只有某个或某些具有出口能力的企业；第二阶段是综合化，出口专门化的企业具有联动作用，产生"上游"和"下游"企业，形成出口综合体；第三阶段是成熟化，基本经济部类带动非基本经济部类，形成完整的城市经济体系；第四阶段是区域化，有些城市发展成为区域性中心城市。

③ 城市发展的社会学理论：城市不仅是一个经济系统，也是一个人文系统。人类社会的发展规律和社会运行的特征与自然生态的规律有明显的相似性。因此，决定人类社会的发展的最重要因素也可以看成是人类的相互依赖和相互竞争。相互依赖和相互竞争是人类社区空间关系形成的重要因素和进一步发展的因素。

④ 城市发展与交通通信理论：B. L. 梅耶提出的城市发展的通信理论认为，城市是一个由人类相互作用所构成的系统，而交通及通信是人类相互作用的媒介。城市的发展主要起源于城市为人们提供面对面交往或交易的机会，但后来，一方面由于通信技术的不断进步，渐渐地使面对面交往的需要减少，另一方面，由于城市交通系统普遍产生拥挤的现象，使通过交通系统进行相互作用的机会受到限制，因此，城市居民逐渐地以通信来替代交通以达到相互作用的目的。在这样的条件下，城市的聚集效益在于使居民可以接近信息交换中心以便利居民的交往。

(3) 城市发展模式理论

① 城市的分散发展理论。城市的分散发展理论是建立在通过建设小城市来分散大城市的基础之上，其主要理论包括了卫星城理论、新城理论、有机疏散理论和广亩城理论等。

A. 卫星城理论是针对田园城市实践过程中出现的背离霍华德基本思想的现象，由昂温（R. Unwin）于 20 世纪 20 年代提出的，是防止大城市规模过大和不断蔓延的一个重要方法，卫星城市便成为一个国际上通用的概念。

卫星城市是一个经济上、社会上、文化上具有现代城市性质的独立城市单位，但同时又是从属于某个大的城市的派生产物。

1944 年，阿伯克龙比完成的大伦敦规划中，规划了 8 个卫星城，以达到疏解伦敦的目的，从而产生了深远的影响。二战之后西方多数国家都建设规模不同的卫星城，其中英国、法国和美国以及中欧地区最为典型。

B. 新城的概念更强调了其相对独立性，它基本上是一定区域范围内的中心城市，为其本身周围的地区服务，并且与中心城市发生相互作用，成为城镇体系中的一个组成部分，对涌入大城市的人口起到一定的截流作用。其实践活动是由 20 世纪 40 年代中叶开始的。

C. 有机疏散理论是伊利尔·沙里宁在 1942 年出版的《城市：它的发展、衰败与未来》一书中所阐述的对城市发展及其布局结构进行调整的理论。

沙里宁考察了中世纪欧洲城市和工业革命后的城市建设状况，分析了有机城市的形成条件和在中世纪的表现及其形态，对现代城市出现衰败的原因进行了揭示，从而提出了治理现代城市的衰败、促进其发展的对策就是要全面地改建，这种改建应当能够达到这样的目标：a. 把衰败的地区中的各种活动，按照预定方案，转移到适合这些活动的地方去；b. 把上述腾出来的地区，按照预定方案，进行整顿，改做其他最适宜的用途；c. 保护一切老的和新的使用价值。

D. 广亩城。赖特在 1932 年出版的《消失的城市》中提出，未来城市应当是无处不在又无处所在的，"这将是一种与古代城市或任何现代城市差异如此之大的城市，以致我们可能根本不会认识到它作为城市而已来临"。在随后出版的《宽阔的田地》一书中，他正式提出了广亩城市的设想。

② 城市集中发展理论。城市集中发展理论的基础在于经济活动的聚集，这是城市经济的最根本的特征之一。在聚集效应的推动下，城市不断地集中，发挥出更大的作用。

城市集中发展到一定程度之后出现了大城市和超大城市的现象，这是由于聚集经济的作用而使大城市的中心优势得到了广泛实现所产生的结果。随着大城市的进一步发展，出现了规模更为庞大的城市现象。

城市集中发展包括大城市的向外急剧扩张、城市出现明显的郊区化现象以及城市密度的不断提高，在世界上许多国家中出现了空间上连绵成片的城市密集地区，即城市聚集区和大城市带。

联合国人居中心对城市聚集区的定义是：被一群密集的、连续的聚居地所形成的轮廓线包围的人口居住区，它和城市的行政界线不尽相同。

主要理论与事件有：

A. 卡利诺于1979年和1982年通过区分"城市化经济""地方性经济"和"内部规模经济"对产业聚集的影响来研究导致城市不断发展的关键性因素。

城市化经济是源自于整个城市的经济规模，而不只是某一个行业的规模，其次，城市化经济为整个城市的生产厂家获得利润而不只是特定行业的生产厂家。

地方性经济就是要求这个生产厂与同类厂布置在一起，由于生产厂的集中而降低成本，经济性来源于三个方面：生产所需的中间投入的规模经济、劳动力市场的经济性和交通运输的经济性。

内部规模经济是指当生产企业本身规模的增加而导致企业生产成本的下降。

B. 1966年霍尔在《世界城市》中提出世界大城市在世界经济体制中将担负起越来越重要的作用。要作为世界城市应具备的特征：政治中心、商业中心、集合各种专门人才的中心、巨大的人口中心、文化娱乐中心。

C. 1982年弗里德曼在《世界城市形成：一项研究与行动的议程》的论文中，提出世界城市是全球经济的控制中心，并提出了世界城市的两项判别标准：第一，城市与世界经济体系联结的形式与程度；第二，由资本控制所确立的城市的空间支配能力。

D. 1986年弗里德曼《世界城市假说》的论文中强调世界城市的国际功能决定于该城市与世界经济一体化相联系的方式与程度，并提出了世界城市的7个指标：主要金融中心、跨国公司总部所在地、国际性机构集中度、商业部门（第三产业）的高度增长、主要的制造业中心（具有国际意义的加工工业等）、世界交通的重要枢纽（尤指港口与国际航空港）、城市人口规模达到一定标准。

E. 城市聚集区：被一群密集的、连续的聚居地所形成的轮廓线包围的人口居住区，它和城市的行政界线不尽相同。

F. 大城市带是由法国地理学家戈德曼于1957年提出的，指的是多核心的城市连绵区，人口的下限是2500万人，人口密度为每平方公里至少250人。

（4）城市体系理论

① 城市的分散发展和集中发展只是城市发展过程的不同方面，任何城市的发展都是这两种发展方式对抗的暂时平衡状态；

② 就宏观整体来看，广大的区域范围内存在着城市集中的趋势，而每个城市尤其是大城市又存在着向外扩展的趋势；

③ 就区域层次来看，城市体系理论较好地综合了城市分散发展和集中发展的基本取向，城市并非孤立存在和发展的。在单独的城市之间存在着多种多样的相互作用关系，城市体系就是指一定区域内城市之间存在的各种关系的总和；

④ 贝利（B. Berry）等人结合城市功能的相互依赖性、城市区域的观点、对城市经济

行为的分析和中心地理论，逐步形成了城市体系理论。

完整的城市体系包含三部分内容：特定地域内所有城市的职能之间的相互关系、城市规模上的相互关系、地域空间分布上的相互关系。

2. 城市空间组织理论

（1）城市组成要素空间布局的基础。

① 区位是指为某种活动所占据的场所在城市中所处的空间位置。

② 城市是人与各种活动的聚集地，各种活动大多有聚集的现象，占据城市中固定的空间位置，形成区位分布。

③ 各种区位理论的目的就是为各项城市活动寻找到最佳的区位，即能够获得最大利益的区位。

④ 杜能（J. H. Thunen）的农业区位理论是区位理论的基础，杜能通过研究认为：农作物的种植区域划分是根据其运输成本以及与市场的距离所决定的。

工业区位理论是区位理论研究数量相对比较集中的内容。在各项工业区位理论中所涉及的变量也有多种且各不相同，而且随着时间的推移，工业区位理论越来越具有综合性。自20世纪50年代以来，区位理论的研究发生了很大的变化。

（2）城市整体空间的组织理论。当城市中各要素选择了各自的区位之后，如何将它们组织成一个整体，形成城市整体结构，从而发挥各自的作用，则是城市空间组织的核心。

① 从城市功能组织出发的空间组织理论。

② 从城市土地使用形态出发的空间组织理论。由于城市的特性，城市土地和自然状况的唯一性和固定性，城市土地使用在各个城市中都具有各自的特征。

A. 同心圆理论（Concentric Zone Theory），1923年由伯吉斯（E. W. Burgess）提出。根据他的理论城市可划分为5个同心圆。居圆形中心区域的是中央商务区，第二环为过渡区，是衰败了的居住区；第三环是工人居住区；第四环是良好住宅区，以公寓住宅为主；第五环是通勤区，主要是一些富裕的、高质量住宅区。

B. 扇形理论（Sector Theory），1939年由霍伊特（H. Hoyt）提出。城市的核心只有一个，交通线路由市中心向外呈放射状分布。随着城市人口的增加，城市将沿交通线路向外扩张，同一使用方式的土地从市中心附近开始逐渐向周围移动，由轴状延伸而形成整体的扇形。

C. 多核心理论（Multiple-nuclei Theory），1945年由哈里斯（C. D. Harris）和乌尔曼（E. L. Ullman）提出。他们通过研究，提出影响城市活动分布的四项基本原则：

a. 有些活动要求设施位于城市中为数不多的地区（如中心商务区）；

b. 有些活动受益于位置的互相接近（如工厂与工人住宅区）；

c. 有些活动对其他活动会产生对抗或消极影响，就会要求有些活动有所分离（如高级住宅区与污染性工业区）；

d. 有些活动因负担不起理想场所的费用，而不得不布置在不合适的地方（如仓库被布置在冷清的城市边缘地区）。

③ 从经济合理出发的空间组织理论。根据经济的原则和经济合理性来组织城市空间，是城市空间组织在市场机制下得以实现的关键所在。

④ 从城市道路交通出发的空间组织理论。从城市空间组织的角度来讲，城市道路交

通将城市的各项用地连接了起来，保证了空间之间的联系，从而建立起了城市空间组织的基本结构。

⑤ 从空间形态出发的空间组织理论。有关建筑形态的空间组织理论对城市整体的空间组织也具有重要的影响。

⑥ 从城市生活出发的空间组织理论。在城市空间组织的过程中，必须将空间的组织与空间的活动相结合，并且从城市活动的安排出发来组织空间结构与形态。

3. 规划方法论

（1）综合规划方法论

① 该方法论的理论基础是系统思想及其方法论，也就是认为，任何一种存在都是由彼此相关的各种要素所组成的系统，每一种要素都按照一定的联系性而组织在一起，从而形成一个有结构的有机统一体。

② 综合规划方法论通过对城市系统的各个组成要素及其结构的研究，揭示这些性质、功能以及这些要素之间的相互联系，全面分析城市存在的问题和相应的对策，从而在整体上对城市问题提出解决的方案。这些方案具有明确的逻辑结构。

③ 综合规划的概念是从总体规划的基础上发展而来的，其理论基础是系统思想及其方法论。其特征在于综合性、总体性和长期性。

（2）分离渐进方法论

渐进规划思想方法的基础是一种理性主义与实用主义相结合的思想方法，适用于对规模较小或局部性问题的解答，比较强调就事论事地解决问题。渐进规划方法所强调的内容主要有：

① 决策者集中考虑那些对现有政策略有改进的政策，而不是尝试综合的调查和对所有可能方案的评估；

② 只考虑数量相对较少的改进的政策；

③ 对于每一个政策方案，只对数量非常有限的重要的可能结果进行评估；

④ 决策者对所面对的问题进行持续不断的再定义，渐进方法允许进行无数次的目标－手段和手段－目标调整以使问题更加容易管理；

⑤ 因此，不存在一个决策或"正确的"结果，而是由一系列没有终极的、通过社会分析和评估而对面临问题进行不断处理的过程；

⑥ 渐进的决策是一种补救的、更适合于缓和现状的、具体的社会问题的改善，而不是对未来社会目的的促进。

（3）混合审视方法论

将两个不同极端的方法，即综合规划法和分离渐进规划法混合使用。混合审视方法由基本决策和项目决策两部分组成。

所谓基本决策规划是指宏观决策，不考虑细节问题，着重于解决整体性的、战略性的问题。所谓目标决策是指微观的决策，也称为小决策。

（4）连续性城市规划方法论

该方法论是布兰奇1973年提出的关于城市规划过程的理论，批判总体规划所注重的终极状态，强调城市规划的动态性。成功的城市规划应当是统一地考虑总体的与具体的、战略的与战术的、长期的与短期的、操作的和设计的、现在的和终极状态的等等。

(5) 倡导性规划方法论

该方法论是达维多夫批判过去的规划理论中出现的人为规划价值中立的行为的观点而提出的规划理论，其基础体现在他和雷纳于1962年发表的《规划的选择理论》一文中。城市规划中的公众参与，就是建立在这个理论基础之上的。

4. 现代城市规划思想的发展

现代城市规划的发展在对现代城市的整体认识的基础上，在对城市社会进行改造的思想导引下，通过对城市发展的认识和城市空间组织的把握，逐步地建立了现代城市规划的基本原理和方法，同时也界定了城市规划学科的领域，形成了城市规划的独特认识和思想，在城市发展和建设的过程中发挥其所担负的作用。

要认识城市规划的思想，应当从城市规划理论和实践的形成、完善和发展的过程中去探讨，发掘其中根本性作用的动力因素。

(1) 城市计划大纲——《雅典宪章》（1933年）

① 背景：在20世纪上半叶，现代城市规划基本上是在建筑学的领域内得到发展的，甚至可以说，现代城市规划的发展是追随着现代建筑运动而展开的。在现代城市规划的发展中起到了重要作用的《雅典宪章》也是由现代建筑运动的主要建筑师所制订的，反映的是现代建筑运动对城市规划发展的基本认识和思想观点。

② 主要理论思想

A. 《雅典宪章》的思想方法是奠基于物质空间决定论的基础之上的。

B. 《雅典宪章》最为突出的内容就是提出了城市功能分区，而且对以后的城市规划的发展影响最为深远。

C. 《雅典宪章》认为，城市活动可划分为居住、工作、游憩和交通四大活动，并提出城市规划的四大主要功能要求各自都有其最适宜的发展条件，以便给生活、工作和文化分类和秩序化。

D. 《雅典宪章》所提出的功能分区也是一种革命。它依据城市活动对城市土地使用进行划分，对传统的城市规划思想和方法进行了重大的改革，突破了过去城市规划单纯追求图面效果和空间气氛的局限，引导了城市规划向科学的方向发展。

(2) 城市规划设计原理的总结——《马丘比丘宪章》（1977年）

① 背景：20世纪70年代后期，国际建协鉴于当时世界城市化趋势和城市规划出现的新内容，于1977年在秘鲁首都利马召开了由建筑师、规划师和有关官员参加的国际性学术会议，会议以《雅典宪章》为出发点，总结了近一个世纪以来尤其是"二战"以来的城市发展和城市规划思想、理论和方法的演变，展望了城市规划进一步发展的方向，并签署了《马丘比丘宪章》。

② 主要理论思想

A. 《马丘比丘宪章》申明：《雅典宪章》仍然是这个时代的一项基本文件，它提出的一些原理今天仍然有效。

B. 《马丘比丘宪章》首先强调了人与人的相互关系对于城市和城市规划的重要性，并将理解和贯彻这一关系视为城市规划的基本任务。

C. 《马丘比丘宪章》提出："在今天，不应当把城市当作一系列的组成部分拼在一起考虑，而必须努力去创造一个综合的、多功能的环境"，"目标应当是把已失掉了它们的相互依赖性和相互关联性,并已失去其活力和含义的组成部分统一起来"。

D. 《马丘比丘宪章》认为城市是一个动态系统,要求"城市规划师和政策制定人必须把城市看作是在连续发展与变化的过程中的一个结构体系"。

E. 《马丘比丘宪章》不仅承认公众参与对城市规划的极端重要性,而且更进一步地推进其发展。它提出:"城市规划必须建立在各专业设计人员、城市居民以及公众和政治领导人之间的系统的不断的相互协作配合的基础上",并"鼓励建筑使用者创造性地参与设计与施工"。

二、中国城市与城市规划的发展

(一)了解中国古代社会和政治体制下城市的典型格局

中国古代城市规划与政治、伦理等社会发展的条件相结合,有关城市规划的理论性阐述也散见于《周礼》《商君书》《管子》《墨子》等政治、伦理和历史典籍中。

1. 夏商周时期

(1) 这一时期城市的建设服务于王朝的对内统治与对外拓展疆域,城市的选址也由此决定。

(2) 夏代,只能说发现了城市的遗迹,也已经具有一定的工程技术水平,"坛"或"台"是城市中的重要的组成建筑。

(3) 商代,城市建设已达到一个相当成熟的程度;偃师商城、郑州商城和湖北的盘龙城影响了后世数千年的城市基本形制;安阳的殷墟,反映出这个时期的城市在维护王朝统治的基础上,强化了与周边地区的融合,在中国都城建设中具有独特的意义。

(4) 周代,既是我国封建社会中完整的社会等级制度和宗教礼法关系的形成时期,同时也是社会变革思想的"诸子百家"时代。这个时期我国古代城市规划思想基本形成,各种城市建设规划的思想也层出不穷。

① 西周——奠定礼制城市规划理念的时代。西周建设的洛邑是有目的、有计划、有步骤地建设起来的,也是中国历史上有记载的城市规划事件。其所确立的城市规划形制已基本具备了此后都城建设的特征。

② 《周礼·考工记》记载关于周代王城建设的空间格局:"匠人营国,方九里,旁三门,国中九经九纬,经涂九轨,左祖右社,前朝后市,市朝一夫"。

③ 诸子百家的有关城市建设和规划的思想

A. 《管子·乘马篇》强调城市选址应"高毋近旱而用水足,低毋近水而沟防省";在城市形制上提倡自然至上的理念,强调"因天才,就地利,故城郭不必中规矩,道路不必中准绳"。

B. 《商君书》则论述了都邑道路、农田分配及山陵丘谷之间比例的合理分配问题,分析了粮食供给、人口增长与城市发展规模之间的关系,从城乡关系、区域经济和交通布局的角度,对城市的发展以及城市管理制度等问题进行了论述。

C. 战国时期,在都城建设方面,基本形成了大小套城的都城布局模式,其记载的文字为:"筑城以卫君,造郭以守民"。列国也按照自身的基础和取向,在城市规划建设上采取了因地制宜的方针，结合各自的特点进行了各种探索。

④ 邑与市的不同：《周易·系辞》记载："日中为市，召天下之民，聚会天下货物，各易而退，各得其所"，这些描述内容相当于以后的赶集的"市"、"墟"、"场"等，可见并不是所有的邑都有市。由此可见，"城"与"市"在早期是两个不同功能的空间场所。

⑤ 市井的由来：在古代"市"通常是在居民点之中，也即在邑中，而居民点之中必定有井。另一说法：人们每天去井中打水的时候，顺便在水井旁边交换货物。总之，是对寻常百姓生活场景的一种描述。

2. 秦汉时期

（1）秦代的城市建设

① 秦代城市建设发展了"相天法地"的理念，强调方位，以天体星象坐标为依据，这些都在咸阳城的规划建设中得以运用。

② 咸阳规模宏大，布局灵活，城市规划中的神秘主义色彩对中国古代的城市规划与建设影响深远。

③ 秦代城市的建设规划实践中出现了不少复道、甬道等多种城市交通系统，在中国古代城市规划中具有开创性意义。

（2）汉代的城市

① 西汉武帝时代，执行"废黜百家，独尊儒术"的政策，以礼制思想来巩固皇权。

② 汉长安城的遗址发掘，表明其格局尚未完全按《周礼·考工记》的形制进行，没有贯穿全城的对称轴线，宫殿与居民区相互穿插，城市整体的布局并不规则。但由此开始，《周礼·考工记》所记载的城市建设形制在中国古代城市，尤其是都城的发展中得以重视。

③ 洛邑城宫殿与市民居住区在空间上相互分离，突出了皇权在城市空间组织上的统领性，《周礼》的规划理念得到了充分体现。

（3）三国时期的城市

① 三国时期，魏王曹操的邺城规划继承了战国时以宫城为核心的规划思想，改进了汉长安城布局松散、宫城与坊里混杂的状况，其功能分区明确，结构严谨，城市交通干道与城门对齐，道路等级明确。

② 孙权建都于建邺，以石头山、长江险要为界，依托玄武湖防御，皇宫位于城市南北轴线上，重要建筑对称布局，体现了"形胜"的规划主导思想。"形胜"是金陵城规划的主导思想，是对《周礼》城市形制理念的重要发展，突出了与自然相结合的思想。

3. 唐宋时期

（1）长安城是隋唐的典型代表，体现了《周礼·考工记》记载的城市形制规则，主要特点为：

① 城市采用中轴线对称格局，核心是皇城，三面为居住里坊所包围，布局严谨，分区明确，充分体现了以宫城为中心，"官民不相参"和便于管制的规划指导思想。

② 采用规则的方格式路网，东南西各有城门，通城门的道路为主干道，其中最宽的路为宫城前的横街和中轴线的朱雀大街。

③ 居住采用里坊制，朱雀大街两侧各有54个里坊，每个里坊设置坊墙，坊里实行严格管制，坊门朝开夕闭，坊中设置了居民活动用的寺庙等用地。

④ 城中东西两侧，设置了东市与西市。

（2）宋东京（汴梁）城的有规划的改建与扩建，奠定了宋代开封城的基本格局，由此也开始了城市中居住区组织模式的改变，体现了宋代的城市规划建设的思想。

① 随着商品经济的发展，中国城市建设中绵延了千年的里坊制度逐渐被废除，到北宋中叶，开封城中已建立较为完善的街巷制。

② 开封在成为首都之前，就是一个历史悠久的商业城市，因此与一些由于军事或政治需要新建的都城不同，不是十分方正规则，道路划分也有一定的自发倾向，均随环境拓展。

③ 开封城的发展也反映了封建社会中城市经济的进一步发展和市民阶层的抬头，如由集中的市发展成商业街，商业分布城市各处，为旅客和一般市民服务的服务行业增加，夜市的出现等。

④ 开封的三套城墙，宫城居中，井字形道路系统等对以后都城的规划影响较大。

4. 元明清时期

经历了元、明、清三个朝代的北京城在很多方面体现了《周礼·考工记》记载的王城空间格局，主要特点：

（1）元大都采用三套方城，宫城居中，轴线对称布局的基本格局。

（2）形制的形成：元大都奠定了基本形制，明北京城北部收缩了 2.5km，在南部扩展了 0.5km，使轴线更为突出，清北京城没有实质性的变化，明北京城人口近百万，清北京城人口超过了百万。

（3）典型格局：在都城东西两侧的齐化门和平则门内分别设有太庙和社稷坛，商市集中于城北，显示了"左祖右社"和"前朝后市"格局。

（4）城中明确的中轴线，南北贯穿三套方城，突出皇权至上的思想。

（二）了解中国近代城市发展背景与主要规划实践

1. 中国近代社会和城市发展

（1）1840 年鸦片战争爆发后，中国社会发生了巨大变化。

随着西方对中国的入侵和资本主义工商业的产生与发展，中国逐渐由一个独立的封建国家变成半殖民地半封建社会的国家，同时，中国的城市也出现了巨大的变化。一方面，许多历史悠久的城市在近代面临着现代化的冲击与挑战，被迫出现转型，而这种转型向着多元化发展；另一方面，由于现代的科学技术、工业、交通的发展，新因素推动了一批新兴城市诞生和崛起。

（2）近代以来，中国城市的功能及其发展动力发生了重大转变。

随着帝国主义和资本主义的侵入，中国城市开始逐步进入到工业化的阶段，不仅现代经济部门开始在城市中逐渐占主导地位，而且以手工工具、人力、畜力等自然力量为特征的城市手工业和商业逐渐地被现代工业和以此为基础的商业贸易所替代，城市逐渐发展成为区域性的经济、政治、文化和社会活动的中心。

（3）中国的资本主义近代工业城市大多分布在沿海、沿江一带。

现代商业的兴起，带动了以轮船、铁路、公路交通为主要标志的交通业的兴起和发展，同时交通网络的建立将内陆和沿海连接在了一起，并与世界发生了直接的联系，从而城市发展也进入了一个新的层次。

（4）从 20 世纪初到抗日战争全面爆发之间的 30 余年时间里，是近现代中国城市化发展的较快时期。

这个时期里，一批大城市兴起，同时小城镇也出现了较快的发展，但城市化的发展在区域上表现出极不平衡的状态。抗日战争的爆发，对城市发展产生了巨大的影响，若干重要的政治中心和主要工商业城市，遭到破坏，使城市发展整体出现停滞甚至衰退，但在西部地区，由于人口、经济和政治中心的迁移出现了较快的发展，如重庆、成都、西安、兰州、昆明等。

2. 中国近代城市规划的主要类型

中国传统城市规划有着丰厚的历史积淀及辉煌的成就，但在新的社会经济条件下，针对城市产生的巨大变化，需要有更具时代特征的先进规划思想来进行具体的应对。中国近代城市规划的发展基本上是西方近现代城市规划不断引进和运用的过程。

（1）19 世纪末至 20 世纪初

在开埠通商口岸的城市，西方列强依据各国的城市规划体制和模式，对其控制的地区、城市进行规划设计。其中最为典型的是上海、广州等租界区以及青岛、大连、哈尔滨等城市。

（2）1920 年代末

南京国民政府成立后，在推行市政改革进程中，一部分主要城市如上海、南京、重庆、天津、杭州、成都、武昌、郑州、无锡等城市运用西方近现代城市规划理论或在欧美专家的指导下进行了城市规划设计。其中公布于 1929 年的南京的"首都计划"和上海的"大上海计划"等最具有代表性。

（3）日本在侵华战争期间，出于加强军事占领和大规模掠夺战略物资的意图对其占领的一些城市也进行了城市规划。

（4）抗日战争临近结束时，国民政府为战后重建颁布了《都市计划法》。抗战结束后，一些城市在恢复和重建中据此编制新的发展规划。这些规划借鉴并引进了当时西方已经开始成熟的现代城市规划理论、方法和西方的实践经验，对城市发展进行了分析，编制了较为系统完善的城市规划方案，其中以上海的《大上海都市计划》三稿和重庆的《陪都十年建设计划》最具代表性。

（5）重要的城市规划实例

① 运用西方近现代城市规划理论或在欧美专家指导下进行了城市规划设计的城市：上海、南京、重庆、天津、杭州、成都、武昌以及郑州、无锡等。

② 发表于 1929 年的南京"首都计划"，对南京进行了功能分区，分为中央政治区、市行政区、工业区、商业区、文教区、住宅区等六大功能区。道路系统规划，部分地区采用了美国当时最为流行的方格网加对角线方式，并将古城墙改造为环城大道。

③ 1929 年公布的《大上海计划》避开租界地区，在吴淞和江湾之间开辟一个新市区，其中建设新港，修建真如与江湾的铁路，另建客运总站。新市区内设有市中心区、商业区、进出口机构和住宅区等，规划路网采用小方格和放射路相结合的形式，中心建筑采取中国传统的轴线对称的手法。

④ 1946 年编制的《大上海都市计划总图》，由于中国为反法西斯同盟国，西方帝国

主义在战后归还了占领的租界地，因此城市作为一个整体可以进行全面、系统的规划。在规划中，运用了国际流行的"微型城市"、"邻里单位"、"有机疏散"以及道路分级等规划理论和思想。在1949年春上海解放前夕完成了规划的第三稿，其中提出疏散市区人口，降低人口密度，并进一步增加绿化比重。从《大上海都市计划总图》的演进来看，该规划不仅很好地运用了现代西方新的城市规划理论，而且已经直接针对城市中存在的问题提出了具体的解决方法，代表着近代中国城市规划的最高成就。

（三）熟悉我国当代城市规划思想和发展历程

1. 计划经济体制时期的城市规划思想与实践

1949年10月，中华人民共和国成立，标志着旧中国半封建半殖民地制度的覆灭和社会主义新制度的诞生。从此城市规划和建设进入了一个崭新的历史时期。

（1）中华人民共和国成立初期。城市建设工作主要是整治城市环境，改善人民居住条件，改造臭水沟、棚户区，整修道路，增设城市公共交通和排水设施等。同时，增加建制市，建立城市建设管理机构，加强城市的统一管理。

① 1951年2月，中共中央在《政治局扩大会议决议要点》中指出"在城市建设计划中应贯彻为生产、为工人阶级服务的观点"。明确了城市建设的基本方针。同年中央财经委员会还发布了《基本建设工作程序暂行办法》，对基本建设的范围、组织机构、设计施工，以及计划的编制与批准等做了明文规定。

② 1952年9月中央财经委员会召开了第一次城市建设座谈会，并提出城市建设要根据国家长期计划，分别在不同城市，有计划、有步骤地进行新建或改造，加强规划设计工作，加强统一领导，克服盲目性。会议决定各城市要制定城市远景发展的总体规划，在城市总体规划的指导下，有条不紊地建设城市。城市规划的内容要求，参照草拟的《中华人民共和国编制城市规划设计与修建设计程序（初稿）》进行。从此中国的城市建设开始了统一领导、按计划进行建设的新时期。

（2）第一个五年计划时期（1953～1957年）。第一次由国家组织有计划的大规模经济建设。城市建设事业也由历史上无计划、分散建设进入一个有计划、有步骤建设的新时期。"一五"期间全国共有150多个城市编制了规划。到1957年，国家先后批准了西安、兰州、太原、洛阳、包头、成都、广州、哈尔滨、吉林、沈阳、抚顺等15个城市的总体规划和部分详细规划，使城市建设能够依照规划，有计划按比例地进行。加强生产设施和生活配套设施建设是"一五"新工业城市建设的一个显著特点。

（3）从1958年开始，进入"二五"时期。在"大跃进"高潮中，许多省、自治区对省会和部分大中城市在"一五"期间编制的城市总体规划，根据工业"大跃进"的指标进行重新修订。1960年11月的第九次全国计划会议"三年不搞城市规划"的失误决策，不仅对"大跃进"中形成的不切实际的城市规划无以补救，而且导致各地纷纷撤销规划机构，大量精简规划人员，使城市建设失去了规划的指导，造成难以估量的损失。

（4）1961年中央提出"调整、巩固、充实、提高"的"八字"方针，做出调整城市工业项目、压缩城市人口、撤销不够条件市镇建制，以及加强城市设施养护维修等一系列重大决策。1964年在"设计革命"中，既批判设计工作存在贪大求全，片面追求建筑高标准，同时还批判城市规划只考虑远景而不顾现实，规模过大，占地过多，标准过高，求新过急的"四过"。各地纷纷压规模，降标准，又走向另一个极端，给城市建设造成危害。这些"左"的方针政策给全国城市合理布局，工业生产和人民生活水平提高，城市规划和建设的健康发展带来了极为严重的负面影响。

（5）1966年5月开始的"文化大革命"，无政府主义大肆泛滥，城市规划和建设受到严重的冲击，开始了一场历史性的浩劫。1966年下半年至1976年，是城市建设遭受破坏最严重的时期。在此期间唐山市地震后的重建工作以及上海的金山石化基地和四川攀枝花钢铁基地建设等，为城市规划排除干扰，做出了重要的贡献。

2. 改革开放初期的城市规划思想与实践

"文化大革命"十年动乱结束后，中国进入了一个新的历史发展时期。1978年12月中共第十一届三中全会作出把党的工作重点转移到社会主义现代化建设上来的战略决策。以此会议为标志我国进入了改革开放的新阶段。城市规划工作经历长期的动乱后，开始了拨乱反正，全面恢复城市规划、重建建设管理体制的新时期。

（1）1978年3月国务院召开第三次城市规划工作会议的转变。

1978年3月国务院召开第三次城市规划工作会议，并批准下发会议制定的《关于加强城市建设工作的意见》。这次会议对于城市规划工作的恢复和发展起到了重要的作用，一些主要城市的规划管理机构也相继恢复和建立。

（2）1980年10月国家建委召开了全国城市规划工作会议，会议要求城市规划工作要有一个新的发展。

① 1980年12月国务院批准了《全国城市规划会议纪要》下发全国实施。《纪要》第一次提出要建立我国的城市规划法制以及"城市市长的主要职责是把城市规划、建设和管理好"，并对城市规划的"龙头"地位、城市发展的指导方针、规划编制的内容、方法和规划管理等内容都作了重要阐述。

② 1980年12月国家建委颁发《城市规划编制审批暂行办法》和《城市规划定额指标暂行规定》两个部门规章，为城市规划的编制和审批提供了法律和技术依据。

③ 1984年国务院颁发了《城市规划条例》，这是中华人民共和国成立以来，城市规划专业领域的第一部基本法规，是针对30年来城市规划工作正反两方面的经验总结，标志着我国的城市规划步入法制管理的轨道。在《条例》颁布实施后，许多省、市、自治区相继制定和颁布了相应的条例、细则或管理办法，如上海市、天津市、湖北沙市等。这些法规文件的规定有效保证了在我国经济体制改革时期，城市建设按规划有序进行。

④ 1989年12月26日，全国人大常委会通过了《中华人民共和国城市规划法》（后简称《城市规划法》）并于1990年4月1日施行。该法完整地提出了城市发展方针、城市规划的基本原则、城市规划制定和实施制度，以及法律责任等，标志着我国城市规划正式进入了法制化的道路。

（3）城市规划编制工作的全面恢复。

1980年全国城市规划工作会议之后，各城市即逐步开展了城市规划的编制工作，至20世纪80年代中期，我国绝大部分城市基本完成了城市总体规划的编制，并经相关程序批准，成为城市建设开展的重要依据。

（4）苏锡常居住小区建设模式的推广。

从20世纪80年代初开始，由江苏的常州、苏州、无锡等城市开始，实施"统一规划、综合开发、配套建设"的居住小区建设方式，形成生活方便、配套设施齐全、环境协调的整体面貌，对全国各地的城市居住小区建设影响很大。后又经建设部推广，成为全国各城市建设居住区的主要模式。

（5）国家设立历史文化名城，并推动历史文化名城保护工作的展开。

1982年1月15日，国务院批准了第一批共24个国家历史文化名城，此后分别于1986年、1994年相继公布第二、三批共75个国家级历史文化名城，近年来又分别批准了山海关、凤凰县等为国家级历史文化名城，为历史文化遗产的保护起了重要的推动作用，并从制度上提供了可操作手段。1983年召开了历史文化名城规划与保护座谈会，由此推动了历史文化名城保护规划作为城市规划中的重要内容得到全面展开。

（6）控制性详细规划初露端倪。

20世纪80年代中期开始，温州、上海等城市在经济体制改革中，积极探索逐步形成控制性详细规划的雏形，此后经建设部推广以及实践中的不断完善，对全国的城市经济发展以及城市规划作用的有效发挥，起到了重要作用，最终经《城市规划法》确立为法定规划。

（7）编制全国城镇布局规划纲要。

1984年，为适应全国国土规划纲要编制的需要，建设部组织编制了全国城镇布局规划纲要，由国家计委纳入全国国土规划纲要，同时作为各省编制省域城镇体系规划和修改、调整城市总体规划的依据。民政部把这个规划纲要作为编制全国设市规划的参考。

（8）市场经济改革进入城市建设领域。

1984到1988年间，国家城市规划行政主管部门实行国家计委、建设部双重领导，以建设部领导为主的行政体制，适应了改革开放初期以政府主导下的城市快速建设时期的需要，促进了城市建设投资与城市建设的协同。

3. 20世纪90年代以来的城市规划思想与实践

（1）20世纪90年代以后，一方面社会经济的改革不断深化，社会主义市场经济的体制初步确立，推进社会经济快速而持续的发展；另一方面，在经济全球化等的不断推动下，城市化的发展和城市建设进入了快速时期。

① 1991年9月，建设部召开全国城市规划工作会议，提出"城市规划是一项战略性、综合性强的工作，是国家指导和管理城市的重要手段。实践证明，制定科学合理的城市规划，并严格按照规划实施，可以取得好的经济效益、社会效益和环境效益"。

② 针对1992年以后全国各地在快速建设和发展普遍出现的"房地产热"、"开发区热"等现象，1996年5月国务院发布了《关于加强城市规划工作的通知》，指出"城市规划工作的基本任务是统筹安排城市各类用地及空间资源，综合部署各项建设，实现经济和社会的可持续发展"，并明确规定要"切实发挥城市规划对城市土地及空间资源的调控作用，促进城市经济和社会协调发展"。

③ 1999年12月，建设部召开全国城乡规划工作会议，会后国务院下发《国务院办公厅关于加强和改进城乡规划工作的通知》，强调要"充分认识城乡规划工作的重要性，进一步明确城乡规划工作的基本原则"，进一步明确了新时期规划工作的重要地位，"城乡规划是政府指导和调控城乡建设和发展的基本手段，是关系到我国社会主义现代化建设事业全局的重要工作"，并重申"城市人民政府的主要职责是抓好城市规划、建设和管理，地

方人民政府的主要领导,特别是市长、县长,要对城乡规划负责。"

(2) 进入新世纪后,全国各地出现了新一轮基本建设和城市建设过热的状况,国务院强调通过城乡规划来进行调控。

① 2002年5月15日,国务院发出了《国务院关于加强城乡规划监督管理的通知》,提出要进一步强化城乡规划对城乡建设的引导和调控作用,健全城乡规划建设的监督管理制度,促进城乡建设健康有序发展。同时要求城市规划和建设要加强城乡规划的综合调控,严格控制建设项目的建设规模和占地规模,加强城乡规划管理监督检查等。

② 2002年8月2日,国务院九部委联合发出《关于贯彻落实〈国务院关于加强城乡规划监督管理的通知〉的通知》,对近期建设规划、强制性规划以及建设用地的审批程序、历史文化名城保护等内容提出具体要求,初步确立了城市规划作为宏观调控手段和公共政策的基本框架。建设部此后即制定了《近期建设规划工作暂行办法》和《城市规划强制性内容暂行规定》,明确了近期建设规划及各类规划中的强制性内容的具体要求,从而使宏观调控的要求能够更具操作性。

③ 2005年《城市规划编制办法》进行了调整和完善,明确了城市规划的基本内容和相应的编制要求,并于2006年4月1日起施行。

④ 针对新一轮经济建设过热中地方政府不遵守城市规划的现象,建设部和监察部开展了城乡规划效能监察工作,保障城市规划作用的发挥。建设部开始了城乡规划督察员制度的建设和试点工作,保障中央政府的政策能够得到全面的贯彻执行。

⑤ 2005年10月,中共十六届五中全会首次提出的科学发展观是我国深化社会经济改革的指针,2007年党的十七大对科学发展观的内涵做了进一步的阐述,"科学发展观,第一要义是发展,核心是以人为本,基本要求是全面协调可持续,根本方法是统筹兼顾"。从2006年开始执行的《国民经济和社会发展第十一个五年规划》明确提出了"要加快建设资源节约型、环境友好型社会",为城市规划的发展指明了方向,并确立了全面、协调和可持续的发展观,同时还为城市规划作用的发挥奠定了基础。

(3) 20世纪90年代后,中国的城市化进入快速发展时期。2000年全国的城市化水平已达36.22%,2011年政府工作报告提到"十一五"时期城镇化率已达47.5%。

① 2000年全国人大通过的《国民经济和社会发展第十个五年计划纲要》明确提出了"实施城镇化战略,促进城乡共进步"的基本策略。

② 2000年6月,中共中央、国务院发布了《关于促进小城镇健康发展的若干意见》,指出"抓住机遇,适时引导小城镇健康发展,应当作为当前和今后较长时期农村改革与发展的一项重要任务"。

③ 2005年9月29日,时任总书记胡锦涛在中央政治局第二十五次集体学习时指出:城镇化是经济社会发展的必然趋势,也是工业化、现代化的重要标志。

④ 2006年初,《中共中央国务院关于推进社会主义新农村建设的若干意见》下发,实质性地启动了新农村建设。这是我国统筹城乡发展,解决"三农"问题的重大举措,也是推进健康城镇化的重要内容,城乡统筹在城市规划的各个阶段都得到了有效贯彻。

(4) 城乡转型发展与城乡规划。

① 城乡规划法的实施。2007年10月28日十届人大常委会第三十次会议通过了《中华人民共和国城乡规划法》(后简称《城乡规划法》),为城乡规划的开展确定了基本的框

架。该法自 2008 年 1 月 1 日起施行。

② 城乡规划成为一级学科。2010 年 3 月国务院批准,城乡规划学为一级学科,由此标志着学科进入了一个新的高度和发展历程。

③ 城镇化战略的推进。2011 年 3 月 5 日,第十一届全国人民代表大会第三次会议在北京开幕。时任国务院总理温家宝代表国务院作年度政府工作报告中提出:"我们要加快转变经济发展方式和调整经济结构。坚持走中国特色新型工业化道路,推动信息化和工业化深度融合,改造提升制造业,培育发展战略性新兴产业。加快发展服务业,服务业增加值在国内生产总值中的比重提高 4 个百分点。积极稳妥推进城镇化,城镇化率从 47.5% 提高到 51.5%,完善城市化布局和形态,不断提升城镇化的质量和水平。继续加强基础设施建设,进一步夯实经济社会发展基础。"

④ 加快完善城乡发展一体化。2012 年 11 月召开的中共十八大提出:"加快完善城乡发展一体化体制机制,着力在城乡规划、基础设施、公共服务等方面推进一体化,促进城乡要素平等交换和公共资源均衡配置,形成以工促农、以城带乡、工农互惠、城乡一体的新型工农、城乡关系。形成大中小城市、小城镇、新型农村社区协调发展,互促共进的城镇化道路。"

(5) 存量规划和减量规划的热议:2014 年面对城市转型发展,提出以不增加建设用地为主张、以城市更新为手段,基于城市功能优化调整的存量规划和减量规划。

三、世纪之交时期城市规划的理论探索和实践

(一) 了解当代城市发展中的主要问题和趋势

跨入 21 世纪,城市未来发展面临可持续发展、知识经济、经济全球化和信息化等人类普遍关注的议题。

1. 经济、社会和环境的可持续发展

(1) 对人类生存和环境问题的初识。

① 1962 年,美国生物学家莱切尔·卡逊(Rachel Carson)发表了著作《寂静的春天》一书,描述了一幅由于农药污染所带来的可怕景象,在世界范围内引发了人们关于发展观念上的争论。

② 1972 年,美国学者巴巴拉·沃德和雷内·杜博斯出版了《只有一个地球》,一个非正式的国际学术团体——罗马俱乐部发表了著名的报告《增长的极限》,推出了对人类生存与环境的认识,明确提出了"持续增长"和"合理持久的均衡发展"的概念。

③ 1980 年联合国向世界发出呼吁:必须研究自然的、社会的、生态的、经济的以及利用自然资源过程的基本关系,确保全球持续发展。

④ 1983 年 11 月联合国成立了环境与发展委员会,联合国要求该组织以"持续发展"为基本纲领,制定"全球变革日程"。

(2) 可持续发展理念的提出。1987 年,联合国环境与发展委员会发表了《我们共同的未来》,全面地阐述了可持续发展的理念。

① 可持续发展的概念与内涵:根据《我们共同的未来》,可持续发展是指既满足当代

人需要，又不对后代人满足其需要的能力构成危害的发展。具体而言：可持续发展的内涵包括经济、社会和环境之间的协调发展。

② 可持续发展思想包含了当代和后代的需要、国家主权、国际公平、自然资源、生态承载力、环境与发展相结合等重要内容。明确提出要变革人类沿袭已久的生产和生活方式，并调整现行的国际关系。

③ 经济与环境的可持续发展，强调经济增长的方式必须具有环境的可持续性，即最少地消耗不可再生的自然资源，环境影响绝对不可危及生态体系的承载极限。

④ 社会与环境的可持续发展，强调不同的国家、地区和社群能够享受平等的发展机会。另外，社会与环境可持续发展必须得到管理体系、法制体系、科技体系、教育体系和决策体系等五大体系的支撑。

（3）可持续发展开始成为人类的共同行动纲领。1992年联合国环境发展大会通过《环境与发展宣言》和《全球21世纪议程》，标志着可持续发展开始成为人类的共同行动纲领。整个文件分为四个部分，分别涉及经济与社会的可持续发展、可持续发展的资源利用与环境保护、社会公众与团体在可持续发展中的作用、可持续发展的实施手段和能力建设。每个部分又都分为四个层面，分别是可持续发展的主要体系（经济与社会、资源与环境、公众与社团、手段与能力）、基本方面、方案领域和行动举措。

（4）人类住区的可持续发展是一个重要的组成部分。《全球21世纪议程》把人类住区的发展目标归纳为改善人类住区的社会、经济和环境质量，以及所有人（特别是城市和乡村的贫民）的生活和居住环境。人类的住区的发展任务包括八个方面的内容：

① 向所有人提供住房；

② 改善人类住区管理，尤其强调了城市管理，并要求通过种种手段采取有创新的城市规划解决环境和社会问题；

③ 促进可持续的土地利用规划和管理；

④ 促进供水、下水、排水和固体废弃物管理等环境基础设施的统一建设，并认为"城市开发的可持续性通常由供水和空气质量，并由下水和废物管理等环境基础设施状况等参数界定"；

⑤ 在人类住区中推广可循环的能源和运输系统；

⑥ 加强灾害易发地区的人类住区规划和管理；

⑦ 促进可持久的建筑工业活动行为的依据；

⑧ 促进人力资源开发和增强人类住区发展的能力。

（5）中国的可持续发展战略和对策。1994年，我国政府正式公布了《中国21世纪议程——中国21世纪人口、环境与发展白皮书》。该文件认为，可持续发展之路是中国未来发展的自身需要和必然选择。《中国21世纪议程》是根据中国国情，阐述中国的可持续发展战略和对策，分为四部分，分别涉及可持续发展总体战略、社会可持续发展、经济可持续发展和资源与环境的合理利用与保护。

（6）1993年，英国城乡规划协会成立了可持续发展研究小组，发表了《可持续发展的规划对策》，提出将可持续发展的概念和原则引入城市规划实践的行动框架，将环境因素管理纳入各个层面的空间发展规划。其提出的规划原则包括：

① 土地使用和交通：缩短通勤和出行距离，提高公共交通出行的比重；

② 自然资源：维护生物的多样性，减少使用自然资源，更多使用和生产再生的材料；
③ 能源：减少化石燃料的使用，更多地使用可再生能源；
④ 污染物和废弃物：减少污染物排放，减少废弃物的总量。

（7）1999年由著名建筑师和城市设计师领导的研究小组发布报告，提出21世纪的到来为我们提供了三个转变的机会：技术革命带来了新形式的信息技术和交换信息的新手段；不断增长的生态危机使可持续成为发展的必要条件；广泛的社会转型使人们有更高的生活预期，并更加注重在职业和个人生活中对生活方式的选择。在这样的背景下，报告提出了有关城市可持续发展的建议：

① 循环使用土地与建筑。城市建设应当首先使用衰败地区和闲置的土地和建筑，尽量减少农业用地转换成城市用地。
② 改善城市环境。鼓励紧凑城市的概念，鼓励培养可持续性和城市质量。
③ 优化地区管理。城市的可持续发展必须依靠强有力的地方领导和市民广泛参与的民主管理。
④ 旧区复兴是城市持续发展的关键性内容。地方政府应当被赋予更多权力和职责以从事长期衰落地区的复兴工作。
⑤ 国家政策应鼓励创新。将街道看成是一个"场所"，而非只是运输通道，以鼓励合理设置道路宽度、转弯半径和交叉口形式。
⑥ 高密度。高密度开发不只是单纯的高层开发，要结合城市的发展，选择适宜的高密度建设形式。
⑦ 加强城市规划与设计。要用好的城市规划与设计去修复过去的错误，使其更具有生活的吸引力，并可以适应多用途的混合使用的发展需要。

（8）针对美国城市的快速扩张和蔓延，美国规划界出现了对"精明增长"（Smart Growth）发展方式的倡导，希望以此来实现城市的可持续发展。其基本原则包括：

① 保持大量开放空间和保护环境质量；
② 内城中心的再开发和开发城市内的零星空地；
③ 在城市和新的郊区地区，减少城市设计创新的障碍；
④ 在地方和邻里中心创造更强的社区感，在整个大趋势地区创造更强的区域互相依赖的团结的认识；
⑤ 鼓励紧凑的、混合用途的开发；
⑥ 创造显著的财政刺激，使地方政府能够运用建立在州政府确立的基本原则基础上的精明增长规划；
⑦ 以财政转移的方式，在不同地方之间建立财政共享；
⑧ 确定谁有权作出控制土地使用的决定；
⑨ 加快开发项目申请的审批过程，提供给开发商更大的确定性，降低改变项目的成本；
⑩ 在外围新增长地区提供更多的低价房；
⑪ 建立公司协同的建设过程；
⑫ 在城市的增长中限制进一步向外扩张；
⑬ 完善城市内的基础设施；

⑭ 减少对私人小汽车交通的依赖。

2. 知识经济和创新城市

（1）知识经济的概念出现在 20 世纪 90 年代。联合国经济合作与发展组织（OECD）在 1996 年发表了《以知识为基础的经济》首先提出了"知识经济"这一概念。所谓的知识经济是指建立在知识和信息的生产、分配和使用基础之上的经济。通常认为，知识经济的主要特征包括：以信息技术和网络建设为核心，以人力资本和技术创新为动力，以高新技术产业为支柱，以强大的科技研究为后盾。

（2）知识经济具有四个特点。

① 科技创新：在工业经济时代，原料和设备等物质要素是发展资源；在知识经济时代，科技创新成为最重要的发展资源，被称为无形资产。

② 信息技术：信息技术使知识被转化为数码信息而能够以极其有限的成本广为宣传。

③ 服务产业：在从工业经济向知识经济演化的同时，产业经济经历着从以制造业为主向以服务业为主的转型，因为生产性服务业是知识密集型产业。

④ 人力素质：贝尔认为，前工业社会的发展资源是土地，工业社会是机器，后工业社会则是知识。人力资源作为发展要素，已经不是一个广义概念，人的智力取代人的体力成为真正意义上的发展资源，因而教育是国家发展的基础所在。

（3）知识的传播对经济发展的作用。知识传播的信息化大大缩短了从知识产生到知识应用的周期，促进了知识对于经济发展的主导作用。正是因为信息化对峙是经济的关键作用，现代社会被称为"信息社会"，信息产业也成为知识经济时代中增长最为迅猛的产业。

（4）知识经济与信息社会促进经济全球化。与知识经济和信息社会密切相关的是经济全球化进程。经济全球化是指各国之间在经济上越来越相互依存，各种发展资源（如信息、技术、资金和人力）的跨国流动规模越来越扩大。

（5）知识经济的发展对于高科技产业集聚的需求，促进了城市新功能区——高科技园区的形成，其形式有如下四种：

① 高科技企业聚集区，与所在地区的科技创新环境紧密相关，这类地区的形成可以较大地促进科技和产业的创新；

② 科技城，完全是科学研究中心，与制造业并无直接的地域联系，往往是政府计划的建设项目；

③ 技术园区，作为政府的经济发展战略，在一个特定区域内提供各种优越条件（包括政策），吸引高科技企业的投资；

④ 建立完整的科技都会，作为区域发展和产业布局的一项计划。

（6）知识经济的创新性，影响到了城市发展动力机制的变化，还使建筑与城市规划的概念拓展至虚拟场所之中。

① 这些地方具有高效的本地企业网络、快速的信息扩散和专业诀窍传输。

② 提供的新环境中有完善的基础设施、便利的交通条件等。

③ 诱发创新的软环境的形成，企业与企业之间、人与人之间正式的非正式的交流与沟通。

3. 全球化条件下的城市发展与规划

（1）经济全球化所表现出来的特征：

① 各国之间在经济上越来越相互依存，各国的经济体越来越开放；
② 各类发展资源（原料、信息、技术、资金和人力）跨国流动的规模不断扩张；
③ 跨国公司在世界经济中的主导地位越来越突出，并直接影响到了所涉及的国家和地方的经济状况；
④ 信息、通信和交通的技术革命使资源跨国流动的成本日益降低，为经济全球化提供了强有力的技术支撑。

（2）在全球化过程中，"全球城市"或"世界城市"受到全球化力量推动最大，又对全球化的进程有着最大推动力，因此成为全球化研究的领域。所谓的"全球城市"或"世界城市"主要是指那些担当着管理、控制全球经济活动职能的城市，这些城市位于全球城市体系的最高层级。这些城市具有的一些特点：
① 作为跨国公司的（全球性或区域性）总部的集中地，是全球或区域经济管理、控制中心；
② 都是金融中心，对全球资本的运行具有强大的影响力；
③ 具有高度发达的生产型服务业（如房地产、法律、信息、广告和技术咨询等），以满足跨国公司的商务需要；
④ 生产型服务业是知识密集型产业；
⑤ 城市是信息、通信和交通设施的枢纽，以满足各种"资源流"在全球或区域网络中的时空配置，为经济中心提供强有力的技术支撑。

（3）在全球化的背景下，城市的发展需要从全球经济网络中获取资源，以其独特性来吸引投资、产业和旅游者，因此创造城市的独特性也成为这一时期城市规划的重要内容。
① 伦敦空间发展战略规划，在对伦敦城市发展进行定位的基础上，从居住、就业、交通、休闲娱乐四个主题领域以及三个部门领域——即自然资源管理、城市设计和蓝代网络（the Blue Ribbon Network）建立了全市框架，在此基础上对城市中的各个地区制定了行动内容。
② "更绿、更大的纽约"——纽约 2030 年规划则从土地使用（主要是住房、开放空间和棕地的再利用）、水资源（水质和供水网络）、交通、能源、空气（着重空气质量）、气候变化等六个方面制定了全市未来发展的行动纲领。

（4）在经济全球化的影响下，发达国家的一些工业城市经历了衰败的过程，针对这些衰败的城市或地区，制定复兴计划，使这些城市和地区获得重生。
① 城市中央商务区的重塑；
② 城市更新和滨水地区的开发；
③ 公共空间的完善和文化设施的建设。

（5）在全球化的背景下，城市发展需要适应全球经济运行的需要，获取资源、吸引投资、吸引产业、吸引旅游者等，因此创造城市的独特性成为这一时期城市规划的重要内容，城市战略规划、城市营销、场所营造等理论和实践活动应运而生。

4. 加强社会协调，提高生活质量

随着经济全球化进程的不断推进，新技术的普及和信息社会的成型，社会经济体系发生了重大转变，在这种转变的过程中，一方面社会整体的生活质量和生活水平在不断提高，另一方面，由于社会经济条件的分化不断加剧，不同利益团体的社会环境和质量也随

之发生变化，自 20 世纪后期开始，有关社会团体与协调以及在此基础上的生活质量等问题的探讨在城市规划中成为关注的热点和焦点。

(1) 城市规划在社会发展中的作用

城市的发展在相当程度上是与本地的场所空间决定的，因此城市的发展也就需要既能适应全球经济的需要，又能解决好本地化的问题。以城市公共空间建设为主要内容的"场所营造"成为完善社会协调提高城市生活质量的重要工作，其中的大量内容逐步转变为设计的核心，而以"市民社会"和"城市治理"为核心的制度建设则成为其基本的保障，并直接规定了城市规划在城市社会发展中的作用。

(2) 城市规划是现代社会中城市治理的一个手段

城市治理倡导多元化发展，以市民社会为基础的、分权与参与相结合的管理模式，重视公共服务供给和公共问题解决过程中的公民参与。

(3) 提高城市生活质量的研究

学者提出，在信息时代，社区生活质量是城市生活质量的关键。城市社区的空间区位对此影响较弱，而城市居民的心理归属显得极其重要，也决定了社区居民对社区事务的参与，由此决定了社区发展的方向与结果。

(二) 熟悉当代城市规划的主要理论或理念

1. 从城乡规划到环境规划

基于可持续发展原则的规划思考，现代城市规划的核心是土地资源配置，目的是控制人类的土地利用活动可能产生的消极外部效应（特别是环境影响）。所以，城市规划将在可持续发展的行动过程中发挥特殊作用，可持续发展也引起了各国规划师的广泛关注。

(1) 环境规划产生的标志

1990 年，英国城乡规划协会成立了可持续发展研究小组，经过 3 年的研究工作，于 1993 年发表了《可持续环境的规划对策》，提出将可持续发展的概念和原则引入城市规划实践的行动框架，称为环境规划，这就是将环境要素管理纳入各个层面的空间规划。

(2) 环境规划的主要特征

① 预警性；
② 整合性；
③ 战略性。

(3) 环境规划的基本原则

① 土地使用和交通：通过倡导公共交通，缩短出行距离，节约和有效利用土地；
② 自然资源：减少对自然生态的破坏和对自然资源的消耗；
③ 能源：减少能源的浪费，更多地采用可再生能源；
④ 污染物与废弃物：减少污染物排放，提高废弃物的再生利用程度。

2. 经济全球化与城市和区域发展——主要体现为：城市体系的结构重组

经济全球化进程中城市和区域的演化已成为一个重要研究领域，可以分为两个方面发展，分别是城市体系的结构重组和不同层面的城市内部结构重组。其表现为：

(1) 在发达国家和部分新兴工业化国家/地区形成一系列全球性和区域性的经济中心城市，对于全球和区域经济的主导作用越来越显著；

(2) 制造业资本的跨国投资促进了发展中国家的城市迅猛发展，同时也越来越成为跨国公司的制造、装配基地；

(3) 在发达国家出现一系列科技创新中心和高科技产业基地，而发达国家的传统工业城市普遍衰退，只有少数城市成功地经历了产业结构转型。

(三) 熟悉当代城市规划的重要实践

1. 基于可持续发展理念的城市规划实践——"紧凑城市"模式

欧洲出现了建立在多用紧密结合的"都市村庄"模式上的"紧凑城市"，美洲出现了以传统欧洲小城市空间布局模式的"新城市主义"。两者都具有以下特点：

(1) 形态紧凑；
(2) 密度适当；
(3) 混合用地；
(4) 公共交通为主导；
(5) 街道面向步行者；
(6) 调适性较强的建筑。

2. 在知识经济、信息社会和经济全球化的背景下的城市规划实践——产业园区

产业园区建设成为当代城市规划的重要实践，同时也包括了发达国家的高科技园区、科技城、技术园区、科技都会和发展中国家的出口加工区。

我国当今一项重要的城市规划实践——开发区。

(四) 我国现阶段城市规划面临的新问题

1. 从增量规划到存量规划

(1) 背景：1990年代中期以来，我国城市普遍经历了以人口集聚与规模扩张为特征的快速发展阶段，不断将城镇化水平推向新高。而近年来随着人口、资源、环境压力与矛盾的显现，这种以增量土地换取发展的方式愈发显得难以为继，城市无序蔓延、土地管理失控成为许多城市，尤其是特大城市所面临的共同问题。从当前的发展实际看，中央城镇化工作会议从耕地保护、生态环境以及城市增长的角度明确提出了有效控制土地增量、合理确定发展规模的要求，意味着增量发展不再是未来的主要方式。同时，各城市在用地扩张过程中越来越多地面对着征地拆迁成本急剧上升、房地产供给过剩等问题，增量发展难度不断增加。

(2) 增量规划：是指以新增建设用地为对象、基于空间扩张为主的规划。

这类规划是目前我国城市规划编制的主流，在我国城镇化水平持续上涨的阶段，城市土地的上涨仍会持续20年左右。但这种持续增长的现象，将不会在所有的城市中继续。

(3) 存量规划：是指以不增加建设用地为主张、以城市更新为手段的城市功能优化调整的规划。

存量规划在过去的20多年前的规划期内，采用较为广泛，但并未有这样的提法，只是因为发展缓慢，经济力量薄弱所采取的方式；现在提出存量规划，是因为经济发展、城市扩张，已造成了一定程度的生态失衡，而提出的一种规划方式；现在提出的存量规划，与过去20年的规划期中的存量应有许多的不同，概念、内涵、目标、手段与方法均是发展与变化的了。

（4）减量规划：是指压缩城镇建设用地、提高生态用地的规划引导下，所要进行的利益补偿。

减量规划是以生态效益为前提，提高土地产出率为手段的规划；减量，一是建设用地总量的减少，二是增幅的降低，三是用地功能的调整。

（5）在总体规划中的实践：在此背景下，深圳、上海、北京等城市纷纷提出优化建设用地存量，实现建设用地减量等方式作为解决当前发展瓶颈的积极探索，并将"存量与减量"的思路纳入城市新一轮的总体规划编制当中。在城市发展转型的影响下，传统以增量发展为主要内容的总体规划也开始了积极的回应与转变，城乡规划存量与减量的时代已经到来。

（6）存量发展下的规划探索：

① 传统模式：增容平衡——存量改造首先要解决的是如何创造价值。以前，增容平衡的模式最能创造价值，但是在土地财政难以为继的背景下，一定要做存量改造的道路。尤其很多老城，也将会因为无法承担大拆重建的成本而保存。

② 新模式：危房改造——从制度设计上，可采用居民自主申请、成本自付、工程自建的模式；同时政府简化审批、政策支持、标准放宽。并以制度设计先于物质设计、整片拆除改为逐栋改造、政府主导改为居民协商、快速急变变为逐步更新作为规划原则。

③ 自发的用途改变——同一块土地转换不同的用途，价值也会变不一样。但是在面对不同地价源于配套服务、高价土地需要更多服务、住宅配套服务成本提高、低价土地转为高价土地，这几种用途变更中常见的问题时，要注意能否被政府接受或"容忍"。

④ 社区规划、乡村营造等，从空间设计到制度设计。

⑤ 存量时代的规划师——在存量时代里，要学会做现状规划：首先要寻找规划目标，发现规划问题，然后分解现状用地，最后分区提出方案。

2. 关于生态修复与城市修补

（1）指导思想

牢固树立创新、协调、绿色、开放、共享的发展理念，坚持以人民为中心的发展思想，进一步加强城市规划建设管理工作，将"城市双修"作为推动供给侧结构性改革的重要任务，以改善生态环境质量、补足城市基础设施短板、提高公共服务水平为重点，转变城市发展方式，治理"城市病"，提升城市治理能力，打造和谐宜居、富有活力、各具特色的现代化城市。

（2）基本原则

① 政府主导，协同推进。将"城市双修"作为各城市住房城乡建设、规划等部门的重要职责，加强与相关部门分工合作，建立长效机制，完善政策，整合资源、资金、项目，协同推进。

② 统筹规划，系统推进。尊重自然生态环境和城市发展规律，综合分析，统筹规划，加强"城市双修"各项工作的协调衔接，增强工作的系统性、整体性。

③ 因地制宜，分类推进。坚持问题导向，根据城市生态状况、发展阶段和经济条件差异，有针对性地制定实施方案，近远结合，分类推进。

④ 保护优先，科学推进。坚持保护优先原则，保护历史文化遗产和自然资源，修复

受损生态，妥善处理保护与发展关系，科学推进"城市双修"。

(3) 主要任务目标

2017年，各城市制定"城市双修"实施计划，开展生态环境和城市建设调查评估，完成"城市双修"重要地区的城市设计，推进一批有实效、有影响、可示范的"城市双修"项目。2020年，"城市双修"工作初见成效，被破坏的生态环境得到有效修复，"城市病"得到有效治理，城市基础设施和公共服务设施条件明显改善，环境质量明显提升，城市特色风貌初显。

(4) 主要工作内容

①加快山体修复；②开展水体治理和修复；③修复利用废弃地；④完善绿地系统；⑤填补基础设施欠账；⑥增加公共空间；⑦改善出行条件；⑧改造老旧小区；⑨保护历史文化；⑩塑造城市时代风貌。

四、国土空间规划

国土空间规划是国家空间发展的指南、可持续发展的空间蓝图，是各类开发保护建设活动的基本依据。建立国土空间规划体系并监督实施，将主体功能区规划、土地利用规划、城乡规划等空间规划融合为统一的国土空间规划，实现"多规合一"，是党中央作出的重大决策部署。

(一) 基于《中共中央 国务院关于建立国土空间规划体系并监督实施的若干意见》的要点整理

1. 重大意义

(1) 建立全国统一、责权清晰、科学高效的国土空间规划体系，整体谋划新时代国土空间开发保护格局，综合考虑人口分布、经济布局、国土利用、生态环境保护等因素，科学布局生产空间、生活空间、生态空间；

(2) 是加快形成绿色生产方式和生活方式、推进生态文明建设、建设美丽中国的关键举措；

(3) 是坚持以人民为中心、实现高质量发展和高品质生活、建设美好家园的重要手段；

(4) 是保障国家战略有效实施、促进国家治理体系和治理能力现代化、实现"两个一百年"奋斗目标和中华民族伟大复兴中国梦的必然要求。

2. 总体要求

(1) 指导思想

① 发挥国土空间规划在国家规划体系中的基础作用，为国家发展规划落地实施提供保障。

② 健全国土空间开发保护制度，体现战略性、提高科学性、加强协调性，强化规划权威性、加强协调性、注重操作性，实现国土空间开发保护更高质量、更有效率、更加公平、更可持续。

(2) 主要目标

① 到 2020 年，基本建立国土空间规划体系，逐步建立"多规合一"的规划编制审批体系、实施监督体系、法规政策体系和技术标准体系。基本完成市县以上各级国土空间总体规划编制，初步形成全国国土空间开发保护"一张图"。

② 到 2025 年，健全国土空间规划法规政策和技术标准体系；全面实施国土空间监测预警和绩效考核机制；形成以国土空间规划为基础，以统一用途管制为手段的国土空间开发保护制度。

③ 到 2035 年，全面提升国土空间治理体系和治理能力现代化水平，基本形成生产空间集约高效、生活空间宜居适度、生态空间山清水秀，安全和谐、富有竞争力和可持续发展的国土空间格局。

3. 总体框架

（1）分级分类

① 分级：国土空间规划形成"国家－省－市－县－乡（镇）"五个层级体系。

② 分类：总体规划、详细规划和专项规划。

国家、省、市县编制国土空间总体规划，各地结合实际编制乡镇国土空间规划。

相关专项规划是指特定区域（流域）、特定领域，为体现特定功能，对空间开发保护利用作出的专门安排，是涉及空间利用的专项规划。

国土空间总体规划是详细规划的依据、相关专项规划的基础；相关专项规划要相互协同，并与详细规划衔接好。

（2）各级国土空间总体规划编制的重点

① 全国国土空间规划是国土空间保护、开发、利用、修复的政策和总纲，侧重战略性，由自然资源部会同相关部门组织编制，由党中央、国务院审定后印发。

② 省级国土空间规划是对全国国土空间规划的落实，指导市县国土空间规划编制，侧重协调性，由省级政府组织编制，经同级人大常委会审议后报国务院审批。

③ 市县和乡镇国土空间规划是本级政府对上级国土空间规划要求的细化落实，是对本行政区域开发保护作出的具体安排，侧重实施性。

④ 需报国务院审批的城市国土空间总体规划，由市政府组织编制，经同级人大常委会审议后，由省政府报国务院审批。

⑤ 其他市县及乡镇国土空间规划由省级政府根据当地实际，明确规划审批内容、程序和要求。

（3）强化对专项规划的指导约束作用

① 海岸带、自然保护地等专项规划及跨区域或流域的国土空间规划，由所在区域或上一级自然资源主管部门牵头组织编制，报同级政府审批。

② 涉及空间利用的某一领域专项规划，如交通、能源、水利、农业、信息、市政等基础设施，公共服务设施，军事设施，以及生态环境保护、文物保护、林业草原等专项规划，由相关主管部门组织编制。

③ 不同层级、不同地区的专项规划可结合实际选择编制类型和精度。

（4）在市县以下编制详细规划

① 详细规划是对具体地块的用途和开发建设强度等作出的实施性安排，是开展国土空间开发保护活动、实施国土空间用途管制、核发城乡建设项目规划许可、进行各项建设

等的法定依据。

② 城镇开发边界内的详细规划，由市县自然资源主管部门组织编制，报同级政府审批。

③ 城镇开发边界外的乡村地区，以一个或几个行政村为单元。由乡镇政府组织编制"多规合一"的实用性村庄规划，作为详细规划，报上一级政府审批。

4. 编制要求

（1）体现战略性

① 全面落实党中央、国务院重大决策部署，体现国家意志和国家发展规划战略，自上而下编制各级国土空间规划，对空间发展作出战略性系统安排。

② 落实国家安全战略、区域协调发展战略和主体功能区战略，明确空间发展目标，优化城镇化格局、农业生产格局、生态保护格局，确定空间发展战略，转变国土空间开发保护方式，提升国土空间开发质量和效率。

（2）提高科学性

① 坚持生态优先、绿色发展，尊重自然规律、经济规律、社会规律和城乡发展规律，因地制宜开展规划编制工作。

② 坚持节约优先、保护优先、自然恢复为主的方针，在资源环境承载力和国土空间开发适宜性评价的基础上，科学有序统筹布局生态、农业、城镇等功能空间，划定生态保护红线、永久基本农田、城镇开发边界等空间管控边界以及各类海域保护线，强化底线约束，为可持续发展预留空间。

③ 坚持山水林田湖草生命共同体理念，加强生态环境分区管治，量水而行，保护生态屏障，构建生态廊道和生态网络，推进生态系统保护和修复，依法开展环境影响评价。

④ 坚持陆海统筹、区域协调、城乡融合，优化国土空间结构和布局，统筹地上地下空间综合利用，着力完善交通、水利等基础设施和公共服务设施，延续历史文脉，加强风貌管控，突出地域特色。

⑤ 坚持上下结合、社会协同，完善公众参与制度，发挥不同领域专家的作用。

⑥ 运用城市设计、乡村营造、大数据等手段，改进规划方法，提高规划编制水平。

（3）加强协调性

① 强化国家发展规划的统领作用，强化国土空间规划的基础作用。

② 国土空间总体规划要统筹和综合平衡各相关专项领域的空间需求。

③ 详细规划要依据批准的国土空间总体规划进行编制和修改。

④ 相关专项规划要遵循国土空间总体规划，不得违背总体规划强制性内容，其主要内容要纳入详细规划。

（4）注重操作性

① 按照谁组织编制、谁负责实施的原则，明确各级各类国土空间规划编制和管理的要点。

② 明确规划约束性指标和刚性管理要求，同时提出指导性要求。

③ 制定实施规划的政策措施，提出下级国土空间总体规划和相关专项规划、详细规划的分解落实要求，健全规划实施传导机制，确保规划能用、管用、好用。

5. 实施与监管

（1）强化规划权威

规划一经批复，任何部门和个人不得随意修改、违规变更，防止出现换一届党委和政府改一次规划。

① 下级国土空间规划要服从上级国土空间规划，相关专项规划、详细规划要服从总体规划。

② 坚持先规划、后实施，不得违反国土空间规划进行各类开发建设活动。

③ 坚持"多规合一"，不在国土空间规划体系之外另设其他空间规划。

④ 相关专项规划的有关技术标准应与国土空间规划相衔接。

⑤ 因国家重大战略调整、重大项目建设或行政区划调整等确需修改规划的，须先经过规划审批机关同意后，方可按法定程序进行修改。

⑥ 对国土空间规划编制和实施过程中的违规违纪违法行为，要严肃追究责任。

（2）改进规划审批

① 按照谁审批、谁监管的原则，分级建立国土空间规划审查备案制度。

② 精简规划审批内容，管什么就批什么，大幅缩减审批时间。

③ 减少需报国务院审批的城市数量，直辖市、计划单列市、省会城市及国务院指定城市的国土空间总体规划由国务院审批。

④ 相关专项规划在编制和审查过程中应加强与有关国土空间规划的衔接及"一张图"的核对，批复后纳入同级国土空间基础信息平台，叠加到国土空间规划"一张图"上。

（3）健全用途管制制度

① 以国土空间规划为依据，对所有国土空间分区分类实施用途管制。

② 在城镇开发边界内的建设，实行"详细规划＋规划许可"的管制方式。

③ 在城镇开发边界外的建设，按照主导用途分区，实行"详细规划＋规划许可"和"约束指标＋分区准入"的管制方式。

④ 对以国家公园为主体的自然保护地、重要海域和海岛、重要水源地、文物等实行特殊保护制度。

⑤ 因地制宜制定用途管制制度，为地方管理和创新活动留有空间。

（4）监督规划实施

① 依托国土空间基础信息平台，建立健全国土空间规划动态监测评估预警和实施监管机制。

② 上级自然资源主管部门要会同有关部门组织对下级国土空间规划中各类管控边界、约束性指标等管控要求的落实情况进行监督检查，将国土空间规划执行情况纳入自然资源执法督察内容。

③ 健全资源环境承载能力监测预警长效机制，建立国土空间规划定期评估制度，结合国民经济社会发展实际和规划定期评估结果，对国土空间规划进行动态调整完善。

（5）推进"放管服"改革

① 以"多规合一"为基础，统筹规划、建设、管理三大环节，推动"多审合一"、"多证合一"。

② 优化现行建设项目用地（海）预审、规划选址以及建设用地规划许可、建设工程

规划许可等审批流程，提高审批效能和监管服务水平。

6. 法规政策与技术保障

（1）完善法规政策体系

① 研究制定国土空间开发保护法，加快国土空间规划相关法律法规建设。

② 梳理与国土空间规划相关的现行法律法规和部门规章，对"多规合一"改革涉及突破现行法律法规规定的内容和条款，按程序报批，取得授权后施行，并做好过渡时期的法律法规衔接。

③ 完善适应主体功能区要求的配套政策，保障国土空间规划有效实施。

（2）完善技术标准体系

按照"多规合一"要求，由自然资源部会同相关部门负责构建统一的国土空间规划技术标准体系，修订完善国土资源现状调查和国土空间规划用地分类标准，制定各级各类国土空间规划编制办法和技术规程。

（3）完善国土空间基础信息平台

① 以自然资源调查监测数据为基础，采用国家统一的测绘基准和测绘系统，整合各类空间关联数据，建立全国统一的国土空间基础信息平台。

② 以国土空间基础信息平台为底板，结合各级各类国土空间规划编制，同步完成县级以上国土空间基础信息平台建设，实现主体功能区战略和各类空间管控要素精准落地，逐步形成全国国土空间规划"一张图"，推进政府部门之间的数据共享以及政府与社会之间的信息交互。

7. 工作要求

（1）加强组织领导

① 各地区部门要落实国家发展规划提出的国土空间开发保护要求，发挥国土空间规划体系在国土空间开发保护中的战略引领和刚性管控作用，统领各类空间利用，把每一寸土地都规划得清清楚楚。

② 坚持底线思维，立足资源禀赋和环境承载力，加快构建生态功能保障基线，环境质量安全底线、自然资源利用上线。

③ 严格执行规划，以钉钉子精神抓好贯彻落实，久久为功，做到一张蓝图干到底。

④ 地方各级党委和政府要充分认识建立国土空间规划体系的重大意义，主要负责人亲自抓，落实政府组织编制和实施国土空间规划的主体责任，明确责任分工，落实工作经费，加强队伍建设，加强监督考核，做好宣传教育。

（2）落实工作责任

① 各地区各部门要加大对本行业本领域涉及空间布局相关规划的指导、协调和管理，制定有利于国土空间规划编制的政策，明确时间表和路线图，形成合力。

② 组织、人事、审计等部门要研究将国土空间规划执行情况纳入领导干部自然资源资产离任审计，作为党政领导干部综合考核评价的重要参考。

③ 纪检监察机关要加强监督。

④ 发展改革、财政、金融、税务、自然资源、生态环境、住房城乡建设、农业农村等部门要研究制定完善主体功能区的配套政策。

⑤ 自然资源主管部门要会同相关部门加快推进国土空间规划立法工作。

⑥ 组织部门在对地方党委和政府主要负责人的教育培训中要注重提高其规划意识。

⑦ 教育部门要研究加强国土空间规划相关学科建设。

⑧ 自然资源部要强化统筹协调工作，切实负起责任，会同有关部门按照国土空间规划体系总体框架，不断完善制度设计，抓紧建立规划编制审批体系、实施监督体系、法规政策体系和技术标准体系，加强专业队伍建设和行业管理。

⑨ 自然资源部要定期对本意见贯彻落实情况进行监督检查，重大事项及时向党中央、国务院报告。

（二）基于《省级国土空间规划编制指南》（试行）的要点整理

1. 总体要求

（1）适用范围

适用于各省、自治区、直辖市国土空间规划编制。跨省级行政区域、流域和城市群、都市圈等区域性国土空间规划可参照执行。

直辖市国土空间总体规划，可结合《省级国土空间规划编制指南》和《市级国土空间总体规划编制指南》有关要求编制。

（2）规划定位

省级国土空间规划是对全国国土空间规划纲要的落实和深化，是一定时期内省域国土空间保护、开发、利用、修复的政策和总纲，是编制省级相关专项规划、市县等下位国土空间规划的基本依据，在国土空间规划体系中发挥承上启下、统筹协调作用，具有战略性、协调性、综合性和约束性。

（3）编制原则

① 生态优先、绿色发展；

② 以人民为中心、高质量发展；

③ 区域协调、融合发展；

④ 因地制宜、特色发展；

⑤ 数据驱动、创新发展；

⑥ 共建共治、共享发展。

（4）规划范围和期限

① 范围：省级行政辖区内全部陆域和管理海域国土空间。

② 期限：规划目标年为2035年，近期目标年为2025年，远景展望年为2050年。

（5）编制主体和程序

① 编制主体：省级人民政府，由省级自然资源主管部门会同相关部门开展具体工作。

② 编制程序：准备工作、专题研究、规划编制、规划多方案论证、规划公示、成果报批、规划公告等。

（6）成果要求

规划文本、附表、图件、说明书和专题研究报告，以及基于国土空间基础信息平台的国土空间规划"一张图"等。

2. 基础准备

（1）数据基础

① 统一以第三次国土调查成果数据为基础。

② 结合基础测绘和地理国情监测成果，收集整理自然地理、自然资源、生态环境、人口、经济、社会、文化、基础设施、城乡建设、灾害风险等方面的基础数据和资料，以及相关规划成果、审批数据。

③ 利用大数据等手段，加强基础数据分析。

（2）梳理重大战略

按照主体功能区战略、区域协调发展战略、乡村振兴战略、可持续发展战略等国家战略部署，以及省级党委政府有关发展要求，梳理相关重大战略对省域国土空间的具体要求，作为编制依据。

（3）现状评价与风险评估

① 通过资源环境承载能力和国土空间开发适宜性评价，分析区域资源环境禀赋特点，识别省域重要生态系统，明确生态功能极重要和极脆弱区域，提出农业生产、城镇发展的承载规模和适宜空间。

② 从数量、质量、布局、结构、效率等方面，评估国土空间开发保护现状问题和风险挑战。结合城镇化发展、人口分布、经济发展、科技进步、气候变化等趋势，研判国土空间开发利用需求；在生态保护、资源利用、自然灾害、国土安全等方面识别可能面临的风险，并开展情景模拟分析。

（4）专题研究

① 国土空间开发保护重大问题研究：国土空间目标战略、城镇化趋势、开发保护格局优化、人口产业与城乡融合发展、空间利用效率和品质提升、基础设施与资源要素配置、历史文化传承和景观风貌塑造、生态保护修复与国土综合整治、规划实施机制和政策保障等。

② 加强水平衡研究，综合考虑水资源利用现状和需求，明确水资源开发利用上限，提出水平衡措施。量水而行、以水定城、以水定地、以水定人、以水定产，形成与水资源、水环境、水生态、水安全相匹配的国土空间布局。

③ 沿海省份应展开海洋相关专题研究。

3. 重点管控性内容

（1）目标与战略

① 目标定位

落实国家重大战略，按照全国国土空间规划纲要的主要目标、管控方向、重大任务，结合省域实际，明确省级国土空间发展的总体定位，确定国土空间开发保护目标。

落实全国国土空间规划纲要确定的省级国土空间规划指标要求，完善指标体系。

② 空间战略

按照空间发展的总体定位和开发保护目标，立足省域环境禀赋和经济社会发展需求，针对国土空间开发保护突出问题，制定省级国土空间开发保护战略，推动形成主体功能约束有效、科学适度有序的国土空间布局体系。

（2）开发保护格局

① 主体功能分区

落实纲要确定的国家级主体功能区。各地可结合实际，完善和细化省级主体功能区，按照主体功能定位划分政策单元，确定协调引导要求，明确管控导向。

按照陆海统筹、保护优先原则，沿海县（市、区）要统筹确定一个主体功能区。

② 生态空间

依据重要生态系统识别结果，维持自然地貌特征，改善陆海生态系统、流域水系网络的系统性、整体性和连通性，明确生态屏障、生态廊道和生态系统保护格局；确定生态保护与修复重点区域；构建生物多样性保护网络，为珍稀动植物保留栖息地和迁徙廊道；合理预留基础廊道。

优先保护以自然保护地体系为主的生态空间，明确省域国家公园、自然保护区、自然公园等各类自然保护地布局、规模和名录。

③ 农业空间

A. 严格落实全国国土空间规划纲要确定的耕地和永久基本农田保护任务，确保数量不减少、质量不降低、生态有改善、布局有优化。

B. 以水平衡为前提，优先保护平原地区水土光热条件好、质量等级高、集中连片的优质耕地，实施"小块并大块"，推进现代农业规模化发展；在山地丘陵地区因地制宜发展特色农业。

C. 综合考虑不同种植结构水资源需求和现代农业发展方向，明确种植业、畜牧业、养殖业等农产品主产区，优化农业生产结构和空间布局。

D. 按照乡村振兴战略和城乡融合要求，提出优化乡村居民点布局的总体要求，实施差别化国土空间利用政策；可对农村建设用地总量作出指标控制要求。

④ 城镇空间

依据全国国土空间规划纲要确定的建设用地规模，结合主体功能定位，综合考虑经济社会、产业发展、人口分布等因素，确定城镇体系的等级和规模结构、职能分工，提出城市群、都市圈、城镇圈等区域协调重点地区多中心、网络化、集约型、开放式的空间格局，引导大中小城市和小城镇协调发展。按照城镇人口规模 300 万以下、300 万～500 万、500 万～1000 万、1000 万～2000 万、2000 万以上等层级分别确定城镇空间发展战略，促进集中集聚集约发展。将建设用地规模分解至各市（地、州、盟）。针对不同规模等级城镇提出基本公共服务配置要求，优化教育、医疗、养老等民生领域重要设施的空间布局。加强产城融合，完善产业集群布局，为战略性新兴产业预留发展空间。

⑤ 网络化空间组织

以重要的自然资源、历史文化资源等要素为基础，以区域综合交通和基础设施网络为骨架，以重点城镇和综合交通枢纽为节点，加强生态空间、农业空间和城镇空间的有机互动，实现人口、资源、经济等要素优化配置，促进形成省域国土空间网络化。

⑥ 统筹三条控制线

A. 将生态保护红线、永久基本农田、城镇开发边界等三条控制线作为调整经济结构、规划产业发展、推进城镇化不可逾越的红线。

B. 结合生态保护红线和自然保护地评估调整、永久基本农田核实整改等工作，明确市县划定任务，提出管控要求，将三条控制线的成果在市县乡及国土空间规划中落地。

C. 实事求是解决历史遗留问题，协调解决划定矛盾，做到边界不交叉、空间不重叠、功能不冲突。

D. 各类线性基础设施应尽量并线、预留廊道，做好与三条控制线的协调衔接。

（3）资源要素保护与利用

① 自然资源

A. 按照山水林田湖草系统保护要求，统筹耕地、森林、草原、湿地、河湖、海洋、冰川、荒漠、矿产等各类自然资源的保护利用，确定自然资源利用上线和环境质量安全底线，提出水、土地、能源等重要自然资源供给总量、结构以及布局调整的重点和方向。

B. 严格保护耕地和永久基本农田，对水土光热条件好的优质耕地，要优先划入永久基本农田。建立永久基本农田储备区制度。各项建设要尽量不占或少占耕地，特别是永久基本农田。

C. 结合自然保护地体系建设，保护林地、草地、湿地、冰川等重要自然资源，落实天然林、防护林、储备林、基本草原保护要求。

D. 在落实国家确定的战略性矿产资源勘查、开发布局安排的基础上，明确省域内大中型能源矿产、金属矿产和非金属矿产的勘查开发区域，加强与三条控制线的衔接，明确禁止、限制矿产资源勘查开采空间。

E. 沿海省份要明确海洋开发保护空间，提出海域、海岛与岸线资源保护利用目标。除国家重大项目外，全面禁止新增围填海，提出存量围填海的利用方向。明确无居民海岛保护利用的底线要求，加强特殊用途海岛保护。

F. 以严控增量、盘活存量、提高流量为基本方向，确定水、土地、能源等资源节约集约利用的目标、指标与实施措施。明确统筹地上地下空间，以及其他对省域发展产生重要影响的资源开发利用要求，提出建设用地结构优化、布局调整的重点和时序安排。

② 历史文化和自然景观资源

落实国家文化发展战略，深入挖掘历史文化资源，系统建立包括国家文化公园、世界遗产、各级文物保护单位、历史文化名城名镇名村、传统村落、历史建筑、非物质文化遗产、未核定公布为文物保护单位的不可移动文物、地下文物埋藏区、水下文物保护区等在内的历史文化保护体系，编撰名录。全面评价山脉、森林、河流、湖泊、草原、沙漠、海域等自然景观资源，保护自然特征和审美价值。构建历史文化与自然景观网路，统一纳入省级国土空间规划。梳理各种涉及保护和利用的空间管控要求，制定区域整体保护措施，延续历史文脉，突出地方特色，做好保护、传承、利用。

（4）基础支撑体系

① 基础设施

落实国家重大交通、能源、水利、信息通讯等基础设施项目，明确空间布局和规划要求。预测新增建设用地需求，明确省级重大基础设施项目、建设时序安排，确定重点项目表。按照区域一体化要求，构建与国土开发保护格局相适应的基础设施支撑体系。按照高效集约的原则，统筹各类区域基础设施布局，线性基础设施尽量并线，明确重大基础设施廊道布局要求，减少对国土空间的分割和过度占用。

② 防灾减灾

考虑气候变化可能造成的环境风险，如沿海地区海平面上升、风暴潮等自然灾害，山地丘陵地区崩塌、滑坡、泥石流等地质灾害，提出防洪排涝、抗震、防潮、人防、地质灾害防治等防治标准和规划要求，明确应对措施。对国土空间开发不适宜区域，根据治理需要提出应对措施。合理布局各类防灾抗灾救灾通道，明确省级综合防灾减灾重大项目布局及时序安排，并纳入重点项目表。

(5) 生态修复和国土综合整治

落实国家确定的生态修复和国土综合整治的重点区域、重大工程。按照自然恢复为主、人工修复为辅的原则，以国土空间开发保护格局为依据，针对省域生态功能退化、生物多样性降低、用地效率低下、国土空间品质不高等问题区域，将生态单元作为修复和整治范围，按照保障安全、突出生态功能、兼顾景观功能的优先次序，结合山水林田湖草系统修复、国土综合整治、矿山生态修复和海洋生态修复等类型，提出修复和整治目标、重点区域、重大工程。

(6) 区域协调与规划传导

① 省际协调

做好与相邻省份在生态保护、环境治理、产业发展、基础设施、公共服务等方面的协商对接，确保省与省之间生态格局完整、环境协同共治、产业优势互补，基础设施互联互通，公共服务共建共享。

② 省域重点地区协调

A. 加强省内流域和重要生态系统统筹，协调空间矛盾冲突，明确分区发展指引和管控要求，促进整体保护和修复。生态功能强的地区要得到有效保护，创造更多优质生态产品，建立健全纵向横向结合、多元市场化的生态保护补偿机制。

B. 明确省域重点区域的引导方向和协调机制，按照内涵式、集约型、绿色化的高质量发展要求，加强存量建设用地盘活力度，提高经济发展优势区域的经济和人口承载能力。在此基础上，建设用地资源向中心城市和重点城市倾斜，使优势地区有更大发展空间。通过优化空间布局结构，促进解决资源枯竭型城市、传统工矿城市发展活力不足的问题。

C. 发展比较优势，增强不同地区在保障生态安全、粮食安全、边疆安全、文化安全、能源资源安全等方面的功能，明确主体功能定位和管控导向，促进各类要素合理流动和高效集聚，走合理分工、优化发展的路子。

D. 完善全民所有自然资源资产收益管理制度，健全自然资源资产收益分配机制，作为区域协调的重要手段。

③ 市县规划传导

以省域国土空间格局为指引，统筹市县国土空间开发保护需求，实现发展的持续性和空间的合理性。省级国土空间规划通过分区传导、底线管控、控制指标、名录管理、政策要求等方式，对市县级规划编制提出指导约束要求。省级国土空间规划要将上述要求分解到下级规划，下级规划不得突破。

④ 专项规划指导约束

省级国土空间规划要综合统筹相关专项规划的空间需求，协调各专项规划空间安排。专项规划经依法批准后纳入同级国土空间基础信息平台，叠加到国土空间规划"一张图"，实施严格管理。

4. 指导性要求

(1) 在完成上述任务的基础上，各地可结合省域实际，按照世界眼光、国际标准、中国特色、高点定位的要求，深化相关工作。

（2）主动应对全球气候变化带来的风险挑战，采取绿色低碳安全的发展举措，优化国土空间供给，改善生物多样性，提升国土空间韧性。

（3）深度融入经济全球化，结合"一带一路"优化生产力、城镇和基础设施布局，强化公共服务供给能力，促进高质量发展和高品质生活，提升区域竞争力。

（4）运用国土空间地理设计方法，结合全域旅游，加强区域自然和人文景观的整体保护和塑造，充分供给多样化、高品质的魅力国土空间。

（5）探索"绿水青山就是金山银山"的实现路径，完善生态产品价值实现机制，提升自然资源的经济、社会和生态价值。

（6）在规划编制和实施中充分运用大数据、云计算、区块链、人工智能等新技术，探索可感知、能学习、善治理、自适应的智慧规划。

5. 规划实施保障

（1）健全配套政策机制

省级国土空间规划编制，要完善细化主体功能区配套政策和制度安排，建立健全自然资源调查监测、资源资产管理、有偿使用、用途管制、生态保护修复等方面的规划实施保障机制及政策措施。

（2）完善国土空间基础信息平台建设

将现状数据及规划数据纳入省级国土空间基础信息平台，汇总市县基础数据和规划数据。依托国土空间基础信息平台，构建国土空间规划"一张图"。推动实现互联互通的数据共享。

（3）建立规划监测评估预警制度

省级自然资源主管部门会同有关部门动态监测省级国土空间规划实施情况，定期评估省级国土空间规划主要目标、空间布局、重大工程等执行情况，以及各市县对省级国土空间规划的落实情况，对规划实施情况开展动态监测、评估和预警。

（4）近期安排

结合发展规划确定的"十四五"规划重点任务，明确近期规划安排。确定约束性和预期性指标，并分解下达至下级规划，明确推进措施。

6. 公众参与和社会调查

（1）公众参与

规划编制采取政府组织、专家领衔、部门合作、公众参与的方式，建立全流程、多渠道的公众参与机制。在规划编制启动阶段，深入了解各地区、各部门、各行业和社会公众的意见和需求。在规划方案论证阶段，应将中间成果征求有关方面意见。规划成果报批前，应以通俗易懂的方式征求社会各方意见。充分利用各媒体和信息平台，采取贴近群众的各种社会沟通工具，保障各阶段公众参与的广泛性、代表性和实效性，并保障充分的参与时间。公众参与情况在规划说明书中要形成专章。

（2）社会协调

制定涵盖各相关部门的协作机制，研究规划重大问题，共同推进规划编制工作。充分调动大专院校、企事业单位力量，组建专家咨询团队，注重听取生态、资源环境、地理、经济、社会文化、安全等多领域多学科的专家建议。

7. 规划论证和审批

（1）规划论证

省级人民政府负责组织规划成果的专家论证，并及时征求自然资源部等部门意见。规划论证情况在规划说明中要形成专章，包括规划环境影响评价、专家论证意见、部门和地方意见采纳情况等。对存在重大分歧和颠覆性意见的意见建议，行政层面不要轻易拍板，要经过充分论证后形成决策方案。

（2）审批

规划成果论证后，经同级人大常委会审议后报国务院审批。规划经批准后，应在一个月内向社会公告。涉及向社会公开的文本和图件，应符合国家保密管理和地图管理等有关规定。

（三）基于《关于在国土空间规划中统筹划定落实三条控制线的指导意见》的要点整理

1. 总体要求

（1）指导思想

以习近平新时代中国特色社会主义思想为指导，全面贯彻党的十九大精神，深入贯彻习近平生态文明思想，按照党中央、国务院决策部署，落实最严格的生态环境保护制度、耕地保护制度和节约用地制度，将三条控制线作为调整经济结构、规划产业发展、推进城镇化不可逾越的红线，夯实中华民族永续发展基础。

（2）基本原则

① 底线思维，保护优先。以资源环境承载能力和国土空间开发适宜性评价为基础，科学有序统筹布局生态、农业、城镇等功能空间，强化底线约束，优先保障生态安全、粮食安全、国土安全。

② 多规合一，协调落实。按照统一底图、统一标准、统一规划、统一平台要求，科学划定落实三条控制线，做到不交叉不重叠不冲突。

③ 统筹推进，分类管控。坚持陆海统筹、上下联动、区域协调，根据各地不同的自然资源禀赋和经济社会发展实际，针对三条控制线不同功能，建立健全分类管控机制。

（3）工作目标

到 2020 年年底，结合国土空间规划编制，完成三条控制线划定和落地，协调解决矛盾冲突，纳入全国统一、多规合一的国土空间基础信息平台，形成一张底图，实现部门信息共享，实行严格管控。到 2035 年，通过加强国土空间规划实施管理，严守三条控制线，引导形成科学适度有序的国土空间布局体系。

2. 科学有序划定

（1）按照生态功能划定生态保护红线

① 概念：生态保护红线是指在生态空间范围内具有特殊重要生态功能、必须强制性严格保护的区域。

② 内涵：优先将具有重要水源涵养、生物多样性维护、水土保持、防风固沙、海岸防护等功能的生态功能极重要区域，以及生态极敏感脆弱的水土流失、沙漠化、石漠化、海岸侵蚀等区域划入生态保护红线。其他经评估目前虽然不能确定但具有潜在重要生态价

值的区域也划入生态保护红线。对自然保护地进行调整优化，评估调整后的自然保护地应划入生态保护红线；自然保护地发生调整的，生态保护红线相应调整。

③ 活动规定：生态保护红线内，自然保护地核心保护区原则上禁止人为活动，其他区域严格禁止开发性、生产性建设活动，在符合现行法律法规前提下，除国家重大战略项目外，仅允许对生态功能不造成破坏的有限人为活动，主要包括：零星的原住民在不扩大现有建设用地和耕地规模前提下，修缮生产生活设施，保留生活必需的少量种植、放牧、捕捞、养殖；因国家重大能源资源安全需要开展的战略性能源资源勘查，公益性自然资源调查和地质勘查；自然资源、生态环境监测和执法，包括水文水资源监测及涉水违法事件的查处等，灾害防治和应急抢险活动；经依法批准进行的非破坏性科学研究观测、标本采集；经依法批准的考古调查发掘和文物保护活动；不破坏生态功能的适度参观旅游和相关的必要公共设施建设；必须且无法避让、符合县级以上国土空间规划的线性基础设施建设、防洪和供水设施建设与运行维护；重要生态修复工程。

(2) 按照保质保量要求划定永久基本农田

① 概念：永久基本农田是为保障国家粮食安全和重要农产品供给，实施永久特殊保护的耕地。

② 要求：依据耕地现状分布，根据耕地质量、粮食作物种植情况、土壤污染状况，在严守耕地红线基础上，按照一定比例，将达到质量要求的耕地依法划入。

③ 修正：已经划定的永久基本农田中存在划定不实、违法占用、严重污染等问题的要全面梳理整改，确保永久基本农田面积不减、质量提升、布局稳定。

(3) 按照集约适度、绿色发展要求划定城镇开发边界

① 概念：城镇开发边界是在一定时期内因城镇发展需要，可以集中进行城镇开发建设、以城镇功能为主的区域边界，涉及城市、建制镇以及各类开发区等。

② 划定依据：城镇开发边界划定以城镇开发建设现状为基础，综合考虑资源承载能力、人口分布、经济布局、城乡统筹、城镇发展阶段和发展潜力，框定总量，限定容量，防止城镇无序蔓延。科学预留一定比例的留白区，为未来发展留有开发空间。

③ 规定：城镇建设和发展不得违法违规侵占河道、湖面、滩地。

3. 协调解决冲突

(1) 统一数据基础

以目前客观的土地、海域及海岛调查数据为基础，形成统一的工作底数底图。已形成第三次国土调查成果并经过认定的，可直接作为工作底数底图。相关调查数据存在冲突的，以过去 5 年真实情况为基础，根据功能合理性进行统一核定。

(2) 自上而下、上下结合实现三条控制线落地

国家明确三条控制线划定和管控原则及相关技术方法；省（自治区、直辖市）确定本行政区域内三条控制线总体格局和重点区域，提出下一级划定任务；市、县组织统一划定三条控制线和乡村建设等各类空间实体边界。跨区域划定冲突由上一级政府有关部门协调解决。

(3) 协调边界矛盾

三条控制线出现矛盾时，生态保护红线要保证生态功能的系统性和完整性，确保生态功能不降低、面积不减少、性质不改变；永久基本农田要保证适度合理的规模和稳定性，

确保数量不减少、质量不降低；城镇开发边界要避让重要生态功能，不占或少占永久基本农田。目前已划入自然保护地核心保护区的永久基本农田、镇村、矿业权逐步有序退出；已划入自然保护地一般控制区的，根据对生态功能造成的影响确定是否退出，其中，造成明显影响的逐步有序退出，不造成明显影响的可采取依法依规相应调整一般控制区范围等措施妥善处理。协调过程中退出的永久基本农田在县级行政区域内同步补划，确实无法补划的在市级行政区域内补划。

4. 强化保障措施

（1）加强组织保障

自然资源部会同生态环境部、国家发展改革委、住房城乡建设部、交通运输部、水利部、农业农村部等有关部门建立协调机制，加强对地方督促指导。地方各级党委和政府对本行政区域内三条控制线划定和管理工作负总责，结合国土空间规划编制工作有序推进落地。

（2）严格实施管理

建立健全统一的国土空间基础信息平台，实现部门信息共享，严格三条控制线监测监管。三条控制线是国土空间用途管制的基本依据，涉及生态保护红线、永久基本农田占用的，报国务院审批；对于生态保护红线内允许的对生态功能不造成破坏的有限人为活动，由省级政府制定具体监管办法；城镇开发边界调整报国土空间规划原审批机关审批。

（3）严格监督考核

将三条控制线划定和管控情况作为地方党政领导班子和领导干部政绩考核内容。国家自然资源督察机构、生态环境部要按照职责，会同有关部门开展督察和监管，并将结果移交相关部门，作为领导干部自然资源资产离任审计、绩效考核、奖惩任免、责任追究的重要依据。

第三章 城乡规划体系

大纲要求： 掌握城乡规划的概念，熟悉现代城乡规划的基本特点与构成，熟悉城乡规划的公共政策属性，熟悉规划师的角色与地位。熟悉我国城乡规划法规体系的构成，熟悉我国城乡规划行政体系的构成，熟悉我国城乡规划工作体系的构成。掌握制定城乡规划的基本原则，熟悉制定城乡规划的基本程序，掌握城乡规划编制的层次及其相互关系，熟悉城乡规划编制的公众参与。

一、城乡规划的内涵

（一）掌握城乡规划的概念

《〈中华人民共和国城乡规划法〉解说》一书认为城乡规划的社会作用是各级政府统筹安排城乡发展建设空间布局，保护生态自然环境，合理利用自然资源，维护社会公正与公平的重要依据，具有重要的公共政策的属性。

根据《城乡规划法》，城乡规划的定义：城乡规划是以促进城乡经济社会全面协调发展为根本任务、促进土地科学使用为基础、促进人居环境改善为目的，涵盖城乡居民点的空间布局规划。

（二）熟悉现代城乡规划的基本特点和构成

1. 城乡规划的构成

《城乡规划法》中所称的城乡规划，包括城镇体系规划、城市规划、镇规划、乡规划和村庄规划。城市规划、镇规划分为总体规划和详细规划。详细规划分为控制性详细规划和修建性详细规划。

2. 城乡规划的基本特点

（1）《城乡规划法》确定的规划体系，体现了一个突出特点：即一级政府、一级规划、一级事权，下位规划不得违反上位规划的原则。

（2）规划作为政府的职能，第一不能超越其行政辖区，第二不能超越法定的行政事权。

（3）城市、镇、村庄的规划是对点上建设的管理，国家、省、县是从面上协调若干点上的建设开发活动。国家、省、县要制定协调多个次一级行政地域单元空间发展的城镇体系规划，市、镇、乡要制定本行政区域的总体规划和详细规划。

3. 现代城市规划的主要特点

（1）综合性。城市的社会、经济、环境和技术发展等各要素，既互为依据，又相互制约，城市规划需要对城市的各项要素进行统筹安排，使之各得其所、协调发展。

（2）政策性。城市规划是关于城市发展和建设的战略部署，同时也是政府调控城市空间资源、指导城乡发展与建设、维护社会公平、保障公共安全和公众利益的重要手段。

（3）民主性。城市规划涉及城市发展和社会公共资源的配置，需要代表最为广大的人民的利益。

（4）实践性。城市规划需要解决城市发展中的实际问题，这就需要城市规划因地制宜，从城市的实际状况和能力出发，保证城市持续有序地发展。

4. 现代城市规划的基本构成

（1）城市规划法律法规体系

法律法规体系是城市规划体系的核心。其构成有两种划分方式：

① 一种是根据法律法规内容与城市规划本身相关性进行划分，一般可分为主干法及其从属法、专项法和相关法。

A. 主干法是指国家和地方的城市规划法律法规，是对城市规划本身的界定、城市规划的作用范围以及社会系统与城市规划系统之间关系的规范。

B. 从属法是对主干法有关条款的进一步深化的具体规定，其内容多为这些条款的实施性细则。

C. 专项法是针对城市规划中涉及的某些特定议题进行的立法。

D. 相关法是与城市规划过程及作用相关的其他法律法规的总称。

② 另一种划分是根据相关法律法规的属性与范围来进行的，划分为：国家法律、行政法规、地方法规、行政规章、规范性文件、规范等。

（2）城市规划行政体系

城市规划行政体系是指城市规划行政管理权限的分配、行政组织的构架以及行政过程的整体。

以城市规划行政主管部门的"纵向"行政关系及其与其他政府部门之间的"横向"行政关系共同组成了城市规划行政体系。

（3）城市规划工作体系

城市规划工作体系是指围绕着城市规划工作和行为的过程所建立起来的结构体系，也可以理解为运行体系或运作体系。

就城市规划的整体而言，城市规划的工作体系包括城市规划的制定和城市规划的实施两部分，各自的构成是：

① 城市规划的制定包括了城市规划的文本体系、各类规划的编制过程和各类规划的审批过程等；

② 城市规划的实施体系的目的就是将法定程序批准的法定规划付诸实施，其基本内容包括：城市规划实施的组织、城市建设项目的规划管理和城市规划实施的监督检查。

（三）熟悉城乡规划的公共政策属性

公共政策（Public Policy）是人类社会活动的组织性、计划性、目标性的集中体现，是国家或政党等社会公共权威在其社会政治活动中的重要内容和行为准则。研究公共政策，对于分配社会资源、规范社会行为、解决社会问题和实现社会发展目标等，都具有重要意义。

城市规划是政府在城市发展、建设和管理领域的公共政策，为城市的发展提供目标，为实现这一目标提供不同的途径，协调城市发展过程中的种种矛盾，如不同部门之间、地区之间的矛盾，长远发展和眼前利益的矛盾，社会经济发展和环境、资源保护之间的矛盾，现代化建设和历史文化之间的矛盾等，还对于具体的建设行为进行管理和规范，其目的在于实现城市社会的和谐、可持续发展，追求公共利益的最大化。

现代城市规划从诞生那天起，就是政府凭借公共权力干预市场的资源配置方式，调控社会—空间进程的一种手段、方案，即明确的公共政策目标。

1. 基本概念

公共政策作为一种指引及行为准则，它的特点是解决公共问题，体现和协调公众利益，若要有效地体现城市规划的公共政策特点，或者说促进城市规划与公共政策更好地结合，必须转变城市规划理念，创新城市规划的工作方法，才能使城市规划更好地体现公共政策理念，显现其作为公共政策的优势，切实有效地制定和实施公共政策措施。

2. 城市规划公共政策过程的构成体系

城市规划公共政策的构成体系分为规划构成层面、目标导向层面和公共政策层面三个层面。

城市规划过程，包括了"制定、实施、管理、保障和评估"等环节，这些环节都要密切围绕着公共政策的目标导向，即"体现公共利益和解决公共问题"，在每一个环节都充分体现出公共政策性，形成对应的"公众参与、公众监督、城市管治、政策法规和政策评估"，从而构成城市规划的公共政策体系。

3. 城市规划公共政策过程的主要环节

（1）城市规划公共政策的"目标导向"。城市规划要体现其公共政策性，必须做到以"公共利益"为核心。

（2）城市规划公共政策的"制定环节"。影响公共政策制定的因素一般包括制定体制、制定者、公民、利益集团、政党等。

（3）城市规划公共政策的"实施环节"。城市规划的实施环节相当于公共政策的执行环节，是将公共政策理想变为现实的过程。

（4）城市规划公共政策"管理环节"。对于管理环节而言，其基础是依法行政，体现建设社会主义法治国家的方略。

（5）城市规划公共政策的"保障环节"。对于保障环节而言，要在相关的法规和政策中对如何保障公共利益加以明确。

（6）城市规划公共政策的"评估环节"。完整的公共政策过程不仅包括公共政策制定和执行等方面，还要对其执行结果进行评价，才能理清政策责任，并对政策作出进一步的改进。

4. 城市规划的作用

（1）宏观经济条件调控的手段

城市规划通过对城市土地和空间使用配置的调控，来对城市建设和发展中的市场行为进行干预，从而保证城市的有序发展。

（2）保障社会公共利益

城市规划通过对社会、经济、自然环境等的分析，结合未来发展的安排，从社会需要的角度对各类公共设施进行安排,并通过土地使用的安排为公共利益的实现提供了基础,通过开发控制保障公共利益不受到损害。

(3) 协调社会利益,维护公平

社会利益涉及多方面,就城市规划作用而言,主要指由土地和空间使用所产生的社会利益之间的协调。

(4) 改善人居环境

城市规划在综合考虑社会、经济、环境发展的各个方面,从城市与区域等方面入手,合理布局各项生产和生活设施,完善各项配套,使城市的各个要素在未来发展过程中相互协调,提高城乡环境品质。

(四) 熟悉规划师的角色与地位

1. 政府部门的规划师的角色与地位

(1) 作为政府公务员所担当的行政管理职责,是国家和政府的法律法规和方针政策的执行者。

(2) 担当了城市规划领域的专业技术管理职责,是城市规划领域和运用城市规划对各类建设行为进行管理的管理者。

(3) 政府部门的规划师的角色,就是要发挥城市规划在城市建设和发展中的作用,并运用城市规划的专业技术手段,执行国家和政府的宏观政策,保证城市的有序发展。

2. 规划编制部门的规划师的角色与地位

(1) 城市规划编制部门的规划师的主要职责是编制经法定程序批准后可以操作的城市规划成果。

(2) 其主要角色是专业技术人员和专家,是为决策者提供咨询和参谋,承担着社会利益协调者的角色。

3. 研究与咨询机构的规划师的角色与地位

研究与咨询机构的规划师是以专业技术人员和专家的身份为主,工作的重点在于提出合理的建议和进行技术储备。

4. 私人部门的规划师的角色与地位

在私人部门的规划师,首先是特定利益团体的代言人,他们运用自己的专业技术与政府部门、规划编制机构或者咨询机构等的城市规划师进行沟通和交流,以维护其所代表的机构的利益。

二、我国城乡规划体系

我国城乡规划体系由法规体系、行政体系和工作体系构成。

(一) 熟悉我国城乡规划法规体系的构成

我国已形成由城乡规划方面的法律、法规、规章、规范性文件和标准规范组成的城乡规划法规体系。

1. 法律

《中华人民共和国城乡规划法》是整个国家的法律体系的一个组成部分，是城乡规划法规体系的主干法和基本法。

2. 法规

城乡规划行政法规是指由国务院制定的实施《城乡规划法》或配套的具有针对性和专题性的规章。

3. 规章

由国务院部门和省、直辖市、自治区以及有立法权的人民政府制定的具有普遍约束力的规范称为行政规章。如《城市规划编制办法》《村镇规划编制办法》等。

4. 规范性文件

各级政府及规划行政主管部门制定的其他具有约束力的文件统称为规范性文件。

5. 标准规范

标准规范是对一些基本概念和重复性的事务进行统一规定，以科学、技术和实践经验的综合成果为基础，经有关方面协商一致，由行业主管部门批准，以特定的形式发布，作为城乡规划共同遵守的准则和依据。

(二) 熟悉我国城乡规划行政体系的构成

1. 城乡规划行政的纵向体系

纵向体系是指由不同层级的城乡规划行政主管部门组成，即国家城乡规划行政主管部门，省、自治区、直辖市城乡规划行政主管部门，城市的规划主管部门。它们分别对各自的行政辖区的城乡规划工作依法管理，上级城乡规划行政部门对下级城乡规划行政部门进行业务指导和监督。

2. 城乡规划行政的横向体系

城乡规划行政主管部门与本级政府的其他部门一起，共同代表着本级政府的立场，执行共同的政策，发挥着在某一领域的管理职能。它们之间的相互作用关系是互相协作的，在决策之前进行信息互通与协商，并在决策之后共同执行，从而成为一个整体发挥作用。

(三) 熟悉我国城乡规划工作体系的构成

1. 城乡规划的编制体系

我国城乡规划编制体系由以下内容构成：城镇体系规划、城市规划、镇规划、乡规划和村庄规划。其中城市规划和镇规划分为总体规划和详细规划。详细规划分为控制性详细规划和修建性详细规划。

(1) 城镇体系规划主要包括全国、省域城镇体系规划；

(2) 总体规划主要有城市总体规划和镇总体规划；

(3) 详细规划可分为城市控制性详细规划、城市修建性详细规划以及镇的控制性和修建性详细规划；

(4) 乡规划和村庄规划。

2. 我国城乡规划实施管理体系的构成

(1) 城乡规划的实施组织

就城乡规划的实施组织而言，政府及其部门的主要职责包括：

① 确定近期和年度的发展重点和地区，进行分类指导和控制，保证有计划、分步骤实施城乡规划；

② 编制近期建设规划，保证城市总体规划实施与具体建设活动的开展紧密结合；

③ 通过下层次规划的编制落实和深化上层次规划的内容和要求，使下层次规划成为上层次规划实施的工具和途径；

④ 通过公共设施和基础设施的安排和建设，推动和带动地区建设的开展；

⑤ 针对重点领域（如产业政策）和重点地区制定相应的政策，保证城乡规划的有效实施。

（2）建设项目的规划管理

① 建设用地的规划管理。根据《城乡规划法》的有关规定，城市建设用地的规划管理按照土地使用权的获得方式不同可以区分为以下两种情况：

A. 一种情况是由国家以划拨方式提供国有土地使用权的建设项目，须经政府部门批准或者核准，在向政府有关部门报送批准或者核准文件前向城乡规划主管部门申请核发选址意见书。

B. 另一种情况是以出让方式提供国有土地使用权的建设项目。在国有土地使用权出让前，城市、县人民政府城乡规划主管部门依据控制性详细规划提出出让地块的位置、使用性质、开发强度等规划条件，作为国有土地使用权出让合同的组成部分。

② 建设工程的规划管理。规划区内进行建筑物、构筑物、道路、管线和其他工程建设的，建设单位或者个人应当向当地城乡规划主管部门或者省、自治区、直辖市人民政府确定的镇人民政府申请办理建设工程规划许可证。

（3）城乡规划实施的监督检查

① 行政监督。《城乡规划法》规定：县级以上人民政府及其城乡规划主管部门应当加强对城乡规划编制、审批、实施、修改的监督检查。

② 立法机构监督。根据《城乡规划法》的要求，"各级人民政府应当向本级人民代表大会常务委员会或者乡、镇人民代表大会报告城乡规划的实施情况，并接受监督"。

③ 社会监督。社会公众对城乡规划实施过程中的各项行为有权监督。

3. 城乡规划管理职责纳入自然资源部

（1）住房和城乡建设部的城乡规划管理职责纳入自然资源部

将国土资源部的职责，国家发展和改革委员会的组织编制主体功能区规划职责，住房和城乡建设部的城乡规划管理职责，水利部的水资源调查和确权登记管理职责，农业部的草原资源调查和确权登记管理职责，国家林业局的森林、湿地等资源调查和确权登记管理职责，国家海洋局的职责，国家测绘地理信息局的职责整合，组建自然资源部，作为国务院组成部门。自然资源部对外保留国家海洋局牌子。

（2）城乡规划重心的转变

① 规划作为面向未来、引领发展的战略工具，它的控制权归属也往往意味着政策重心的方向。

② 过去六十多年，城乡规划归属建设部门，国家发展的重心也偏向开拓和建设，而自然资源部的设立，显然是以自然资源的保护和利用为主旨。

③ 未来规划工作的重心将发生改变，过去地方政府随心所欲的大手笔规划时代恐怕难以再现。

④ 十八大以来所倡导的两山理论、绿色发展、生态文明等将不再仅仅停留于理论层面，而是要通过规划引领进入实践行动。

三、城乡规划的制定

（一）掌握制定城乡规划的基本原则

（1）必须遵守并符合《城乡规划法》及相关法律法规，在规划的指导思想、内容和程序上，真正做到依法制定规划。

（2）严格执行国家政策，以科学发展观为指导，以构建社会主义和谐社会为基本目标，坚持五个统筹，坚持中国特色的城镇化道路，坚持节约和集约利用资源，保护生态环境和人文环境等，促进城乡全面协调可持续发展。

（3）应当遵循城乡统筹、合理布局、节约土地、集约发展和先规划后建设的原则，改善生态环境，促进资源、能源节约和综合利用，保护耕地等自然资源和历史文化遗产，保护地方特色和传统风貌，防止污染和其他公害，并符合区域人口发展、国防建设、防灾减灾和公共卫生、公共安全的需要。

（4）考虑人民群众需要，改善人居环境，方便群众生活，充分关注中低收入人群，扶助弱势群体，维护社会稳定和公共安全。

（5）坚持政府组织、专家领衔、部门合作、公众参与、科学决策的原则。

（二）熟悉制定城乡规划的基本程序

1. 制定城镇体系规划的基本程序

（1）组织编制机关对现有城镇体系规划实施情况进行评估，对原规划的实施情况进行总结，并向审批机关提出修编的申请报告；

（2）经审批机关批准同意修编，开展规划编制的组织工作；

（3）组织编制机关委托具有相应资质等级的单位承担具体编制工作；

（4）规划草案公告30日以上，组织编制单位采取论证会、听证会或者其他方式征求专家和公众的意见；

（5）规划方案的修改完善；

（6）在政府审查基础上，报请本级人民代表大会常务委员会审议；

（7）报上一级人民政府审批；

（8）审批机关组织专家和有关部门进行审查；

（9）组织编制机关及时公布经依法批准的城镇体系规划。

2. 制定城市、镇总体规划的基本程序

（1）前期研究；

（2）提出进行编制工作的报告，并向上一层级的规划主管部门提出报告；

（3）编制工作报告经同意后，开展组织编制总体规划的工作；

(4) 组织编制机关委托具有相应资质等级的单位承担具体编制工作；

(5) 编制城市总体规划纲要；

(6) 组织编制机关按规定报请总体规划纲要审查，并应当报上一层级的建设主管部门组织审查；

(7) 根据纲要审查意见，组织编制城市总体规划方案；

(8) 规划方案编制完成后由组织编制机关公告30日以上，并采取听证会、论证会或者其他方式征求专家和公众的意见；

(9) 规划方案的修改完善；

(10) 在政府审查基础上，报请本级人民代表大会常务委员会（或镇人民代表大会）审议；

(11) 根据规定报请审批单位审批；

(12) 审批机关组织专家和有关部门进行审查；

(13) 组织编制机关及时公布经依法批准的城市、镇总体规划。

3. 制定城市、镇控制性详细规划的基本程序

(1) 城市人民政府城乡规划主管部门和县人民政府城乡主管部门，镇人民政府根据城市和镇的总体规划，组织编制控制性详细规划，确定规划编制的内容和要求等；

(2) 组织编制机关委托具有相应资质等级的单位承担具体编制工作；

(3) 城市详细规划编制中，应当采取公示、征询等方式，充分听取规划涉及的单位，公众的意见，对有关意见采纳结果应当公布；

(4) 组织编制机关将规划草案予以公告，并采取论证会、听证会或者其他方式征求专家和公众的意见，公告时间不得少于30日；

(5) 规划方案的修改完善；

(6) 规划方案报请审批；

(7) 组织编制机关及时公布经依法批准的城市和镇控制性详细规划，同时报本级人民代表大会常务委员会和上一级人民政府备案。

（三）掌握城乡规划编制的层次及其相互关系

(1) 城镇体系规划：全国城镇体系规划由国务院城乡规划主管部门会同国务院有关部门组织编制，报国务院审批；省域城镇体系规划由省、自治区人民政府组织编制，报国务院审批。

(2) 城市总体规划、镇总体规划：直辖市的城市总体规划由直辖市人民政府报国务院审批；省、自治区人民政府所在城市以及国务院确定的城市的总体规划，由省、自治区人民政府审查同意后，报国务院审批；其他城市的总体规划，由城市人民政府报省、自治区人民政府审批。县人民政府所在地镇的总体规划由县人民政府组织编制，报上一级人民政府审批；其他镇的总体规划由镇人民政府组织编制，报上一级人民政府审批。

(3) 城市的控制性详细规划由城市人民政府城乡规划主管部门组织编制，经本级人民政府批准后，报本级人民代表大会常务委员会和上一级人民政府备案；镇的控制性详细规划由镇人民政府组织编制，报上一级人民政府审批；县人民政府所在地镇的控制性详细规划由县人民政府城乡规划主管部门组织编制，经县人民政府批准后，报本级人民代表大会常务委员会和上一级人民政府备案。

（4）城市和镇可以由城市、县人民政府城乡主管部门和镇人民政府组织编制重要地块的修建性详细规划，其他详细规划可以结合建设项目的开展由建设单位组织编制。

（5）乡、镇人民政府组织编制乡规划、村庄规划，报上一级人民政府审批。

（四）熟悉城乡规划编制的公众参与

1. 公众参与规划的意义

（1）确保社会公众对城乡规划的知情权，可以保证公众的有效参与；

（2）确保社会公众对城乡规划的参与权，可以保证公众的有效监督，从而推动城乡规划的制定；

（3）确保社会公众对城乡规划的监督权，有利于推动社会主义和谐社会的建设，特别是一些事关民生的公益设施的规划建设。

2. 公众参与制度的具体实施措施

（1）在规划的编制过程中，要求组织编制机关应当先将城乡规划草案予以公告，并采取论证会、听证会或其他方式征求专家和公众的意见，并在报送审批的材料中附具意见采纳情况及理由。

（2）在规划的实施阶段，要求城市、县人民政府城乡规划主管部门或省、自治区、直辖市人民政府应当将经审定的修建性详细规划、建设工程设计方案的总平面予以公布。城市、县人民政府城乡规划主管部门批准建设单位变更规划条件的申请的，应当将依法变更后的规划条件公示。

（3）在修改省域城镇体系规划、城市总体规划、镇总体规划时，组织编制机关应当组织有关部门和专家定期对规划实施情况进行评估，并采取论证会、听证会或者其他方式征求公众意见，向本级人大常委会、镇人民政府和原审批机关提出评估报告时应附具征求意见的情况。

（4）在修改控制性详细规划、修建性详细规划和建设工程设计方案的总平面图时，城乡规划主管部门应当征求规划地段内利害关系人的意见。

（5）任何单位和个人有查询规划和举报或者控告违反城乡规划的行为的权利。

（6）进行城乡规划实施情况的监督后，监督检查情况和处理结果应当公开，供公众查阅和监督。

3. 公众参与城市规划的原则、内容与形式

（1）原则：公正原则、公开原则、参与原则、效率原则。

（2）内容：公众参与的目标控制、公众参与的过程控制、公众参与的结果控制。

（3）形式：主要包括城市规划展览系统，规划方案听证会、研讨会，规划过程中的民意调查，规划成果网上咨询等。

第四章 城镇体系规划

大纲要求：掌握各层次城镇体系规划的作用，掌握各层次城镇体系规划的主要任务。熟悉城镇体系规划编制的基本原则，了解各层次城镇体系规划的主要内容。

一、城镇体系规划的作用和任务

（一）城镇体系的概念与演化规律

1. 城镇体系的概念

任何一个城市都不可能孤立存在，城市与城市之间，城市与外部区域之间总是在不断地进行着物质、能量、人员、信息等各种要素的交换与相互作用。正是这种相互作用，才把区域内彼此分离的城市（镇）结合为具有特定结构和功能的有机整体，即城镇体系。

《城市规划基本术语标准》中对城镇体系的解释是：一定区域内在经济、社会和空间发展上具有有机联系的城市群体。这个概念有以下几层含义：

（1）城镇体系是以一个相对完整区域内的城镇群体为研究对象，不同区域有不同的城镇体系；

（2）城镇体系的核心是具有一定经济社会影响力的中心城市；

（3）城镇体系是由一定数量的城镇所组成，城镇之间存在性质、规模和功能方面的差别；

（4）城镇体系最本质的特点是相互联系，从而构成一个有机整体。

2. 区域城镇体系演变的基本规律

城镇体系是区域城镇群体发展到一定阶段的产物，也是区域社会经济发展到一定阶段的产物。因此，城镇体系存在着一个形成－发展－成熟的过程。

（1）按社会发展阶段分，城镇体系演化发展可分为：

① 前工业化阶段：以规模小、职能单一、孤立分散的低水平均衡分布为特征；

② 工业化阶段：以中心城市发展、集聚为表征的高水平不均衡为特征；

③ 工业化后期至后工业化阶段：以中心城市扩散，各种类型城市区域的形成，各类城镇普遍发展，区域趋于整体性城镇化的高水平均衡分布为特点。

（2）从空间演化形态看，区域城镇体系的演化一般会经历"点－轴－网"的逐步演化过程。

① 点－轴形成前的均衡阶段，区域是比较均质的空间，社会经济客体虽说呈"有序"状态的分布，但却是无组织状态，这种空间无组织状态具有极端的低效率。

② 点、轴同时开始形成，区域局部开始有组织状态，区域资源开发和经济进入动态增长时期。

③ 主要的点－轴系统框架形成，社会经济发展迅速，空间结构变动幅度大。

④ "点－轴－网"空间结构系统形成，区域进入全面有组织状态，它的形成是社会经济要素长期自组织过程的结果，也是科学的区域发展政策和计划、规划的结果。

3. 全球化时代城镇体系的新发展

（1）城市正在成为整个社会的主体。以城市为中心，组织、带动、服务于整个社会已是明显的时代特征。

（2）世界城市体系正在形成。城市间的等级职能正以新的国际劳动地域分工规则进行重组。

（二）掌握各层次城镇体系规划的作用

1. 城镇体系规划的地位

（1）《城市规划基本术语标准》中对城镇体系规划的定义是：一定区域范围内，以生产力合理布局和城镇职能分工为依据，确定不同人口规模等级和职能分工的城镇的分布和发展规划。

（2）2005年国务院城乡规划主管部门会同国务院有关部门首次组织编制了《全国城镇体系规划（2005－2020年）》。

（3）在2008年开始实施的《中华人民共和国城乡规划法》中明确规定："国务院城乡规划主管部门会同国务院有关部门组织编制全国城镇体系规划，用于指导省域城镇体系规划、城市总体规划的编制。"

2. 城镇体系规划的主要作用

城镇体系规划一方面需要合理地解决体系内部各要素之间的相互联系及相互关系，另一方面又需要协调体系与外部环境之间的关系。作为致力于追求体系整体最佳效益的城镇体系规划，其作用主要体现在区域统筹协调发展上：

（1）指导总体规划的编制，发挥上下衔接的功能，对实现区域层面的规划与城市总体规划的有效衔接意义重大；

（2）全面考察区域发展态势，发挥对重大开发建设项目及重大基础设施布局的综合指导功能。避免"就城市论城市"的思想，从区域整体效益最优化的角度实现重大基础设施的合理布局；

（3）综合评价区域发展基础，发挥资源保护和利用的统筹功能；

（4）协调区域城市间的发展，促进城市之间形成有序竞争与合作的关系。

（三）掌握各层次城镇体系规划的主要任务

（1）根据《中华人民共和国城乡规划法》及《城市规划编制办法》的规定，全国城镇体系规划用于指导省域城镇体系规划；全国城镇体系规划和省域城镇体系规划是城市总体规划编制的法定依据。

（2）在《中华人民共和国城乡规划法》中进一步明确：市域城镇体系规划作为城市总体规划的一部分，为下层面各城镇总体规划的编制提供区域性依据，其重点是"从区域经济社会发展的角度研究城市定位和发展战略，按照人口与产业、就业岗位的协调发展要求，控制人口规模，提高人口素质，按照有效配置公共资源，改善人居环境的要求，充分发挥中心城市的区域辐射和带动作用，合理确定城乡空间布局，促进区域经济社会全面、协调和可持续发展"。

（3）从理论上讲，城镇体系规划属于区域规划的一个部分，但是由于历史的原因，在我国的城乡规划编制体系中城镇体系规划事实上长期扮演着区域性规划的角色，具有区域性、宏观性、总体性的作用，尤其是对城乡总体规划起着重要的指导作用。

二、城镇体系规划的编制

（一）熟悉城镇体系规划编制的基本原则

1. 城镇体系规划的类型

（1）按行政等级和管辖范围，可以分为全国城镇体系规划、省域（或自治区域）城镇体系规划、市域（包括直辖市以及其他市级形成单元）城镇体系规划等；

（2）根据实际需要，还可以由共同的上级人民政府组织编制跨行政区域的城镇体系规划；

（3）随着城镇体系规划实践的发展，在一些地区也出现了衍生型的城镇体系规划类型，例如都市圈规划、城镇群规划等。

2. 城镇体系规划编制的基本原则

城镇体系规划是一个综合的多目标的规划。在规划过程中应贯彻以空间整体协调发展为重点，促进社会、经济、环境的持续协调发展的原则：

（1）因地制宜的原则；

（2）经济社会发展与城镇化战略互相促进的原则；

（3）区域空间整体协调发展的原则；

（4）可持续发展的原则。

（二）了解各层次城镇体系规划的主要内容

1. 全国城镇体系规划编制的主要内容

全国城镇体系规划是统筹安排全国城镇发展和城镇空间布局的宏观性、战略性法定规划，是国家制定城镇化政策，引导城镇化健康发展的重要依据，也是编制、审批省域城镇体系规划和城市总体规划的依据，有利于加强政府对城镇发展的宏观调控。

（1）全国城镇体系规划的主要内容

① 明确国家城镇化的总体战略与分期目标。根据不同发展时期，制定相应的城镇化发展目标和空间发展重点。

② 确立国家城镇化的道路与差别化战略。从多种资源环境要素的适宜性承载程度来分析城镇发展的可能，提出了不同区域差别化的城镇化战略。

③ 规划全国城镇体系的总体空间格局。构筑全国城镇空间发展的总体格局，分省区或分大区域提出差别化的空间发展指引和控制要求，对全国不同等级的城镇与乡村空间重组提出引导。

④ 构架全国重大基础设施支撑系统。根据城镇化总体目标，对交通、能源、环境等

支撑城镇发展的基础条件进行规划。

⑤ 特定与重点地区的规划。全国城镇体系规划中确定重点城镇群、跨省界城镇发展协调地区、重要江河流域、湖泊地区和海岸带等,在提升国家参与国际竞争的能力、协调区域发展和资源保护方面具有重要的战略意义。

(2) 2006年7月通过第三十三次城市规划部际联席会的全国城镇体系规划,其主要内容有以下五个方面:

① 以健康城镇化为目标,提出积极稳妥的城镇化战略。我国未来20年人口仍然遵循由农村流向城市、由中小城市流向大中城市的基本规律,城镇群和各地区中心城市将是吸纳人口的主要空间载体;预计未来15年城镇化发展速度年平均增长0.8~1.0个百分点,2020年城镇化率为56%~58%。

② 立足东中西多样化的城镇化政策。根据国情、社会经济发展水平和资源禀赋,东部地区城镇发展主要应提升城镇化质量,加快城镇群的发展,提高参与国际竞争的能力;在中西部有条件的地区培育壮大若干城镇群,科学规划城镇群内部各城市的功能定位和产业布局,缓解特大城市中心城区的压力,强化中小城市产业功能,增强小城镇公共服务和居住功能,推进大中小城市基础设施一体化建设和网络化发展。

③ 建构多元、多极、网络化的城镇空间结构。首次提出以城镇群为核心,以重要的中心城市为节点,以促进区域的主要联系通道为骨架,构筑"多元、多极、网络化"的城镇空间格局。

"多元"是指不同资源条件、不同发展阶段的区域,要因地制宜地制定城镇发展空间格局。

"多极"是指依托不同层次的城镇群和中心城市,带动区域发展。

"网络化"是指依托交通通道,形成中心城市之间、城乡之间紧密联系的格局。

④ 建立以交通为核心的城镇发展支撑体系。确定了北京、天津、上海等9大全国综合交通枢纽城市,构筑服务全国、辐射区域的高效交通运输网络,推行一体化的联合运输方式,增强城镇辐射带动能力。强调发挥铁路和轨道交通节能、省地的优势,促进城镇集约紧凑发展。

⑤ 加强对跨区域城镇发展和省域城镇体系规划的引导。住房和城乡建设部联合省、市政府先后编制了珠江三角洲城镇群、长江三角洲城镇群、京津冀城镇群和成渝城镇群协调发展规划。这些规划重点对核心城市或都市区的功能定位,综合交通枢纽及区域轨道交通网规划,重大跨区域的协调内容指引,重大管制地区管理等方面提出了具体规划要求。

2. 省域城镇体系规划编制的主要内容

省域城镇体系规划是各省、自治区经济社会发展目标和发展战略的重要组成部分,引导区域城镇化和城市合理发展,对省域内各城市总体规划的编制具有重要的指导作用。

(1) 编制省域城镇体系规划时应注意的原则

① 符合全国城镇体系规划,与全国城市发展政策相符,与国土规划、土地利用总体规划等其他相关法定规划相协调;

② 协调区域内各城市在城市规模、发展方向以及基础设施布局等方面的矛盾,有利

于城乡之间、产业之间的协调发展，避免重复建设；

③ 体现国家关于可持续发展的战略要求，充分考虑水、土地资源和环境的制约因素和保护耕地的方针；

④ 与周边省（区、市）的发展相协调。

2010年7月1日起实施的《省域城镇体系规划编制审批办法》中明确规定：省域城镇体系规划编制工作一般分为编制省域城镇体系规划纲要和编制省域城镇体系规划成果两个阶段。

(2) 规划纲要应当包括的内容

① 分析评价现行省域城镇体系规划实施情况，明确规划编制原则、重点和应当解决的主要问题。

② 按照全国城镇体系规划的要求，提出本省、自治区在国家城镇化与区域协调发展中的地位和作用。

③ 综合评价土地资源、水资源、能源、生态环境承载能力等城镇发展支撑条件和制约因素，提出城镇化进程中重要资源、能源合理利用与保护、生态环境保护和防灾减灾的要求。

④ 综合分析经济社会发展目标和产业发展趋势、城乡人口流动和人口分布趋势、省域内城镇化和城镇发展的区域差异等影响本省、自治区城镇发展的主要因素，提出城镇化的目标、任务及要求。

⑤ 按照城乡区域全面协调可持续发展的要求，综合考虑经济社会发展与人口资源环境条件，提出优化城乡空间格局的规划要求，（包括省域城乡空间布局、城乡居民点体系和优化农村居民点布局的要求）；提出省域综合交通和重大市政基础设施、公共设施布局的建议；提出需要从省域层面重点协调、引导的地区，以及需要与相邻省（自治区、直辖市）共同协调解决的重大基础设施布局等相关问题。

⑥ 按照保护资源、生态环境和优化省域城乡空间布局的综合要求，研究提出适宜建设区、限制建设区、禁止建设区的划定原则和划定依据，明确限制建设区、禁止建设区的基本类型。

(3) 规划成果应当包括下列内容

① 明确全省、自治区城乡统筹发展的总体要求。包括：城镇化目标和战略，城镇化发展质量目标及相关指标，城镇化途径和相应的城镇协调发展政策和策略；城乡统筹发展目标、城乡结构变化趋势和规划策略；根据省、自治区内的区域差异提出分类指导的城镇化政策。

② 明确资源利用与资源生态环境保护的目标、要求和措施。包括：土地资源、水资源、能源等的合理利用与保护，历史文化遗产的保护，地域传统文化特色的体现，生态环境保护。

③ 明确省域城乡空间和规模控制要求。包括：中心城市等级体系和空间布局；需要从省域层面重点协调、引导地区的定位及协调、引导措施；优化农村居民点布局的目标、原则和规划要求。

④ 明确与城乡空间布局相协调的区域综合交通体系。包括：省域综合交通发展目标、策略及综合交通设施与城乡空间布局协调的原则，省域综合交通网络和重要交通设施布

局，综合交通枢纽城市及其规划要求。

⑤ 明确城乡基础设施支撑体系。包括：统筹城乡的区域重大基础设施和公共设施布局原则和规划要求，中心镇基础设施和基本公共设施的配置要求；农村居民点建设和环境综合整治的总体要求；综合防灾与重大公共安全保障体系的规划要求等。

⑥ 明确空间开发管制要求。包括：限制建设区、禁止建设区的区位和范围，提出管制要求和实现空间管制的措施，为省域内各市（县）在城市总体规划中划定"四线"等规划控制线提供依据。

⑦ 明确对下层次城乡规划编制的要求。结合本省、自治区的实际情况，综合提出对各地区在城镇协调发展、城乡空间布局、资源生态环境保护、交通和基础设施布局、空间开发管制等方面的规划要求。

⑧ 明确规划实施的政策措施。包括：城乡统筹和城镇协调发展的政策；需要进一步深化落实的规划内容；规划实施的制度保障，规划实施的方法。

3. 市域城镇体系规划编制的主要内容

（1）编制市域城镇体系规划的主要目的

① 贯彻落实城镇化和城镇现代化发展战略，确定与市域社会经济发展相协调的城镇化发展途径和城镇体系网络；

② 明确市域及各级城镇功能，优化产业结构和布局，对开发建设活动提出鼓励或限制措施；

③ 统筹安排和合理布局基础设施，实现区域基础设施的互利共享和有效利用；

④ 通过不同空间职能分类和管制要求，优化空间布局结构，协调城乡发展，促进各类用地的空间聚集。

（2）市域城镇体系规划应当包括的内容

① 提出市域城乡统筹的发展战略；

② 确定生态环境、土地和水资源、能源、自然和历史文化遗产等方面的保护与利用的综合目标和要求，提出空间管制原则和措施；

③ 预测市域总人口及城镇化水平，确定各城镇人口规模、职能分工、空间布局和建设标准；

④ 提出重点城镇的发展定位，用地规模和建设用地控制范围；

⑤ 确定市域交通发展策略，原则确定市域交通、通信、能源、供水、排水、防洪、垃圾处理等重大基础设施，重要社会服务设施布局；

⑥ 在城市管辖范围内，根据城市建设发展和资源管理的需要划定城市规划区；

⑦ 提出实施规划的措施和有关建议。

4. 城镇体系规划的强制性内容

（1）区域内必须控制开发的区域。包括：自然保护区、退耕还林（草）地区、大型湖泊、水源保护区、分滞洪地区、基本农田保护区、地下矿产资源分布地区以及其他生态敏感区等。

（2）区域内的区域性重大基础设施的布局。包括：高速公路、干线公路、铁路、港口、机场、区域性电厂和高压输电网、天然气门站、天然气主干管、区域性防洪、滞洪骨干工程、水利枢纽工程、区域引水工程等。

（3）涉及相邻城市、地区的重大基础设施布局。包括：取水口、污水排放口、垃圾处理厂等。

三、城镇群规划

近年来，我国城镇群规划呈现"风起云涌"之势。住房和城乡建设部先后组织编制了珠江三角洲、长江三角洲、京津冀、海峡西岸、辽宁沿海、成渝地区的城镇群规划。一些省市也组织编制了具有地方特点的城镇群、都市圈等的规划。尽管称谓上不同，但都是以城镇群的方式组织产业发展、功能布局、城乡统筹、基础设施建设和环境保护为共同特点的发展规划。

1. 长江三角洲城镇群协调发展规划

长江三角洲城镇群范围为上海市、江苏省、浙江省和安徽省全部行政辖区，陆地面积约35万km^2，现状人口约2.0亿，占全国人口的15.4%。规划以国家战略下对长江三角洲地区的总体定位为导向，围绕国际化、创新能力、区域一体化程度、资源与人居环境、社会文化发展、综合交通支撑等方面的距离与问题，提出了创新发展的五大功能体系和"3+8"整体协调发展框架。提出"建设国际竞争力的世界级城市群、承担国家综合实力的核心区域、率先实现区域一体化示范地区以及资源节约、环境友好、文化特色鲜明城乡体系"目标。

规划明确了三省一市的区域功能体系，如城镇功能、生态与农业保障、资源保障、文化旅游休闲等功能体系方面；明确了门户枢纽、区域枢纽以及都市区交通系统等不同层次的交通设施支撑体系；确立了沪－苏－锡、沪－杭－甬－金（义）和宁－合－芜三大重点推进地区，并提出环太湖、上海港及宁波－舟山港等8大协调区域，划定了环太湖地区、沿长江地区、杭州湾地区等7大环境综合治理地区；明确了促进区域提升与融合发展的行动计划。

2. 成渝城镇群协调发展规划

成渝城镇群是以重庆和成都两大城市为中心，包括重庆市的23个区、县，四川省成都市和宝成－成昆线以东的14个地市。区域面积约20万km^2，占两省市面积的34%；人口近1亿人，占全国人口的7.7%。

规划以构想国家战略发展"第四极"、内陆地区国际化增长点、长江流域重要生态屏障目标为导向，辨析现状工业基础、能源基础、粮食基础等比较优势，提出新时期的城镇化途径和城乡统筹模式，空间上以"两圈多极、三轴一带"的格局具体落实。

3.《全国主体功能区规划》的相关内容

（1）主体功能区划分

该规划将我国国土空间分为以下主体功能区：按开发方式，分为优化开发区域、重点开发区域、限制开发区域和禁止开发区域；按开发内容，分为城市化地区、农产品主产区和重点生态功能区；按层级，分为国家和省级两个层面。各类主体功能区，在全国经济社会发展中具有同等重要的地位，只是主体功能不同，开发方式不同，保护内容不同，发展首要任务不同，国家支持重点不同。对城市化地区主要支持其集聚人口和经济，对农产品主产区主要支持其增强农业综合生产能力，对重点生态功能区主要支持其保护和修复生态环境。

① 优化开发区域、重点开发区域、限制开发区域和禁止开发区域，是基于不同区域的资源环境承载能力、现有开发强度和未来发展潜力，以是否适宜或如何进行大规模高强度工业化城镇化开发为基准划分的。

② 优化开发区域是经济比较发达、人口比较密集、开发强度较高、资源环境问题更加突出，从而应该优化进行工业化城镇化开发的城市化地区。

③ 重点开发区域是有一定经济基础、资源环境承载能力较强、发展潜力较大、集聚人口和经济的条件较好，从而应该重点进行工业化城镇化开发的城市化地区。优化开发和重点开发区域都属于城市化地区，开发内容总体上相同，开发强度和开发方式不同。

④ 限制开发区域分为两类：一类是农产品主产区，即耕地较多、农业发展条件较好，尽管也适宜工业化城镇化开发，但从保障国家农产品安全以及中华民族永续发展的需要出发，必须把增强农业综合生产能力作为发展的首要任务，从而应该限制进行大规模高强度工业化城镇化开发的地区；一类是重点生态功能区，即生态系统脆弱或生态功能重要，资源环境承载能力较低，不具备大规模高强度工业化城镇化开发的条件，必须把增强生态产品生产能力作为首要任务，从而应该限制进行大规模高强度工业化城镇化开发的地区。

⑤ 禁止开发区域是依法设立的各级各类自然文化资源保护区域，以及其他禁止进行工业化城镇化开发、需要特殊保护的重点生态功能区。国家层面禁止开发区域，包括国家级自然保护区、世界文化自然遗产、国家级风景名胜区、国家森林公园和国家地质公园。省级层面的禁止开发区域，包括省级及以下各级各类自然文化资源保护区域、重要水源地以及其他省级人民政府根据需要确定的禁止开发区域。

⑥ 城市化地区、农产品主产区和重点生态功能区，是以提供主体产品的类型为基准划分的。城市化地区是以提供工业品和服务产品为主体功能的地区，也提供农产品和生态产品；农产品主产区是以提供农产品为主体功能的地区，也提供生态产品、服务产品和部分工业品；重点生态功能区是以提供生态产品为主体功能的地区，也提供一定的农产品、服务产品和工业品。

（2）城市群的构建

构建"两横三纵"为主体的城市化战略格局。构建以陆桥通道、沿长江通道为两条横轴，以沿海、京哈京广、包昆通道为三条纵轴，以国家优化开发和重点开发的城市化地区为主要支撑，以轴线上其他城市化地区为重要组成的城市化战略格局。推进环渤海、长江三角洲、珠江三角洲地区的优化开发，形成三个特大城市群；推进哈长、江淮、海峡西岸、中原、长江中游、北部湾、成渝、关中—天水等地区的重点开发，形成若干新的大城市群和区域性的城市群。

① 环渤海地区

该区域位于全国"两横三纵"城市化战略格局中沿海通道纵轴和京哈京广通道纵轴的交会处，包括京津冀、辽中南和山东半岛地区。

该区域的功能定位是：北方地区对外开放的门户，我国参与经济全球化的主体区域，有全球影响力的先进制造业基地和现代服务业基地，全国科技创新与技术研发基地，全国经济发展的重要引擎，辐射带动"三北"地区发展的龙头，我国人口集聚最多、创新能力最强、综合实力最强的三大区域之一。

② 长江三角洲地区

该区域位于全国"两横三纵"城市化战略格局中沿海通道纵轴和沿长江通道横轴的交会处,包括上海市和江苏省、浙江省的部分地区。

该区域的功能定位是:长江流域对外开放的门户,我国参与经济全球化的主体区域,有全球影响力的先进制造业基地和现代服务业基地,世界级大城市群,全国科技创新与技术研发基地,全国经济发展的重要引擎,辐射带动长江流域发展的龙头,我国人口集聚最多、创新能力最强、综合实力最强的三大区域之一。

③ 珠江三角洲地区

该区域位于全国"两横三纵"城市化战略格局中沿海通道纵轴和京哈京广通道纵轴的南端,包括广东省中部和南部的部分地区。

该区域的功能定位是:通过粤港澳的经济融合和经济一体化发展,共同构建有全球影响力的先进制造业基地和现代服务业基地,南方地区对外开放的门户,我国参与经济全球化的主体区域,全国科技创新与技术研发基地,全国经济发展的重要引擎,辐射带动华南、中南和西南地区发展的龙头,我国人口集聚最多、创新能力最强、综合实力最强的三大区域之一。

第五章 城市总体规划

大纲要求： 掌握城市总体规划的作用，掌握城市总体规划的主要任务。熟悉城市总体规划编制的基本工作程序，掌握城市总体规划编制的基本工作方法。掌握城市总体规划现状调查的内容，掌握城市总体规划的实施评价内容与方法，熟悉城市发展条件综合评价内容与方法，熟悉城市发展目标和城市性质的内涵，熟悉城市规模预测方法，了解城市总体规划的其他专题研究。掌握城市总体规划纲要的主要任务和内容，掌握城市总体规划纲要的成果要求。熟悉市域城镇体系规划的内容和方法，掌握划定规划区的目的及其划定原则，掌握城市结构与城市形态的类型，掌握城市空间布局选择的基本方法，掌握城市建设用地分类的标准，掌握各项城市建设用地间的相互关系及布局要求，掌握城市建设用地变化及分布的特征，掌握城市用地布局与交通系统的关系。熟悉城市综合交通规划的主要内容，了解城市交通发展战略研究的要求和方法，掌握城市对外交通与城市道路网络规划的要求和基本方法，熟悉城市交通设施规划的要求和基本方法，了解城市公共交通系统规划的要求和基本方法。熟悉历史文化遗产保护的意义，掌握历史文化名城保护规划的内容和成果要求，掌握历史文化街区保护规划的内容和成果要求。熟悉城市绿地系统规划的主要内容，熟悉城市市政公用设施规划的主要内容，熟悉城市防灾系统规划的主要内容，熟悉城市环境保护规划的主要内容，熟悉城市竖向规划的主要内容，了解城市地下空间规划的主要内容。掌握城市总体规划成果的文本要求，掌握城市总体规划成果的图纸要求，掌握城市总体规划成果的附件要求，掌握城市总体规划强制性内容。

一、城市总体规划的作用和任务

（一）掌握城市总体规划的作用

城市总体规划涉及城市的政治、经济、文化和社会生活等各个领域，在指导城市有序发展、提高建设和管理水平等方面发挥着重要的先导和统筹作用。城市总体规划是指导与调控城市发展建设的重要手段，具有公共政策属性。

（二）掌握城市总体规划的主要任务

（1）根据城市经济社会发展需求和人口、资源情况及环境承载能力，合理确定城市性质、规模；

（2）综合确定土地、水、能源等各类资源的使用标准和控制指标，节约和集约利用资源；划定禁止建设区、限制建设区和适宜建设区、统筹安排城乡各类建设用地；

(3) 合理配置城乡各项基础设施和公共服务设施，完善城市功能；
(4) 贯彻公交优先原则，提升城市综合交通服务水平；
(5) 健全城市综合防灾体系，保证城市安全；
(6) 保护自然生态环境和景观风貌，突出城市特色；
(7) 保护历史文化资源，延续城市历史文脉；
(8) 合理确定分阶段发展方向、目标、重点和时序，促进城市健康有序发展。

(三) 编制城市总体规划必须坚持的原则

(1) 统筹城乡和区域发展；
(2) 积极稳妥地推进城镇化；
(3) 加快建设节约型城市；
(4) 为人民群众的生产生活提供方便；
(5) 统筹规划城市基础设施建设。

二、城市总体规划编制程序和方法

(一) 熟悉城市总体规划编制的基本工作程序

1. 现状调研
(1) 现场踏勘；
(2) 部门访谈；
(3) 区域调研；
(4) 资料收集和汇总；
(5) 现状分析。

2. 基础研究与方案构思

3. 总体规划纲要

4. 成果编制与评审报批
(1) 规划与城市建设协调；
(2) 评审报批。

(二) 掌握城市总体规划编制的基本工作方法

1. 城市规划的分析方法

(1) 定性分析
定性分析方法常用于城市规划中复杂问题的判断，主要有：
① 因果分析法；
② 比较分析法。

(2) 定量分析
城市规划中常采用一些概率统计方法、运筹学模型、数学决策模型等数理工具进行定量化分析，主要方法有：

① 频数和频率分析；

② 集中量数分析；

③ 离散程度分析；

④ 一元线性回归分析；

⑤ 多元回归分析；

⑥ 线性规划模型；

⑦ 系统评价法；

⑧ 模糊评价法；

⑨ 层次分析法。

（3）空间模型分析

用空间模型来表达城市规划各个物质要素在空间上占据的位置，以及形成的错综复杂的相互关系。主要有：

① 实体模型、电脑三维模型以及设计图纸、透视图、鸟瞰图等；

② 概念模型，如几何图形法、等值线法、方格网法、图表法等。

2. 城市总体规划编制要求

（1）规划编制规范化。鉴于总体规划的重要作用和法律地位，无论是制定的程序还是编制的内容都必须严谨、规范，要保证与政策的高度一致性。

（2）规划编制的针对性。总体规划的编制要针对城市的发展规律、所处的地理环境、发展的阶段等进行。

（3）科学性。总体规划涉及城市发展战略的重大问题，必须科学、严谨地对待。

（4）综合性。城市是一个巨系统，涉及的问题众多，总体规划理应综合考虑。

三、城市总体规划的基础研究

（一）掌握城市总体规划现状调查的内容

1. 现状调查的内容

（1）区域环境的调查

区域环境在不同的城市规划阶段可以指不同的地域。

① 区域内的城市化水平调查。

A. 现状城市（镇）的数量，各城市（镇）的常住人口数以及各城市（镇）的非农业人口数；

B. 区域内的城市化水平历年变化情况；

C. 农村各行业劳动力总数，各行业劳动生产率的变化情况和发展可能；

D. 农村耕地的总量及历年的变化情况；

E. 农村剩余劳动力的数量、流动方向以及不同流动方向上的数量；

F. 在该地区中，城市建设投资的数量以及城市人口规模扩大所需的城市建设投资增加的数量等。

② 城镇体系调查。主要是为了确定所规划城市在城镇体系中的作用和地位以及未来

发展的潜力优势。

　　A. 区域的经济、社会、文化发展特征以及在更广区域范围内的作用和地位；

　　B. 市域范围的资源种类、数量及分布状况；

　　C. 全市的经济结构、社会结构等；

　　D. 市域范围内的交通条件；

　　E. 市域内各城镇的社会、经济、文化、政治等方面的地位与作用；

　　F. 市域范围内的基础设施状况。

　（2）历史文化环境的调查

　　通过对城市形成和发展过程的调查，把握城市发展的动力和规律，探寻城市的历史特色与风貌，促进城市的持续发展。

　　① 自然环境的特色；

　　② 文物古迹的特色；

　　③ 城市格局的特色；

　　④ 城市轮廓景观；

　　⑤ 建筑风格；

　　⑥ 其他物质和精神的特色。

　（3）自然环境的调查

　　① 自然地理环境

　　A. 地理位置；

　　B. 地理环境；

　　C. 地形地貌；

　　D. 工程地质；

　　E. 水文和水文地质。

　　② 自然气象因素

　　A. 风象；

　　B. 气温；

　　C. 降雨；

　　D. 太阳辐射（日照）。

　　③ 自然生态因素。主要涉及城市及周边地区的野生动、植物种类与分布，生物资源、自然植被、城市废弃物的处置与生态环境的影响等。

　（4）社会环境的调查

　　① 人口

　　A. 人口的自然变动；

　　B. 人口的迁移变动；

　　C. 人口的社会变动。

　　② 社会组织和社会结构方面。主要涉及构成城市社会整体的各类群体及它们之间的相互关系。

　（5）经济环境的调查

　　① 城市整体的经济状况。

② 城市中各产业部门的状况。
③ 城市土地经济。
④ 城市建设资金的筹资、安排与分配。
(6) 广域规划及上位规划调查
(7) 城市土地使用的调查
(8) 城市道路与交通设施调查
(9) 城市园林绿化、开敞空间及城市建设用地调查
(10) 城市住房及居住环境调查
(11) 市政公用工程系统调查
(12) 城市环境状况调查

2. 现状调查的主要方法
(1) 现场踏勘或观察调查
(2) 抽样调查或问卷调查
(3) 访谈和座谈会调查
(4) 文献资料的运用

（二）掌握城市总体规划的实施评价内容与方法

1. 城乡规划实施评估的目的

城乡规划是政府指导和调控城乡建设发展的基本手段之一，也是政府在一定时期内履行经济调节、市场监管、社会管理和公共服务职能的重要依据。

对城乡规划实施进行定期评估，是修改城乡规划的前置条件。

2. 城市总体规划实施评估的要求

城市总体规划的实施是城市政府依据制定的规划，运用多种手段，合理配置城市空间资源，保障城市建设发展有序进行的一个动态过程。

评估中要系统地回顾上版城市总体规划的编制背景和技术内容，全面总结现行城市总体规划各项内容的执行情况，总结成功经验，查找规划实施过程中存在的主要问题，深入分析问题的成因，研究提出改进规划制定和实施管理的具体对策、措施、建议，同时对城市总体规划修编的必要性进行分析。

（三）熟悉城市发展条件综合评价内容与方法

1. 城市用地的自然条件评价

（1）工程地质条件

① 建筑土质与地基承载力。

② 地形条件。从宏观尺度来看，地形一般可分为山地、丘陵和平原三类；其中，山地绝对高度为500m以上，相对高度为200m以上；平原绝对高度为200m以下，相对高度为50m以下；丘陵则介于两者之间。

③ 冲沟，是由间断流水在地层表面冲刷形成的沟槽。

④ 滑坡与崩塌。

⑤ 岩溶。

⑥ 地震。
(2) 水文及水文地质条件
① 水文条件，一般指江河湖泊等地面水体的流量、流速、水位、水质等条件。
② 水文地质条件，一般是指地下水的存在形式，含水层的厚度、矿化度、硬度、水温及水的流动状态等条件。
(3) 气候条件
① 太阳辐射。
② 风象。风是地面大气的水平移动，由风向与风速两个量表示。根据城市多年风向观测记录汇总所绘制的风向频率图和平均风速图又称风玫瑰图。
③ 气温。
④ 降水与湿度。降水是指降雨、降雪、降雹、降霜等气候现象的总称。降水量的大小和降水强度对城市较为突出的影响是排水设施。湿度的高低与降水的多少有着密切的联系。

2. 城市用地的建设条件评价

城市用地的建设条件是指组成城市各物质要素的现有状况与它们在近期内建设或改进的可能以及它们的服务水平与质量。

(1) 城市用地布局结构方面
① 城市用地布局结构是否合理，主要体现在城市各项功能的组合与结构是否协调，以及城市总体运行的效率。
② 城市用地布局结构能否适应发展需要，城市布局结构形态是封闭的还是开放的，将对城市空间发展、调整或改变的可能性产生影响。
③ 城市用地布局对生态环境的影响，主要体现在城市工业排放物所造成的环境污染与城市布局的矛盾。
④ 城市交通系统的协调性、矛盾与潜力，城市对外铁路、公路、水道、港口及空港等站场、线路的分布。
⑤ 城市用地结构是否体现出城市性质的要求，或者反映出城市特定自然地理环境和历史文化积淀的特色等。

(2) 城市市政设施和公共服务设施方面
(3) 社会、经济构成方面
① 社会构成状况，主要表现在人口结构及其分布的密度，以及城市各项物质设施的分布及其容量，同居民需求之间的适应性。
② 经济构成状况，城市经济的发展水平、城市的产业结构和相应的就业结构。
③ 工程准备条件。
④ 外部环境条件。

3. 城市用地的经济评价

城市用地的经济评价是指根据城市土地的经济和自然两方面的属性及其在城市社会经济活动中所产生的作用，综合评价土地质量优劣差异，为土地使用与安排提供依据。

(1) 城市土地的基本特征
① 承载性，是城市土地最基本的自然属性。
② 区位，城市土地由于其不可移动性，导致了区位的极端重要性。

③ 地租与地价，地租意指报酬或收益，其本质是土地供给者凭借土地所有权向土地需求者出让土地使用权时所索取的利润。而土地价格代表了土地作为生产资本的收益能力，是地租的资本化表现。具体而言，土地价格是土地供给者向土地需求者让渡土地使用权时获得的一次性货币收入。在我国，城市土地属国家所有，因而地价一般指土地一定年限内使用权的价格，是国家向土地使用者出让土地使用权时获得的一次性货币收入。

（2）城市土地经济评价的主要影响因素

① 基本因素层，包括土地区位、城市设施、环境优劣度及其他因素。

② 派生因素层，即由基本因素派生出来的因素，包括繁华度、交通通达度、城市基础设施、社会服务设施、环境质量、自然条件、人口密度、建筑容积率和城市规划等子因素，它们从不同方面反映基本因素的作用。

③ 因子层，它们从更小的侧面具体地对土地的使用产生影响，包括商业服务中心等级、道路功能与宽度、道路网密度、供水设施、排水设施、供电设施、文化教育设施、医疗卫生设施、公园绿地、大气污染、地形坡度、绿化覆盖率等具体因子。

4. 城市用地的工程性评定

根据建设的需要，城市用地一般可分为三类：

(1) 一类用地，即适宜修建的用地。其具体要求是：

① 地形坡度在10%以下，符合各项建设用地的要求；

② 土质能满足建筑物地基承载力的要求；

③ 地下水位低于建筑物、构筑物的基础埋置深度；

④ 没有被百年一遇的洪水淹没的危险；

⑤ 没有沼泽现象或采取简单的工程措施即可排除地面积水的地段；

⑥ 没有冲沟、滑坡、崩塌、岩溶等不良地质现象的地段。

(2) 二类用地，即基本上适宜修建的用地。其具体情况是：

① 土质较差，在修建建筑物时，地基需要采取人工加固措施；

② 地下水位距地表面的深度较浅，修建建筑物时，需降低地下水位或采取排水措施；

③ 属洪水轻度淹没区，淹没深度不超过1～1.5m，需采取防洪措施；

④ 地形坡度较大，修建建筑物时，除需要采取一定的工程措施外，还需动用较大土石方工程；

⑤ 地表面有较严重的积水现象，需要采取专门的工程准备措施加以改善；

⑥ 有轻微的活动性冲沟、滑坡等不良地质现象，需要采取一定的工程准备措施等。

(3) 三类用地，即不适宜修建的用地。其具体情况是：

① 地基承载力小于60kPa和厚度在2m以上的泥炭层或流沙层的土壤，需要采取很复杂的人工地基和加固措施才能修建；

② 地形坡度超过20%，布置建筑物很困难；

③ 经常被洪水淹没，且淹没深度超过1.5m；

④ 有严重的活动性冲沟、滑坡等不良地质现象，若采取防治措施需花费很大工程量和工程费用；

⑤ 农业生产价值很高的丰产农田，具有开采价值的矿藏埋藏，属给水水源卫生防护地段，存在其他永久性设施和军事设施等。

5. 城市建设用地选择

（1）选择有利的自然条件。一般是指地势较为平坦、地基承载力良好、不受洪水威胁、工程建设投资省，而且能够保证城市日常功能的正常运转等。

（2）尽量少占农田。保护耕地是我国的一项基本国策，城市建设用地尽可能利用劣地、荒地、坡地，少占农田，不占良田。

（3）保护古迹和矿藏。城市用地选择应避开有价值的历史文物古迹和已探明有开采价值的矿藏的分布地段。

（4）满足主要建设项目的要求。

（5）为城市合理布局创造条件。

（四）熟悉城市发展目标和城市性质的内涵

1. 城市发展目标

城市发展目标是一定时期内城市经济、社会、环境的发展所达到的目的和指标，通常可分为以下四个方面的内容。

（1）经济发展目标：包括国内生产总值（GDP）等经济总指标、人均国民收入等经济效益指标以及第一、第二、第三产业之间的比例等经济结构指标。

（2）社会发展目标：包括人口规模等人口总量指标、年龄结构等人口构成指标、平均寿命等反映居民生活水平的指标以及居民受教育程度等人口素质指标。

（3）城市建设目标：建设规模、用地结构、人居环境质量、基础设施和社会公共设施配套水平等方面的指标。

（4）环境保护目标：城市形象与生态环境水平等方面的指标。

2. 城市职能

城市职能是指城市在一定地域内的经济、社会发展中所发挥的作用和承担的分工。城市职能的基本着眼点是城市的基本活动部分。

（1）基本职能是指城市为城市以外地区服务的职能，是城市发展的主动和主导促进因素；

（2）非基本职能是城市为城市本身居民服务的职能。

3. 城市性质

城市性质是指城市在一定地区、国家以至更大范围内的政治、经济与社会发展中所处的地位和所担负的主要职能。

（1）城市性质的意义

不同城市的性质决定着城市发展不同的特点，对城市规模、城市空间结构和形态以及各种市政公用设施的水平起着重要的指导作用。

（2）确定城市发展性质的依据

① 国家的方针、政策及国家经济发展计划对该城市建设的要求；

② 该城市在所处区域的地位与所负担的任务；

③ 该城市自身所具备的条件，包括资源条件、自然地理条件、建设条件和历史及现状基础条件。

（3）确定城市性质的方法

① 从地区着手，由面到点，调查分析周围地区所能提供的资源条件、农业生产特点、发展水平和对工业的要求，以及与邻近城市的经济联系和分工协作关系等；

② 全面调查分析本市所在地点的建设条件、自然条件，政治、经济、文化等历史发展特点和现有基础，以及附近的风景名胜和革命纪念地等；

③ 自上而下，充分了解各级有关主管部门对于发展本市生产和建设事业的意图和要求，特别是这些意图和要求的客观依据；

④ 在调查的基础上进行认真分析，从地区综合平衡出发，明确城市发展方向，从而确定城市性质。

(4) 城市性质确定的检验

① 是否符合国民经济发展计划和区域经济对该城市的任务与要求；

② 与城市本身所拥有的条件是否相符；

③ 是否反映了城区域与城市的关系对城市性质的影响；

④ 主导部门的确定依据是否客观、合理；

⑤ 是否充分考虑了发展变化的因素；

⑥ 能否反映出城市的特点。

(五) 熟悉城市规模预测方法

在城市总体规划纲要的编制阶段或总体规划编制前，必须对城市规模进行专题研究，所完成的研究报告必须经上一级政府的计划、建设和土地主管部门审批同意后方可进行总体规划的编制。

1. 城市规模的概念

城市规模是以城市人口和城市用地总量所表示的城市的大小。

2. 城市人口规模

城市人口规模就是城市人口总数。编制城市总体规划时，通常将城市建成区范围内的实际居住人口视作城市人口，即在建设用地范围中居住的户籍非农业人口、户籍农业人口以及暂住期在一年以上的暂住人口的总和。

城市人口的统计范围应与地域范围一致，即现状城市人口与现状建成区、规划城市人口与规划建成区要相对应。

城市建成区指城市行政区内实际成片开发建设、市政公用设施和公共设施基本具备的地区，包括城区集中连片的部分以及分散在近郊与核心区有着密切联系、具有基本市政设施的城市建设用地。

(1) 城市人口的构成

城市人口构成涉及一定时期内人口的年龄、寿命、性别、家庭、婚姻、劳动、职业、文化程度、健康状况等方面的构成情况。

(2) 城市人口的变化

一个城市的人口始终处于变化之中，它主要受自然增长和机械增长的影响，两者之和便是城市人口的增长值。

(3) 城市人口规模预测

城市人口规模预测是按照一定的规律对城市未来一段时间内人口发展动态所做出的判断。

预测城市人口规模，既要从社会发展的一般规律出发，考虑经济发展的需求，也要考虑城市的环境容量。

城市总体规划采用的城市人口规模预测的方法主要有以下几种：

① 综合平衡法：利用城市人口的自然增长率和机械增长率来估算城市人口发展规模。

② 时间序列法：从人口增长与时间变化的关系中找出两者之间的规律，建立数学公式来进行预测。

③ 相关分析法：找出与人口关系密切、有较长时序的统计数据，且对易于把握的影响因素（如就业、产值）进行预测。

④ 区位法：根据城市在区域中的地位、作用来对城市人口规模进行分析预测。

⑤ 职工带眷系数法：根据职工人数与部分职工带眷情况来计算城市人口发展规模。

⑥ 环境容量法（门槛约束法）：根据城市基础设施的支持能力和自然资源的供给能力来计算城市的极限人口。

⑦ 比例分配法：在特定地区的城市化按照一定的速度发展，以及该地区城市人口总规模基本确定的前提下，按照某一城市的城市人口占地区城市人口规模的比例确定城市人口规模的方法。

⑧ 类比法：通过与发展条件、阶段、现状规模和城市性质相类似的城市进行对比分析，根据类比对象城市人口发展速度、特征和规模来推测城市人口规模的方法。

3. 城市的用地规模

城市用地规模是指到规划期末城市规划区内各项城市建设用地的总和。

城市的用地规模＝预测的城市人口规模×人均建设用地面积标准

计算范围应当与人口计算范围相一致，人口数宜以非农业人口数为准。人均建设用地指标按照国家标准《城市用地分类与城市规划用地标准》GB 50137—2011 确定。

（1）规划人均城市建设用地面积标准

① 规划人均城市建设用地面积指标，应根据现状人均城市建设用地面积指标、城市（镇）所在的气候区以及规划人口规模，按规划人均城市建设用地面积指标一览表的规定综合确定，并应符合表中允许采用的规划人均城市建设用地面积指标和允许调整的幅度双因子的限制要求。

规划人均城市建设用地面积指标一览表 （m²/人）

气候区	现状人均城市建设用地面积指标	允许采用的规划人均城市建设用地面积指标	允许调整幅度		
			规划人口规模 ≤20.0万人	规划人口规模 20.1万～50.0万人	规划人口规模 >50.0万人
Ⅰ、Ⅱ、Ⅵ、Ⅶ	≤65.0	65.0～85.0	>0.0	>0.0	>0.0
	65.1～75.0	65.0～95.0	+0.1～+20.0	+0.1～+20.0	+0.1～+20.0
	75.1～85.0	75.0～105.0	+0.1～+20.0	+0.1～+20.0	+0.1～+15.0
	85.1～95.0	80.0～110.0	+0.1～+20.0	−5.0～+20.0	−5.0～+15.0
	95.1～105.0	90.0～110.0	−5.0～+15.0	−5.0～+15.0	−10.0～+10.0
	105.1～115.0	95.0～115.0	−10.0～−0.1	−15.0～−0.1	−20.0～−0.1
	>115.0	≤115.0	<0.0	<0.0	<0.0

续表

气候区	现状人均城市建设用地面积指标	允许采用的规划人均城市建设用地面积指标	允许调整幅度		
			规划人口规模≤20.0万人	规划人口规模20.1万~50.0万人	规划人口规模>50.0万人
Ⅲ、Ⅳ、Ⅴ	≤65.0	65.0~85.0	>0.0	>0.0	>0.0
	65.1~75.0	65.0~95.0	+0.1~+20.0	+0.1~+20.0	+0.1~+20.0
	75.1~85.0	75.0~100.0	−0.5~+20.0	−0.51~+20.0	−0.5~+15.0
	85.1~95.0	80.0~105.0	−10.0~+15.0	−10.0~+15.0	−10.0~+10.0
	95.1~105.0	85.0~105.0	−15.0~+10.0	−15.0~+10.0	−15.0~+5.0
	105.1~115.0	90.0~110.0	−20.0~−0.1	−20.0~−0.1	−25.0~−5.0
	>115.0	≤1150.0	<0.0	<0.0	<0.0

② 新建城市（镇）的规划人均建设用地面积指标宜在 85.1~105.0 m²/人内确定。

③ 首都的规划人均城市建设用地面积指标应在 105.1~115.0 m²/人内确定。

④ 边远地区、少数民族地区城市（镇）以及部分山地城市、人口较少的工矿业城市（镇）、风景旅游城市（镇）等，人均城市建设用地面积指标，应专门论证，且上限不得大于 150m²/人。

(2) 规划人均单项城市建设用地面积标准

① 人均居住用地面积指标：Ⅰ、Ⅱ、Ⅵ、Ⅶ气候区，28.0~38.0m²/人；Ⅲ、Ⅳ、Ⅴ气候区，23.0~36.0m²/人。

② 规划人均公共管理与公共服务设施用地面积不应小于 5.5m²/人。

③ 规划人均道路与交通设施用地面积不应小于 12.0m²/人。

④ 规划人均绿地与广场用地面积不应小于 10.0m²/人，其中人均公园绿地面积不应小于 8.0m²/人。

(3) 规划城市建设用地结构

居住用地、公共管理与公共服务设施用地、工业用地、道路与交通设施用地以及绿地与广场用地五大类主要用地规划，占城市建设用地的比例应符合下表。

用地名称	占城市建设用地比例	用地名称	占城市建设用地比例
居住用地	25.0%~40.0%	道路与交通设施用地	10.0%~25.0%
公共管理与公共服务设施用地	5.0%~8.0%	绿地与广场用地	10.0%~15.0%
工业用地	15.0%~30.0%		

4. 城市环境容量

城市环境容量是指环境对于城市规模及人的活动提出的限度，具体地说：城市所在地域的环境，在一定的经济技术水平和安全卫生要求下，在满足城市生产、社会等各种活动正常进行的前提下，通过城市的自然条件、现状条件、经济条件、社会文化历史条件等的共同作用，对城市建设发展规模以及人们在城市中各项活动的状况提出的容许限度。

(1) 城市环境容量的类型
① 城市人口容量；
② 城市大气环境容量；
③ 城市水环境容量。
(2) 城市环境容量的制约条件
① 城市自然条件；
② 城市现状条件；
③ 经济技术条件；
④ 历史文化条件。

(六) 了解城市总体规划的其他专题研究

城市总体规划的专题研究是针对城市规划过程中所面对或需要解决的问题而进行的研究。这类研究通常都是寻找针对具体问题的对策，是城市总体规划编制工作进一步开展的基础。通过专题研究，为编制城市总体规划时对这些问题的解决提供依据，同时可以使规划过程更加科学和合理。

城市总体规划的专题研究根据各个城市的具体情况和具体要求而定，除了对城市性质、规模、发展方向等进行专题研究外，在城市总体规划阶段，还进行其他多项专题研究，包括城市发展的区域研究、产业发展战略研究、城市化的目标模式与建设指标体系研究、远景规划模式研究与比较、城市基础设施发展战略研究、城市用地的策略研究、对外交通系统研究、城市住房与居住环境质量的研究、城市景观和城市设计研究、总体规划编制与实施的研究等。

四、城市总体规划纲要

(一) 掌握城市总体规划纲要的主要任务和内容

1. 城市总体规划纲要的任务

研究确定城市总体规划的重大原则问题，结合国民经济长远规划、国土规划、区域规划，根据当地自然、历史、现状情况，确定城市发展的战略部署。城市总体规划纲要经城市人民政府同意后，作为编制城市规划的依据。

2. 城市总体规划纲要的主要内容
(1) 提出市域城乡统筹发展战略；
(2) 确定生态环境、土地和水资源、能源、自然和历史文化遗产保护等方面的综合目标和保护要求，提出空间管制原则；
(3) 预测市域总人口及城镇化水平，确定各城镇人口规模、职能分工、空间布局方案和建设标准；
(4) 原则确定市域交通发展策略；
(5) 提出城市规划区范围；
(6) 分析城市职能、提出城市性质和发展目标；

(7) 提出禁建区、限建区、适建区范围；
(8) 预测城市人口规模；
(9) 研究中心城区空间增长边界，提出建设用地规模和建设用地范围；
(10) 提出交通发展战略及主要对外交通设施布局原则；
(11) 提出重大基础设施和公共服务设施的发展目标；
(12) 提出建立综合防灾体系的原则和建设方针。

（二）掌握城市总体规划纲要的成果要求

包括纲要文本、说明、相应的图纸和研究报告。

1. 文字说明

(1) 简述城市自然、历史、现状特点；
(2) 分析论证城市在区域发展中的地位和作用、经济社会发展的目标、发展优势与制约因素，初步划出城市规划区范围；
(3) 确定生态环境、土地和水资源、能源、自然和历史文化遗产保护等方面的综合目标和保护要求，提出空间管制原则；
(4) 原则确定市域总人口、城镇化水平及各城镇人口规模；
(5) 原则确定规划期内的城市发展目标、城市性质，初步预测人口规模；
(6) 初步提出禁建区、限建区、适建区范围，研究中心城区空间增长边界，确定城市用地发展方向，提出建设用地规模和建设用地范围；
(7) 对城市能源、水源、交通、基础设施、防灾、环境保护、重点建设等主要问题提出原则规划意见；
(8) 提出制定和实施城市规划重要措施的意见。

2. 图纸

(1) 区域城镇关系示意图：比例为 1：200000～1：1000000，标明相邻城镇位置、行政区划、重要交通设施、重要工矿和风景名胜区。
(2) 市域城镇分布现状图：比例为 1：50000～1：200000，标明行政区划、城镇分布、城镇规模、交通网络、重要基础设施、主要风景旅游资源、主要矿藏资源。
(3) 市域城镇体系规划方案图：比例为 1：50000～1：200000，标明行政区划、城镇分布、城镇规模、城镇等级、城镇职能分工、市域主要发展轴（带）和发展方向、城市规划区范围。
(4) 市域空间管制示意图：比例为 1：50000～1：200000，标明风景名胜区、自然保护区、基本农田保护区、水源保护区、生态敏感区的范围，重要的自然和历史文化遗产位置和范围、市域功能空间区划。
(5) 城市现状图：比例 1：5000～1：25000，标明城市主要用地范围、主要干路以及重要的基础设施。
(6) 城市总体规划方案图：比例 1：5000～1：25000，初步标明中心城区空间增长边界和规划建设用地大致范围，标注各类主要建设用地、规划主要干路、河湖水面、重要的对外交通设施、重大基础设施。
(7) 其他必要的分析图纸。

3. 专题研究报告

对城市重大问题进行研究，撰写专题研究报告。

五、城镇发展布局规划

（一）市域城乡空间的基本构成及空间管制

1. 市域城乡空间的基本构成

市域城乡空间一般可以分为建设空间、农业开敞空间和生态敏感空间三大类，也可以细分为城镇建设用地、乡村建设用地、交通用地、其他建设用地、农业生产用地、生态旅游用地等。

2. 市域城乡空间的管制策略

（1）鼓励开发区。一般指市域发展方向上的生态敏感度低的城市发展急需的空间。

（2）控制开发区。一般包括农业开敞空间和未来的战略储备空间，航空、电信、高压走廊，自然保护区的外围协调区，文物古迹保护区的外围协调区。该区中建设用地的投放主要是满足乡村居民建设需要。

（3）禁止开发区。指生态敏感度高、关系区域生态安全的空间，主要是自然保护区、文化保护区、环境灾害区、水面等。

3. 关于主体功能区

国家关于主体功能区的提法及目标要求，市域城乡空间可划分为优化调整区、重点发展区、适度发展区以及控制发展区。

（1）优化调整区。主要是指发展基础、区位条件均为优越，但由于发展过度或发展方式问题导致资源环境支撑条件相对不足的地区。未来的发展方向是转变经济增长方式，增强科技发展能力，调整空间布局，提高发展的质量与效率。优化发展区一般在工业化、城市化程度较高且资源环境压力较大的发达地区的部分县市级单元才有可能出现。

（2）重点发展区。主要是指发展基础厚实、区位条件优越、资源环境支撑能力较强的地区，是区域未来工业化、城市化的最适宜扩展和人口集聚区。未来主要以加快发展、壮大规模为主，并应合理布局产业，促进产业集聚。

（3）适度发展区。主要是指发展基础中等，区位条件一般，资源环境支撑能力不足，工业化、城市化发展条件一般的地区；或者是虽然各方面发展条件较好，但由于受到土地开发总量限制或出于景观生态角度的考虑而无法列入重点发展区的地区。

（4）控制发展区。主要是指工业化、城市化的不宜地区，包括生态脆弱区，以及各方面发展潜力不够，工业化、城市化发展条件最差的地区。这类区域的功能是生态环境功能。

（二）熟悉市域城镇体系规划的内容和方法

1. 市域城镇空间组合的基本类型

（1）均衡式：市域范围内的中心城镇与其他城镇均衡分布。

（2）单中心集核式：中心城区集聚了市域范围内的大量资源，首位度高，其他城镇围绕中心城区分布，依赖其发展。

（3）分片组团式：市域范围内受到地形、经济、社会、文化等因素的影响，形成若干分片布局的城镇聚集组团。

（4）轴带式：市域城镇组合，由于中心城区沿某种地理要素扩散，呈现"串珠"状发展形态。

2. 市域城镇体系规划内容

（1）提出市域城乡统筹的发展战略。其中位于人口、经济、建设高度聚集的城镇密集地区的中心城市，应当根据需要，提出与相邻行政区域在空间发展布局、重大基础设施和公共服务设施建设、生态环境保护、城乡统筹发展等方面进行协调的建议。

（2）确定生态环境、土地和水资源、能源、自然和历史文化遗产等方面的保护与利用的综合目标和要求，提出空间管制原则和措施。

（3）预测市域总人口及城镇化水平，确定各城镇人口规模、职能分工、空间布局和建设标准。

（4）提出重点城镇的发展定位、用地规模和建设用地控制范围。

（5）确定市域交通发展策略；原则确定市域交通、通信、能源、供水、排水、防洪、垃圾处理等重大基础设施，重要社会服务设施，危险品生产储存设施的布局。

（6）根据城市建设、发展和资源管理的需要划定城市规划区。城市规划区的范围应当位于城市的行政管辖范围内。

（7）提出实施规划的措施和有关建议。

（三）掌握划定规划区的目的及其划定原则

《城乡规划法》第二条规定，规划区是指城市、镇和村庄的建成区以及因城乡建设发展需要，必须实行规划控制的区域。规划区是城乡规划建设、管理与有关部门职能分工的重要依据之一。

划定规划区应当遵循的主要原则包括：

（1）坚持科学发展观的原则；

（2）坚持城乡统筹发展的原则；

（3）坚持因地制宜、实事求是的原则；

（4）坚持可操作性的原则。

（四）掌握城市结构与城市形态的类型

城市结构与形态大体上可以分为：

1. 集中型形态（Focal Form）

城市建成区主轮廓长短轴之比小于4∶1，是长期集中紧凑全方位发展状态，其中包括若干子类型，如方形、圆形、扇形等。

2. 带型形态（Linear Form）

城市建成区主体平面的长短轴之比大于4∶1，并明显呈单向或双向发展，其子形态有U型、S型等。

3. 放射型形态（Radial Form）

城市建成区总平面主体团块有三个以上明确的发展方向，包括指状、星状、花瓣状等子形态。

4. 星座型形态（Conurbation Form）

城市总平面是有一个相当大规模的主体团块和三个以上较次一级的基本团块组成的复合形态。

5. 组团型形态（Cluster Form）

城市建成区是有两个以上相对独立的主体团块和若干个基本团块组成。

6. 散点型形态（Scattered Form）

城市没有明确的主体团块，各自基本团块在较大区域内呈散点状分布。

（五）掌握城市空间布局选择的基本方法

（1）研究探讨形成城市空间形态的历史发展动态过程及其主要的基本影响因素作用；

（2）研究分析现状形态布局的利弊、优势与局限，以及对未来发展的几种预测性战略方案做出评价；

（3）研究确定如何规划引导实现城市合理形态的对策和措施。

（六）转型期城市空间增长特点

1. 新产业空间的出现与发展

如开发区、高新区、保税区等。

2. 新兴业态的出现并迅速发展

如超市、大型购物中心、专业店、便利店、连锁店等形成并占据中国的商业市场。

3. 新居住空间

城市地区商品房社区建设、城中村的产生成为转型期城市居住的两个主要特征。

4. 大学园区

我国高校扩招，致使处于城市内部的众多高校发展举步维艰，纷纷谋求在郊区扩展，建立分校。同时，中国也正从传统的以工业技术为主转向以高速交通和通信技术为主的社会支撑技术，促进知识创新、技术创新源的集聚，因此出现了大学城、大学园区等城市新空间。

5. 生态保护空间

转型期以来，城市规划和管理都更加注重城市生态环境的可持续发展，重视城市和水面、绿地等开敞空间，城市通过点、线、面等的生态环境保护体系进行生态保护、生态隔离等来保证城市生态基底不受破坏。

6. 中央商务区（CBD）

改革开放以来，伴随着经济全球化，作为城市对外开放窗口的中央商务区在我国经济增长的热点地区的中心城市出现。

7. 快速交通网

随着城市的快速发展及空间结构的拉大，许多大城市为解决城市发展中的交通问题，开始兴建城市快速道路和轨道交通网。

(七) 信息社会城市空间结构形态的演变发展趋势

1. 大分散、小集中

信息化浪潮下的城市空间结构形态将从集聚走向分散，但分散之中又有集中，呈现大分散与小集中的局面。城市中心区和边缘区的聚集效应差别缩小，城乡界限变得模糊。城市的集中与分散都是相对的，但集中是一种趋势。

2. 从圈层走向网络

进入工业化后期，城市土地的利用方式出现明显的分化，形成不同的功能，城市形态呈现圈层式自内向外扩展。

3. 新型集聚体出现

城市的集聚与以往不同，会因为阶层、收入和文化的差异而形成不同的集聚。城市结构的网络化重构也将出现多功能的新社区。

六、城市用地布局规划

(一) 掌握城市建设用地分类的标准

1. 城市用地构成与分类

国家标准《城市用地分类与规划建设用地标准》GBJ 50137—2011 适用于城市、县人民政府所在地镇和其他具备条件的镇的总体规划和控制性详细规划的编制、用地统计和用地管理，按照该标准，用地分为城乡用地和城市用地两部分。

城乡用地按大类、中类和小类三级进行划分，以满足不同层次规划的要求。城乡用地共分为2大类、9中类、14小类。

城市建设用地按大类、中类和小类三级进行划分，以满足不同层次规划的要求。城市用地共分为8大类、35中类和42小类。

2. 城乡用地分类

城乡用地按大类、中类和小类三级进行划分，以满足不同层次规划的要求。城乡用地共分为2大类、9中类、14小类。

(1) 建设用地（H），包括城乡居民点建设用地、区域交通设施用地、区域公用设施用地、特殊用地、采矿用地及其他建设用地等。

① 城乡居民点用地建设用地（H1）：包括城市建设用地（H11）、镇建设用地（H12）、乡建设用地（H13）、村庄建设用地（H14）；

② 区域交通设施用地（H2）：铁路用地（H21）、公路用地（H22）、港口用地（H23）、机场用地（H24）、管道运输用地（H25）；

③ 区域公用设施用地（H3）：为区域服务的公用设施用地；

④ 特殊用地（H4）：军事用地（H41）、安保用地（H42）；

⑤ 采矿用地（H5）；

⑥ 其他建设用地（H9），除以上之外的建设用地。

（2）非建设用地（E），包括水域、农用地及其他非建设用地等。
① 水域（E1）：自然水域（E11）、水库（E12）、坑塘沟渠（E13）；
② 农林用地（E2）：含耕地、园地、林地、牧草地、农业设施用地、田坎、农村道路等用地；
③ 其他非建设用地（E3），指空闲地、盐碱地、沼泽地、沙地、裸地、不用于畜牧业的草地。

3. 城市建设用地分类

一般而言，城市总体规划阶段以达到大类为主，中类为辅；分区规划阶段以中类为主，小类为辅；在详细规划阶段，应达到小类深度。

（1）居住用地（R），指居住和相应服务设施的用地，分为三类。
① 一类居住用地（R1）：住宅用地（R11）、服务设施用地（R12）；
② 二类居住用地（R2）：住宅用地（R21）、服务设施用地（R22）；
③ 三类居住用地（R3）：住宅用地（R31）、服务设施用地（R32）。

（2）公共管理与公共服务设施用地（A），指行政、文化、教育、体育、卫生等机构和设施的用地，不包括居住用地中的服务设施用地。共分为九类。
① 行政办公用地（A1）：指党政机关、社会团体、事业单位等的办公机构及相关设施；
② 文化设施用地（A2）：图书展览用地（A21）、文化活动用地（A22）；
③ 教育科研用地（A3）：高等院校用地（A31）、中等专业学校用地（A32）、中小学用地（A33）、特殊教育用地（A34）、科研用地（A35）；
④ 体育用地（A4）：体育场馆用地（A41）、体育训练用地（A42）；
⑤ 医疗卫生用地（A5）：医院用地（A51）、卫生防疫用地（A52）、特殊医疗用地（A53）、其他医疗卫生用地（A59）；
⑥ 社会福利用地（A6）：包括福利院、养老院、孤儿院等用地；
⑦ 文物古迹用地（A7）：具有保护价值的古遗址、古墓葬、古建筑、石窟寺、近代代表性建筑、革命纪念建筑等用地；
⑧ 外事用地（A8）：外国驻华使馆、领事馆、国际机构及其生活设施等用地；
⑨ 宗教用地（A9）：宗教活动场所。

（3）商业服务业设施用地（B），商业、商务、娱乐康体等设施用地。
① 商业用地（B1）：零售商业（B11）、批发市场（B12）、餐饮用地（B13）、旅馆用地（B14）；
② 商务用地（B2）：金融保险用地（B21）、艺术传媒用地（B22）、其他商务用地（B29）；
③ 娱乐康体用地（B3）：娱乐用地（B31）、康体用地（B32）；
④ 公用设施营业网点用地（B4）：加油加气站用地（B41）、其他公用设施营业网点用地（B49）；
⑤ 其他服务设施用地（B9）：民营学校、民营培训机构、私人诊所、殡葬、宠物医院、汽车维修站等服务设施用地。

（4）工业用地（M），指工矿企业的生产车间、库房及其附属设施等用地，包括专用铁路、码头和附属道路、停车场等用地，但不包括露天矿用地。按照对居住和公共环境的干扰、污染和安全隐患程度分为三类。

（5）物流仓储用地（W），物资储备、中转、配送等用地，包括附属道路、停车场以及货运公司车队的站场等用地。按照对居住和公共环境的干扰、污染和安全隐患程度分为三类。

（6）道路交通设施用地（S），指城市道路、交通设施等用地。

① 城市道路用地（S1）：快速路、主干路、次干路和支路，包括交叉口用地；

② 城市轨道交通用地（S2）：独立地段的城市轨道交通地面以上部分的线路、站点用地；

③ 交通枢纽用地（S3）：铁路客货站、公路长途客运站、港口客运码头、公交枢纽及其附属设施用地；

④ 交通站场用地（S4）：公共交通站场（S41）、社会停车场（S42）；

⑤ 其他交通设施用地（S9）：除以上之外的交通设施用地，包括教练场等用地。

（7）公用设施用地（U），供应、环境、安全等设施用地。

① 供应设施用地（U1）：供水用地（U11）、供电用地（U12）、供燃气用地（U13）、供热用地（U14）、通信用地（U15）、广播电视用地（U16）；

② 环境设施用地（U2）：排水用地（U21）、环卫用地（U22）；

③ 安全设施用地（U3）：消防用地（U31）、防洪用地（U32）；

④ 其他公共设施用地（U9）：除以上之外的公用设施用地，包括施工、养护、维修等设施用地。

（8）绿地与广场用地（G），公园绿地、防护绿地、广场等公共开放空间用地。（在《城市绿地分类标准》CJJ/T 85—2002中分为五类）。

① 公园绿地（G1）：向公众开放、以游憩为主要功能，兼具生态、美化、防灾等作用的绿地；

② 防护绿地（G2）：具有卫生、隔离和安全防护功能的绿地；

③ 广场用地（G3）：以游憩、纪念、集会和避险等功能为主的城市公共活动场地。

（二）掌握各项城市建设用地间的相互关系及布局要求

1. 城市用地空间布局的主要原则

（1）城乡结合、统筹安排；

（2）功能协调、结构清晰；

（3）依托旧区、紧凑发展；

（4）分期建设、留有余地。

2. 自然条件对城市总体布局的影响

（1）地貌类型

地貌类型包括山地、高原、丘陵、盆地、平原、河流谷地等，它对城市的影响体现在选址、地域结构和空间形态等方面。

（2）地表形态

地表形态包括地面起伏度、地面坡度、地面切割度等。地表形态对城市布局的影响主要体现在：

① 山地丘陵城市的城市的市中心一般选在山体的四周进行建设，将自然风光与城市环境有机结合，形成特色；

② 居住区一般布置在用地充裕、地表水丰富的谷地中；

③ 工业特别是污染工业应布置在地势较高、通风良好的城市下风向区域。

（3）地表水系

流域的水系分布、走向对污染较重的工业用地和居住用地的规划布局有直接影响，规划中居住用地、水源地特别是取水口应布置在城市的上游地带。

（4）地下水

地下水的流向应与地面建设用地的分布以及其他自然条件一并考虑，以防止因地下水受污染而影响到居住区生活用水的质量。

（5）风向

在城市用地规划布局时，一定要考虑盛行风、静风所形成的工业污染对居住区的影响。

3. 城市用地空间布局的主要模式

（1）集中式。就其道路网形式而言，可分为网格状、环状、环形放射状、混合状以及带状等模式。

（2）集中与分散相结合。一般有集中连片发展的主城区，主城外围形成若干具有不同功能的城市组团。

（3）分散式。城市分为若干相对独立的组团，组团间被山丘、河流、农田或森林分隔，一般都有便捷的交通联系。

4. 城市总体布局的基本内容

城市活动概括起来主要有工作、居住、游憩、交通四个方面，为了满足各项活动的较好开展，就应有相应的城市用地。城市中的各项活动是相互连接的、互动的，那么，相应的城市用地就应是相互关联的、相互依赖的，又互不干扰的。

（1）工业区的布局。按组群方式布置工业企业，将那些单独的、小型的、分散的工业企业按其性质、生产协作关系和管理系统组织成综合性的生产联合体，或按组群分工相对集中地布置成为工业区。

工业区要协调好与交通系统的配合，协调好与居住区的关系，控制好工业对居住区乃至对整个城市的环境影响。

（2）居住区的布局。居住区的布局按居住生活的层次性，在城市范围内，依据工作和游憩活动的布局，合理分布和安排居住区及其相应的公共服务设施。

（3）游憩活动及公共生活空间的布局。配合城市各功能要素以及各种公共生活的特点，进行合理安排和布局。

（4）城市交通的组织。按交通性质和交通速度划分城市道路，形成城市道路交通体系，并解决好城市各部分以及各功能区之间的便捷往来和生活组织。

5. 城市用地空间布局的艺术问题

（1）城市用地布局艺术；

（2）城市空间布局要充分体现城市审美要求；

(3) 城市空间景观的组织；
(4) 城市轴线艺术；
(5) 继承历史传统，突出地方特色。

（三）掌握城市建设用地变化及分布的特征

通常影响各种城市建设用地的位置及其相互之间关系的主要因素可以归纳为以下几种：

(1) 各种用地的功能对用地的要求；
(2) 各种用地的经济承受能力；
(3) 各种用地相互之间的关系；
(4) 规划因素。

主要城市用地类型的空间分布特征表

用地种类	功能要求	地租承受能力	与其他用地关系	在城市中的区位
居住用地	较便捷的交通条件、较完备的生活服务设施、良好的居住环境	中等、较低（不同类型居住用地对地租的承受能力相差很大）	与工业用地、商务用地等就业中心保持密切联系，但不受其干扰	从城市中心至郊区，分布范围较广
商务、商业用地（零售业）	便捷的交通、良好的城市基础设施	较高	需要一定规模的居住用地作为其服务范围	城市中心、副中心或社区中心
工业用地（制造业）	良好、廉价的交通运输条件、大面积平坦的土地	中等、较低	需要与居住用地之间保持便捷的交通，对城市其他种类的用地有一定的负面影响	下风向、河流下游的城市外围或郊外

（四）掌握城市用地布局与交通系统的关系

1. 城市道路系统与城市用地的协调发展关系

城市道路系统始终伴随着城市的发展。城市由小城市发展到中等城市再到大城市，甚至到特大城市，由用地集中式布局发展到组合型布局，城市道路系统的形式和结构也要随之发生根本性的变化。

① 城市形成的初期，城市是小城镇，规模小，多数呈现为单中心集中式布局，城市道路大多为规整的方格网式，一般分为主路、支路和街巷三级。

② 城市发展到中等规模，城市仍可能呈集中式布局，但会出现次级中心，城市形成较为紧凑的组团式布局，城市道路网在中心组团仍维持旧城的基本格局，在外围组团则形成了适应机动交通的三级道路网。

③ 城市发展到大城市，逐渐形成相对分散的、多中心组团式布局。城市中心组团与外围组团间形成由现代城市交通所需的城市快速路连接，城市道路系统开始向混合式道路网转化。

④ 特大城市呈现"组合型城市"的布局，城市道路进一步发展形成混合型网，因为有了加强区间联系的需求，快速路网组合为城市的疏通性交通干线路网，城区间利用公路

或高速公路相联系。

2. 城市用地布局形态与道路交通网络形式的配合关系

城市用地的布局形态大致可分为集中型和分散型两大类。

① 集中型较适应规模较小的城市，其道路网形式多为方格网状。

② 分散型城市，其道路网形式会因城市的分散模式而形成不同的网络形态。

3. 城市用地布局结构与城市道路网络的功能配合关系

各级城市道路既是组织城市的"骨架"，又是城市交通的渠道。城市中各级道路的性质、功能与城市用地布局结构的关系表现为城市道路功能布局。

七、城市综合交通规划

（一）熟悉城市综合交通规划的主要内容

1. 城市综合交通规划基本概念

（1）城市综合交通

① 基本概念：城市综合交通包括了存在于城市中及与城市有关的各种交通形式。城市综合交通可分为城市对外交通和城市交通两大部分。

从形式上，城市综合交通可分为地上交通、地下交通、路面交通、轨道交通、水上交通等。

从运输性质上，可分为客运交通和货运交通两大类。

从交通位置上，可分为道路上的交通和道路外的交通。

② 城市对外交通泛指城市之间的交通，以及城市地域范围内的城区与周围城镇、乡村之间的交通。其主要交通形式有：公路交通、铁路交通、航空交通和水运交通。

③ 城市交通是指城市内部的交通，包括城市道路交通、城市轨道交通和城市水上交通等。其中，以城市道路交通为主体。

④ 城市对外交通与城市交通的关系：具有相互联系、相互转换的关系。

⑤ 城市公共交通。城市公共交通是城市交通中与城市居民密切相关的一种交通，是使用公共交通工具的城市客运交通，包括公共汽车、有轨电车、无轨电车、地铁、轻轨、轮渡、市内航运、出租汽车等。

⑥ 城市交通系统。城市交通系统由城市运输系统（交通行为的运作）、城市道路系统（交通行为的通道）和城市交通管理系统（交通行为的控制）组成。城市道路系统和交通管理系统都是为城市运输系统完成交通行为服务的，但是道路系统是为运输体系提供活动场所的，而交通管理系统则是整个城市交通系统正常、高效运转的保证。

城市交通系统是城市的社会、经济和物质结构的基本组成部分。城市交通系统的作用是把分散在城市各处的城市生产、生活活动连接起来，在组织生产、安排生活、提高城市客货流的有效运转及促进城市经济发展方面有着十分重要的作用。

（2）城市综合交通规划

① 基本概念

综合交通规划就是将城市对外交通和城市内的各类交通与城市发展和用地布局结合起

来进行系统综合研究的规划，是城市总体规划中与城市土地使用规划密切结合的一项重要内容。

② 作用

A. 建立与城市用地发展匹配的、完善的城市交通系统，协调城市道路交通系统与城市用地布局、城市对外交通系统的关系以及城市中各种交通方式之间的关系。

B. 全面分析城市交通问题产生的原因，提出综合解决城市交通问题的根本措施。

C. 城市交通系统有效地支撑城市经济、社会发展和城市建设，并获得最佳效益。

③ 目标

A. 通过改善与经济发展直接相关的交通出行来提高城市经济效率。

B. 确定城市合理的结构，充分发挥各种交通方式的综合运输潜力，促进城市客、货运交通系统的整体协调发展和高效运作。

C. 在充分保护有价值的地段、解决居民搬迁和财政允许的前提下，尽快建成相对完善的城市交通设施。

D. 通过多方面投资来提高交通可达性，拓展城市的发展空间，保证新开发的地区尽快建成相对完善的城市交通设施。

E. 在满足各种交通方式合理运行速度的前提下，把城市道路上的交通拥挤控制在一定范围内。

F. 有效的财政补贴、社会支持和科学的多元化经营，尽可能使运输价格水平适应市民的承受能力。

④ 内容

A. 城市交通发展战略研究工作

a. 现状分析：分析城市发展的过程、出行规律、特性和现状城市道路交通系统存在的问题；

b. 城市发展分析：根据城市社会和空间发展，分析城市交通发展的趋势和规律，预测城市交通总体发展水平；

c. 战略研究：确定城市综合交通发展目标，确定城市交通发展模式，制定城市交通发展战略和城市交通政策，预测城市交通发展、交通结构和各项指标，提出实施规划的重要技术经济政策和管理政策；

d. 规划研究：结合城市空间和用地布局基本框架，提出城市道路交通系统基本结构和初步规划方案。

B. 城市道路交通系统规划的工作内容

a. 提出规划方案；

b. 进行交通校核；

c. 提出实施要求。

2. 城市交通调查与分析

(1) 城市交通调查的目的和要求

城市交通调查是进行城市交通规划、城市道路系统规划和城市道路设计的基础工作。通过对城市交通现状的调查与分析，摸清城市道路上的交通状况，城市交通的产生、分布、运行规律以及现状存在的主要问题。

（2）城市交通基础资料调查与分析

① 城市人口、就业、收入、消费、产值等社会、经济现状与发展资料；

② 城市公共交通客、货运总量，对外交通客、货运总量等运输现状与发展资料；

③ 城市各类车辆保有量、出行率、交通枢纽及停车设施等资料；

④ 城市道路与环境污染治理资料。

（3）城市道路交通调查与分析

① 选择城市道路的控制交叉口对全市道路网分别进行全年、全周、全日和高峰时段的机动车、非机动车、行人的流量、流向和车速观测；

② 对特殊路段、地段的特定交通进行调查；

③ 对过境交通的流量、流向进行调查；

④ 分析交通量在道路上的空间分布和时间分布，以及过境交通对城市道路网的影响。

（4）交通出行 OD 调查与分析

① 概念：OD 调查就是交通出行的起终点调查。

② 目的：是为了得到现状城市交通的流动特性，主要包括居民出行抽样调查和货运抽样调查两类，根据交通规划需要还可以分别进行流动人口出行调查、公共交通客流调查、对外交通客货流调查、出租车出行调查等。

③ 交通区划分

为了对 OD 调查获得的资料进行科学分析，需要把调查区域分成若干个交通区，每个交通区又可以分为若干交通小区。

划分交通区应符合下列条件：

A. 交通区应与城市规划和人口等调查的内容相协调，以便于综合一个交通区的土地使用和出行生成的各种资料；

B. 应便于把该区的交通分配到交通网上，如城市干道网、公共交通网、地铁网等；

C. 应使一个交通区预期的土地使用动态和交通的增长大致相似；

D. 交通区大小也取决于调查类型，交通区划得越小，精度越高，但资料整理会越困难。

④ OD 调查的分类

A. 居民出行调查

调查内容包括：调查对象的社会经济属性和调查对象的出行特征。为了减少调查工作量，多采用抽样法，抽样率根据城市人口规模大小在 4‰～20‰ 间选用。

调查收集方法：有家庭访问法、路旁询问法、邮寄回收法等，其中家访法效果最佳。

居民出行规律包括出行分布和出行特征。城市居民的出行特性有下列四项要素：

a. 出行目的；

b. 出行方式；

c. 平均出行距离；

d. 日平均出行次数。

B. 货运出行调查

货运调查常采用抽样发调查表或深入单位访问的方法，调查各工业企业、仓库、批发部、货运交通枢纽，专业运输单位的土地使用特征、产销储运情况、货物种类、运输方式、运输能力、吞吐情况、货运车种、出行时间、路线、空驶率以及发展趋势等情况。

（5）现状城市道路交通问题分析

主要原因有：

① 城市道路交通设施的建设不能满足交通增长的需求；

② 城市道路交通网络存在系统缺陷；

③ 交通混杂、效率低下；

④ 城市道路交通节点拥堵严重。

3. 城市交通政策的概念及制定的原则

（1）城市交通政策的概念

城市交通政策是在一定的交通发展战略控制之下，政府部门对于涉及城市交通所做出的一系列决策，是用以指导、约束和协调城市交通的观念和行为的准绳，是正确处理城市交通需求与供给、交通资源的投入和分配、经济补偿与使用者（受益者）合理负担等一系列相互关系的管理手段，同时也是制定交通法规的基本依据。

（2）城市交通政策的内容

① 政策目标；

② 政策背景；

③ 区域范围；

④ 政策种类；

⑤ 政府的执行机构；

⑥ 城市交通法规。

（3）城市交通政策的基本特征

① 交通政策的针对性与目标效用；

② 交通政策的多相关性和整体性；

③ 交通政策的稳定性和可变性；

④ 交通政策向交通法规延伸。

（4）我国城市交通政策概况

交通政策是随着时代的发展而不断变化和调整的，目前的交通政策大多是关于交通工具的发展政策、交通管理政策等产业政策及标准性政策。

综合这几年国家关于城市交通发展的文件，主要有以下一些城市交通发展的政策：

① 大力发展公共交通；

② 特大城市应逐步发展地铁等快速轨道交通；

③ 适度发展私人交通。

（二）了解城市交通发展战略研究的要求和方法

1. 城市综合交通发展战略的研究

（1）市域交通发展战略研究

市域综合交通发展战略研究首先要尊重国家铁路、高速公路、国道、省道、区域机场和港口的布局规划，满足区域交通的需要，同时要进一步研究市域内经济、社会的发展和城镇体系发展对城市对外交通的需要，提出市域内铁路网站、市（县）级公路骨架网络和市域内港口、航道的发展战略和调整意见。

（2）城市交通发展战略研究

城市交通发展战略研究要以城市经济社会发展、城市用地发展和现状分析为基础，注意把宏观城市布局及交通关系与中观城市用地布局及交通关系分开研究，不可混为一谈，提出宏观对总体规划的指导性意见，中观对控制性详细规划的指导意见和调整意见。

2. 城市综合交通发展战略研究的基本内容

（1）城市交通发展分析

① 经济、社会与城市空间发展的趋势与规律分析。

② 预估城市交通总体发展水平。

A. 弹性系数法；

B. 趋势外推法；

C. 千人拥有法。

（2）城市交通发展战略分析

① 指导思想

A. 适应城市经济、社会和城市空间发展的需要，为城市经济、社会和城市空间发展服务；

B. 贯彻以人为本和可持续发展的思想，提倡节能、减排、经济、安全、可靠；

C. 不断完善城市交通系统，使城市交通系统始终保持高效、良性运作，以满足城市居民对城市交通出行的需求。

② 发展模式

A. 以小汽车为主体的交通模式；

B. 以轨道公交为主、小汽车和地面公交为辅的交通模式；

C. 以小汽车为主、公交为辅的交通模式；

D. 以公交为主、小汽车为主导（公交与小汽车并重）的交通模式；

E. 以公交为主、小汽车为辅的交通模式。

③ 发展目标

城市交通发展战略的总目标就是要形成一个优质、高效、整合的城市交通系统来适应不断增长的交通需求，提升城市的综合竞争力，促进城市经济、社会和城市建设的全面发展。

④ 发展策略

A. 制定适合城市交通发展的交通政策；

B. 整合城市的交通设施；

C. 协调各类交通的运行，实现交通的综合科学管理；

D. 建立强有力的综合协调管理机构，全面协调城市土地使用规划管理、综合交通规划建设、交通运营与管理。

（3）城市交通政策制定

① 城市交通政策的内容

A. 政策目标：说明该项政策所要解决的问题；

B. 政策背景：政策的确定所基于的某些特定背景的需要；

C. 地域范围：政策所涵盖及施行的地区范围；

D. 政策种类：政策依据的社会、经济及政治、文化环境，所需经费，所要达到的目标等；

E. 政府执行机构：政策须列举各种规定事项的执行机构。

② 三大城市交通政策

A. 城市交通方式引导政策；

B. 城市交通地域差别化发展政策；

C. 城市道路交通设施建设与城市交通协调发展政策。

③ 实施城市交通发展战略的相关政策

3. 城市交通结构与车辆发展预测

（1）城市交通机动化发展分析

随着我国国民经济的迅速发展和人民生活水平的迅速提高，城市交通"机动化"的发展越来越快，并已成为我国交通发展的必然趋势，在相当一段时期必然呈上升的趋势。

（2）城市交通结构预测

根据城市规模、城市形态、布局结构与空间关系、社会经济发展和居民生活水平、居民出行习惯，分析城市交通出行演变趋势，城市居民不同出行要求对出行方式的需求关系，从科学引导的角度，实事求是地对城市交通结构的发展做出判断。

（3）车辆发展分析

城市各类车辆发展的预测按规范指导性指标，结合城市交通结构政策和经济、社会发展需求进行。

4. 城市交通预测

（1）城市交通预测的基本思路

城市交通预测是基于城市用地布局和道路交通系统初步方案的工作，预测须充分考虑城市用地布局关系及由此决定的人在用地空间上的分布和流动关系。

（2）城市交通流预测

按照出行生成、出行分布、出行方式划分、交通分配四阶段进行。

（三）掌握城市对外交通与城市道路网络规划的要求和基本方法

1. 城市对外交通规划

（1）城市对外交通的概念

城市对外交通是指以城市为基点，与城市外部进行联系的各类交通的总称。

（2）城市对外交通的类型

主要包括铁路、公路、水运和航空。

（3）城市对外交通的特点

① 城市对外交通是城市形成与发展的重要条件，如武汉、广州、重庆、扬州等；

② 对外交通运输条件又可制约城市的发展；

③ 城市对外交通线路和设施的布局直接影响城市的发展方向、城市布局、城市主干路的走向、城市环境以及城市景观等。

（4）城市对外交通规划

城市的外部交通联系也是国家和区域的交通联系，应与国家和区域经济、社会发展的行业规划相适应。城市对外交通规划一方面要充分利用国家和区域交通设施规划建设条件来加强市域城镇间的交通联系；另一方面，也要根据市域城镇经济、社会发展的需要，进一步补充和进行局部调整，完善城市对外交通规划。

(5) 铁路规划

铁路是城市主要的对外交通设施。

① 铁路设施的分类，城市范围内的铁路设施基本上可分两类：

A. 一类是直接与城市生产、生活有密切关系的客、货运设施，如客运站、综合性货运站及货场等，其用地属于城市建设用地之交通枢纽用地S3；

B. 另一类是与城市生产、生活设施没有直接关系的铁路专用设施，如编组站、客车整备场、迂回线等，其用地属于城乡用地之铁路用地H21。

② 铁路设施在城市中的布置

A. 客运站的位置要方便旅客，提高铁路运输效能，并应与城市的布局有机结合。客运站的服务对象是旅客，为方便旅客，位置要适当。中小城市客运站可以布置在城市边缘，大城市有可能有多个客运站，应在城市中心区边缘布置。

客运站的布置有通过式、尽端式和混合式三种。中小城市客运站通常采用通过式的布局形式，可以提高客运站的通过能力；大城市客运站常采用尽端式或混合式布置，可减少干线铁路对城市的分割。

B. 编组站是为货运列车服务的专业性车站，承担车辆解体、汇集、甩挂和改编业务。编组站由到发场、出发场、编组站、驼峰、机务段和通过场组成，用地范围一般比较大，其布置要避免与城市的相互干扰，同时也要考虑职工的生活。

C. 货运站

大城市货运站应按其性质分别设于其服务的地段。以到发为主的综合性货运站（特别是零担货物）一般应接近货源或结合货物流通中心布置；以某几种大宗货物为主的专业性货运站应接近其供应的工业区、仓库区等大宗货物集散点，一般应设在市区外围；不为本市服务的中转货物装卸站则应设在郊区，结合编组站或水陆联运码头设置；危险品（易爆、易燃、有毒）及有碍卫生（如牧畜货场）的货运站应设在市郊，要有一定的安全隔离地带。

中小城市一般设置一个综合性货运站或货场，其位置既要满足货物运输的经济合理要求，也要尽量减少对城市的干扰。

(6) 公路规划

公路是城市与其他城市及市域内乡镇联系的道路。规划时应结合城镇体系总体布局和区域规划，合理地选定公路线路的走向及其站场的位置。公路的站场用地属于城市建设用地之交通枢纽用地S3，其线路与附属设施用地属于城乡用地之公路用地H22。

① 公路的分类、分级

A. 公路分类。根据公路的性质和作用，及其在国家公路网中位置，可分为：

国道（国家级干线公路）、省道（省级干线公路）、县道（联系各乡镇）三级。设市城市可设置市道，作为市区联系市属各县城的公路。

B. 公路分级。按公路的使用任务、功能和适应的交通量，可分为：

高速公路、一级公路、二级公路、三级公路、四级公路。

高速公路为汽车专用路，是国家级和省级的干线公路；一、二级常用作联系高速公路和中等以上城市的干线公路；三级公路常用作联系县和城镇的集散公路；四级公路常用作沟通乡、村的地方公路。

高速公路的设计时速多为100~120km/h（山区可降为60km/h）。大城市可布置高速公路环线联系各条高速公路，并与城市快速路网衔接。对于中小城市，考虑城市未来的发展，高速公路应远离市中心，以专用的入城道路与城市联系。

② 公路在城市中的布置

公路在市域范围内的布置主要取决于国家和省公路网的规划。规划应注意以下问题：

A. 有利于城市与市域内各乡、镇间的联系，适应城镇体系发展的规划要求；

B. 干线公路要与城市道路网有合理的联系。过境公路应绕城（切线或环线）而过；

C. 逐步改变公路直穿小城镇的状况，并注意防止新的沿公路建设的现象发生。

③ 公路汽车站场在城市的布置

公路汽车站又称长途汽车站，按其性质可分为客运站、货运站、技术站和混合站。按车站所处的位置又可分为起（终）点站、中间站和区段站。

应依据城市总体规划功能布局和城市道路系统规划，合理布置长途汽车站场的位置，既要使用方便，又不影响城市的生产和生活，并与铁路车站、轮船码头有较好的联系，便于组织联运。

A. 客运站

大城市和作为地区公路枢纽的城市，公路客货流量和交通量都很大，常为多个方向的长途客运设置多个客运站，并与货运站和技术站分开设置。为方便旅客，客运站常设在城市中心区边缘，用城市交通性干道与公路相连。

中小城市因规模不大，车辆数不多，为便于管理和精减人员，一般均设一个客运站，或客运站与货运站合并，也可与技术站组织在一起。

有的城市在铁路客运量和长途客运量都不大时，将长途汽车站与铁路车站结合布置，形成城市对外客运交通枢纽，既方便旅客，又有益于布局的合理。

B. 货运站、技术站

货运站场的位置选择与货主的位置和货物的性质有关。供应城市日常生活用品的货运站应布置在城市中心区边缘；以工业产品、原料和中转货物为主的货运站应布置在工业区、仓库区或货物较为集中的地区，亦可设在铁路货运站、货运码头附近，以便组织水陆联运。货运站要与城市交通干道有较好的联系。

技术站主要负责检修汽车的工作，用地较大，对居民有一定的干扰。技术站一般设在市区外围靠近公路附近，与客、货站都能有方便的联系，要避免对居住区的干扰。

C. 公路过境车辆服务站

为了减少进入市区的过境交通量，可在对外公路交汇的地点或城市入口处设置公路过境车辆服务设施，可避免不必要的车辆和人流进入市区。这些设施也可与城市边缘的小城镇结合设置，亦有利于小城镇的发展。

（7）港口

港口是水陆联运的枢纽，是所在城市的交通系统的重要组成部分，在城市总体规划中需要全面考虑。

① 港口的分类。港口是水陆联运的枢纽。城市港口分为：

A. 客运港，是城市对外客运交通设施，用地属于城市建设用地之交通枢纽用地 S3；

B. 货运港，是对外货运交通设施，海港与河港的陆域部分，包括码头作业区、辅助生产区等，用地属于城乡用地之港口用地 H23。

小规模港口可合并设置。港口分为水域和陆域两大部分，水域供船舶航行、运转、锚泊和其他水上作业使用，陆域是供旅客上下、货物装卸、存储的作业活动，要求有一定的岸线长度、纵深和高程。

② 港口的布置及与城市其他用地的关系

港口城市的规划要妥善处理岸线利用、港区布置及城市布局之间的关系，综合考虑船舶航行、货物装卸、库场储存及后方集疏等四个环节的布置。

A. 港口建设应与区域交通综合考虑。货运港的疏港公路应与干线公路及城市货运交通干道连接；客运港要与城市客运交通干道衔接，并与铁路车站、长途汽车站有方便的联系。

B. 港口建设与工业布置要紧密结合。货运量大而污染易于治理的工厂尽可能沿河、海有建港条件的岸线布置。特别是深水港的建设可以推动港口工业区的发展。

C. 合理进行岸线分配与作业区布置。岸线分配应遵循"深水深用、浅水浅用、避免干扰、各得其所"的原则。

D. 加强水陆联运的组织。港口是水陆联运枢纽，要妥善安排水陆联运和水水联运，提高港口的疏运能力。

（8）航空港

① 机场的分类

A. 民用航空港（机场）按其航线性质可分为：国际航线、国内航线机场。

B. 民用机场，按航线布局分为：

a. 枢纽机场，是全国航空运输网络和国际航线的枢纽、运输业务量特别繁忙的机场。

b. 干线机场，干线机场是以国内航线为主，可开辟少量国际航线，可以建立跨省区的国内航线，运输量较为集中的机场。

c. 支线机场，支线机场是分布在各省市区内及至邻近省区的短途、运输量少的机场。

② 航空港布局规划

航空港的布局要从区域的角度考虑航空港的共用及其服务范围。在城市比较密集区域，应在各城市使用都方便的位置设置若干城市共用的航空港。随着航空事业的进一步发展，一个特大城市周围可能布置有若干个机场。机场应适度集中，力戒分散建设，除非有特殊理由（如著名旅游胜地）。

③ 机场的选址及与城市的关系

目前机场与城市关系日趋密切，同时也带来了对城市的机场净空限制、噪声和电磁波干扰控制等影响。机场与城市客运交通联系的强度和方式也会对城市交通产生影响。

A. 净空限制要求，机场选址应尽可能使跑道轴线方向避免穿过市区，机场跑道中心与市区边缘的最小距离应 5～7km 以上，这样有益于减少飞机起降时噪声对城市的影响。

B. 通信联络的要求，避免电波、磁场等对机场导航、通信系统的干扰，在选择机场位置时，要考虑对机场周围的高压线、变电站、发电站、电信台、广播站、电气铁路以及有高频设备或 X 光设备的工厂、企业、科研、医疗单位的影响，并应按有关技术规范规定与它们保持一定距离。另外，也应与铁路编组站保持适当的距离。

C. 与城市距离的要求，国际民航机场与城市的距离一般应超过 10km。我国城市与机场的距离一般为 20～30km，在满足机场选址的要求前提下，尽量缩短机场与城市的距离。机场与城市之间的时间距离保持在 30min 以内。

2. 城市道路系统规划及红线划示

（1）影响城市道路系统布局的因素

城市道路系统是组织城市各种功能用地的"骨架"，是城市进行生产和生活活动的"动脉"。城市道路系统布局是否合理，直接关系到城市是否可以合理、经济地运转和发展。

影响城市道路系统布局的因素主要有三个：

① 城市在区域中的位置（城市外部交通联系和自然地理条件）；

② 城市用地布局形态（城市骨架关系）；

③ 城市交通运输系统（市内交通联系）。

（2）城市道路系统规划的基本要求

① 与城市交通发展目标相一致，符合城市的空间组织和交通特征；

② 道路网络布局和道路空间分配应体现以人为本、绿色交通优先，以及窄马路、密路网、完整街道的理念；

③ 城市道路的功能、布局应与两侧城市的用地特征、城市用地开发状况相协调；

④ 体现历史文化传统，保护历史城区的道路格局，反映城市风貌；

⑤ 为工程管线和相关市政公用设施布设提供空间；

⑥ 满足城市救灾、避难和通风的要求。

（3）城市道路系统规划的程序

城市道路系统规划是城市总体规划的重要组成部分，它不是一项单独的工程技术规划设计，而是受到很多因素的影响和制约。一般规划程序如下：

① 现状调查和资料准备

A. 城市用地现状和地形图：包括城市市域或区域范围两种图，比例分别为 1：25000（或 1：50000）、1：10000（或 1：5000）；

B. 城市发展经济资料：包括城市发展期限、性质、规模、经济和交通运输发展资料；

C. 城市交通现状调查资料：包括城市机动车、非机动车数量统计资料，城市道路及交叉口的机动车、非机动车、行人交通量分布资料和过境交通资料；

D. 城市用地布局和交通系统初步方案，城市土地使用规划方案。

② 提出城市道路系统初步规划方案

③ 研究交通规划初步方案

④ 修改道路系统规划方案

⑤ 绘制道路系统规划图

道路系统规划图包括平面图及横断面图。平面图要根据总体规划（或详细规划）的编制规定，标出干道网（或道路网）的中心线及控制点的位置（以及坐标、高程、平曲线要素），广场及各种交通设施用地、位置，以及交叉口形式和平面形状方案，亦可同时标注城市主要用地的功能布局，比例为1：20000～1：5000。横断面图要标出各种类型道路的红线控制宽度、断面形式及标准横断面尺寸，比例为1：500或1：200。

⑥ 编制道路系统规划文字说明

（4）城市道路分类

城市道路作为城市交通的主要设施，首先应满足交通的功能要求，又要起到组织城市用地的作用，城市道路系统规划要求按道路在城市总体布局中的骨架作用对道路分类，还要按照道路的交通功能进行分析，同时满足"骨架"和"交通"的功能要求。通常在设计城市道路时，是按照城市道路设计规范进行道路分类的；在分析道路与城市用地性质的关系时，按道路的功能来分类。

① 《城市综合交通体系规划规范》中的分类（按城市道路所承担的城市活动分类）

城市道路分为干线道路、支线道路，以及联系两者的集散道路三大类；城市快速路、主干路、次干路和支路四个中类和八个小类。干线道路应承担城市中、长距离联系交通，集散道路和支线道路共同承担城市中、长距离联系交通的集散和城市中、短距离交通的组织。

不同连接类型与用地服务特征所对应的城市道路功能等级

连接类型/用地服务	为沿线用地服务很少	为沿线用地服务较少	为沿线用地服务较多	直接为沿线用地服务
城市主要中心之间连接	快速路	主干路	—	—
城市分区（组团）间连接	快速路/主干路	主干路	主干路	—
分区（组团）内连接	—	主干路/次干路	主干路/次干路	—
社区级渗透性连接	—	—	次干路/支路	次干路/支路
社区到达性连接	—	—	支路	支路

城市道路小类划分

大类	中类	小类	功能说明	设计速度（km/h）	高峰小时服务交通量推荐（双向pcu）
干线道路	快速路	Ⅰ级快速路	为城市长距离机动车出行提供快速、高效的交通服务	80～100	3000～12000
		Ⅱ级快速路	为城市长距离机动车出行提供快速交通服务	60～80	2400～9600
	主干路	Ⅰ级主干路	为城市主要分区（组团）间的中、长距离联系交通服务	60	2400～5600
		Ⅱ级主干路	为城市分区（组团）间联系以及分区（组团）内部主要交通联系服务	50～60	1200～3600
		Ⅲ级主干路	为城市分区（组团）间联系以及分区（组团）内部中等距离交通联系提供辅助服务，为沿线用地服务较多	40～50	1000～3000

续表

大类	中类	小类	功能说明	设计速度（km/h）	高峰小时服务交通量推荐（双向 pcu）
集散道路	次干路	次干路	为干线道路与支线道路的转换以及城市内中、短距离的地方性活动组织服务	30～50	300～2000
支线道路	支路	Ⅰ级支路	为短距离地方性活动组织服务	20～30	—
		Ⅱ级支路	为短距离地方性活动组织服务的街坊内道路、步行、非机动车专用路等	—	—

② 按道路的功能分类

城市道路按功能分类的依据是道路与城市用地的关系，按道路两旁用地所产生的交通流性质来确定道路的功能。城市道路按功能可分为两类：

A. 交通性道路。是以满足交通运输的要求为主要功能的道路，承担城市主要的交通流量及与对外交通的联系。其特点为车速高、车辆多、车行道宽，道路线形要符合快速行驶的要求，道路两旁要求避免布置吸引大量人流的公共建筑。

B. 生活性道路。是以满足城市生活性交通要求为主要功能的道路，主要为城市居民购物、社交、游憩等活动服务，以步行和自行车交通为主，机动车交通较少，道路两旁多布置为生活服务的、人流较多的公共建筑及居住建筑，要求有较好的公共交通服务条件。

（5）城市道路系统的空间布置

① 城市干道网类型，常见的城市道路网可归纳为四种类型：

A. 方格网式道路系统。方格网式又称棋盘式，是最常见的一种道路网类型。适用于地形平坦的城市。优点是道路划分的街坊形状整齐，利于建筑布置，交通分散，灵活性大。缺点是对角线方向的交通联系不便，非直线系数（道路距离与空间距离之比）大。

B. 环形放射式道路系统。这种道路系统的放射形干道的优点是有利于市中心同外围市区和郊区的联系，环形干道又有利于中心城区外的市区及郊区的相互联系。缺点是放射形干道容易把外围的交通迅速引入市中心，引起交通在市中心过分地集中，同时会出现许多不规则街坊，交通灵活性不如方格网道路。

C. 自由式道路系统。自由式道路常是由于地形起伏变化较大，道路结合自然地形呈不规则状布置而形成的。这种类型的路网没有一定的格式，变化很多，非直线系数较大。如果综合考虑城市用地的布局、建筑的布置、道路工程及创造城市景观等因素精心规划，不但能取得良好的经济效果和人车分流效果，而且可以形成生动活泼、丰富的景观效果。

D. 混合式道路系统。在城市不同的历史发展阶段中，有的地区受地形条件约束，形成了不同的道路形式；有的则是在不同的建设规划思想下形成了不同的路网，从而在同一城市中同时存在几种类型的道路网，组合而成为混合式的道路系统。还有一些城市，在现代城市规划思想的影响下，结合各种类型道路网优点，对原有道路结构进行调整和改造，形成新型的混合式的道路系统。

② 城市道路的分工

A. 城市道路网按速度的分工，分为快速道路网和常速道路网两大路网。

对于大城市和特大城市，城市快速道路网可以适应现代城市交通对快速、畅通和交通分流的要求，不但能起到疏解城市交通的作用，而且可以成为高速公路与城市道路的中介系统。

城市常速道路网包括一般机非混行的道路网和步行、自行车专用系统。

B. 城市道路网按性质（功能）的分工，可以大致分为交通性路网和生活服务性路网这两个相对独立又有机联系（也可能部分重合为混合性道路）的路网。

交通性路网要求快速、畅通、避免行人频繁过街干扰。

生活性道路网要求的行车速度相对低些，要求不受交通性车流的干扰，同居民要有方便的联系，同时有一定的景观要求。

③ 城市各级道路的衔接

A. 城市道路衔接的原则

a. 低速让高速；

b. 次要让主要；

c. 生活性让交通性；

d. 适当分离。

B. 城镇间道路与城市道路网的连接

城镇间道路把城市对外联络的交通引出城市，又把大量入城交通引入城市。所以，城镇间道路与城市道路网的连接应有利于把城市对外交通迅速引出城市，避免入城交通对城市道路，特别是城市中心地区道路上的交通的过多冲击，还要有利于过境交通方便地绕过城市，而不应该把过境的穿越性交通引入城市和城市中心地区。

(6) 城市道路系统的技术空间布置

① 交叉口间距

不同规模的城市有不同的交叉口间距要求，不同性质、不同等级的道路也有不同的交叉口间距要求。城市各级道路的交叉口间距可按下表的推荐值使用。

城市各级道路的交叉口间距表

道路类型	快速路	主干路	次干路	支路
设计车速（km/h）	≥80	40~60	40	≤30
交叉口间距（m）	1500~2500	700~1200	350*~500	150*~250

注：* 小城市取低值。

② 道路网密度

列入城市道路网密度计算的包括上述四类道路，街坊内部道路不列入计算。要从使用的功能结构上考虑，按照是否参加城市交通分配来决定是否应列入城市道路网密度的计算范围。

不同规模城市的干线道路网络密度表

规划人口规模（万人）	干线道路网络密度（km/km²）
≥200	1.5～1.9
100～200	1.4～1.9
50～100	1.3～1.8
20～50	1.3～1.7
≤20	1.5～2.2

③ 道路红线宽度

A. 道路红线的概念：是道路用地和两侧建筑用地的分界线，即道路横断面中各种用地总宽度的边界线。

B. 道路红线内的用地包括：车行道、步行道、绿化带、分隔带四部分。

C. 城市规划各阶段的道路红线划示要求：

a. 在城市总体规划阶段，常根据交通规划、绿地规划和工程管线规划要求确定道路红线的大致的宽度要求，并满足交通、敷设地下管线、绿化、通风日照和建筑景观等的要求。

b. 在详细规划阶段，应该根据毗邻道路用地和交通的实际需要确定道路的红线宽度。也可以根据具体用地建设要求，适当后退红线，以求得好的景观效果，并为将来的发展留有余地。

确定道路红线时，要避免两种不良倾向：一是过于担心拆迁损失将红线定得过窄，结果造成道路建成不久就不能满足交通发展要求；二是将红线定得过宽，造成建设成本过高。

不同等级道路对道路红线宽度的要求如下表所示。

不同等级道路的红线宽度表

道路分类	快速路（不包括辅路）		主干路			次干路	支路	
	Ⅰ	Ⅱ	Ⅰ	Ⅱ	Ⅲ		Ⅰ	Ⅱ
双向车道数（条）	4～8	4～8	6～8	4～6	4～6	2～4	2	—
道路红线宽度（m）	25～35	25～40	40～45	40～45	40～45	20～35	14～20	—

④ 道路横断面类型，通常按车行道的布置命名道路横断面类型。

A. 一块板道路横断面

不用分隔带划分车行道的横断面称为一块板断面，一块板道路的车行道可以用作机动车专用道、自行车专用道以及大量作为机动车与非机动车混合行驶的次干路及支路。

B. 两块板道路横断面

用分隔带划分车行道为两部分的横断面称为两块板断面。两块板道路通常是利用中央分隔带（可布置低矮绿化）将车行道分成两部分。当道路设计车速大于50km/h时，解决对向机动车流的相互干扰问题时，有较高的景观、绿化要求时，两个方向车行道布置在不同平面上时，采用两块板的形式。

C. 三块板道路横断面

用分隔带将车行道划分为三部分的横断面称为三块板断面。三块板道路用两条分隔带将机动车与非机动车分道行驶，一般三块板横断面适用于机动车交通量不十分大而又有一定的车速和车流畅通要求，自行车交通量较大的生活性道路或交通性客运干道。

D. 四块板道路横断面

用分隔带将车行道划分为四部分的横断面称为四块板断面。四块板道路比三块板的道路增加一条中央分隔带，解决对向机动车相互干扰问题。当道路上机动车和非机动车都比较多时可采用这种形式。

（四）熟悉城市交通设施规划的要求和基本方法

1. 城市交通枢纽可分为三类

（1）货运交通枢纽；

（2）客运交通枢纽；

（3）设施性交通枢纽。

2. 城市交通枢纽的布置

（1）货运交通枢纽的布置

货运交通枢纽包括城市仓库、铁路货站、公路运输站、水运货运码头、市内汽车运输站场等，是市内和城市对外的仓储、转运的枢纽，也是主要货流的重要出行端。一般仓储设施靠近转运设施布置。在城市道路系统规划中，应注意使货运交通枢纽尽可能与交通性的货运干道有良好的联系，尽可能在城市中结合转运枢纽布置若干个集中的货运交通枢纽。

（2）客运交通枢纽的布置

城市客运交通枢纽是指城市对外客运设施（铁路客站、公路客站、水运客站和航空港等）和城市公共交通枢纽站。

① 公路长途客运设施常布置在城市中心区边缘、铁路客站、水运客站附近。在布局中应注意结合城市对外客运设施布置，形成对外客运与市内公共交通相互转换的客运交通枢纽。

② 客运交通枢纽必须与城市客运交通干道有方便的联系，又不能过多地影响其畅通。其位置的选择主要结合城市交通系统的布局，并与城市中心、生活居住区的布置综合考虑。

（3）设施性交通枢纽的布置

① 设施性交通枢纽包括为解决人流、车流相互交叉的立体交叉（包括人行天桥和地道）和为解决车辆停驻而设置的停车场等。

② 立体交叉的布置主要取决于城市道路系统的布局，是为快速交通之间的转换和快速交通与常速交通之间的转换或分离而设置的，主要应设置在快速干道的沿线上。在交通流量很大的疏通性交通干道上，也可设置立体交叉。

③ 城市机动车公共停车场有三种类型：

A. 城市各类中心附近的市内机动车公共停车场（包括停车楼和地下车库），停车量可以按社会拥有客运车辆的15%～20%规划停车场的用地。

B. 城市主要出入口的大型机动车停车场，主要为外来车辆（货运车辆为主）服务，截阻不必要的穿城交通。

C. 超级市场、大型城外游憩地的机动车停车场，应布置在设施的出入口附近，以客运车辆为主，也可以结合公共汽车站进行布置。

④ 城市还应考虑自行车公共停车场地的布置要求。

⑤ 城市公共停车场的用地总面积可以按城市人口每人 0.8～1.0 m^2 安排。

（五）了解城市公共交通系统规划的要求和基本方法

城市公共交通是指城市中供公众乘用的各种交通方式的总称。

1. 城市客运交通系统的规划思想

（1）优先发展公共交通的政策

① 公共交通运输对城市发展的引导

《马丘比丘宪章》主张"将来的城区交通政策应使私人汽车从属于公共运输系统的发展"，即在城市中确立"优先发展公共交通的原则"。因此，在城市规划中，应注意发挥交通运输系统对城市布局结构的能动作用，通过交通运输系统的变革引导城市用地向合理的布局结构形态发展。

② 城市道路系统对城市发展的引导

城市公共交通运输的形成与道路系统的建立关系密切，城市道路，尤其是交通性道路对城市的发展有着更为重要的引导作用。

③ "优先发展公共交通"的思想内涵

A. 其目的是为城市居民提供方便、快捷、优质的公共交通服务，以吸引更多的客流，使城市交通结构更为合理，运行更为畅通。

B. 根据居民的出行需要来布置城市的公共交通线网，在城市主要道路上设置公交专用道，改革公交的票务制度。

C. 公共交通出行的特点：公共交通出行由步行、候车、乘车、步行四个过程组成，因此，要求公共汽车站距短、车速低、发车频率大、步行距离短、候车时间短，地铁和轻轨的站距长、车速高、发车频率小、步行距离长、候车时间较长。

D. 自行车作为重要的出行方式应纳入公共交通系统之中，解决公交末端出行的补充。因此，在城市重要的公共交通枢纽、大型公共设施以及居住社区应设置公共自行车租赁站点。

E. 不同交通方式适宜的出行距离：适宜步行出行的范围为1km以内，适宜自行车出行的范围为8km以内，适宜公共交通出行的范围在20km以内，适宜小汽车出行的范围在10～40km。

（2）城市客运交通系统的整体协调发展

城市客运系统除公共交通外，还包括步行、自行车、小汽车等交通以及其他各类形式的客运交通。在城市中要解决好客运、货运及其他交通对城市道路、用地和空间资源的使用与利用。

城市规划不但要满足发展公共交通的需要，也同样要满足步行交通、自行车交通、小汽车交通和货运交通的需要。随着城市和城市交通需求的发展，要逐渐促进城市客运系统的不断完善，根据城市居民对不同交通出行的需要和各种交通方式本身的功能要求，合理组织城市的各种交通，合理分配城市的道路、用地和空间资源，使城市交通处于高效率、高服务质量的良性循环状况,这即是"优先发展公共交通"原则所倡导的目标。

2. 城市公共交通的类型和特征

(1) 城市公共交通的类型。

城市公共交通系统由轨道公共交通、公共汽电车和准公共交通三部分组成,所谓的准公共交通主要包括小公共汽车、出租车和合乘小客车等在内的各种交通载体。

① 公共汽车、无轨电车

公共汽车的设备较为简单,有车辆、车场以及沿线路设置的停靠站和首末站。新型快速公交线路,又称BRT,即在城市道路中设置专用的公交车道、专用的停靠站台,运行专用的公共汽车车辆和交通信号灯。

无轨电车的优点是噪声低,无废气排放,启动快,加速性能好,变速方便,特别适合在交通拥挤、启动频繁的市区道路上行驶,对道路起伏变化大、坡度陡的山城也较适宜。但线路分岔多、弯道半径小且弯道多的道路上不适宜使用。

② 轨道公共交通

现代城市轨道公共交通可分为地铁、轻轨、城市铁路以及有轨电车等。

A. 地铁。地铁的概念不仅仅局限于地下运行,随着城市规模的扩大与延伸,地铁线路延伸到市郊时,为了降低工程造价,一般都引出地面,采用地面或高架。对于部分运行在地面的电动车辆封闭线路或高架线路,单向高峰小时运力在30000人次以上的都可采用地铁交通方式。

B. 轻轨。国际公共交通联合会关于轻轨的定义为轻轨车辆施加在轨道上的载荷重量,相比铁路和地铁的载荷较轻。

轻轨系统车辆轻,乘降方便,车站设施简单,线路工程量小,造价低。

轻轨通常宜建于100万人口以下的城市,对于更大的城市,大多布置在郊区或城市边缘区域。

C. 城市铁路。城市铁路一般位于城市外围,联系城市与郊区的轨道交通方式。一般与铁路合线、合站或平行布置,为城市服务的快速客运交通线路。

D. 有轨电车。有轨电车具有运力大、客运成本低的优点,缺点是机动性差、造价高、速度低、运行时产生振动与噪声。我国目前在大连、长春、鞍山和香港等城市有早年间留下来的有轨电车。

(2) 城市公共交通的特征。

① 运量大;

② 集约化经营;

③ 节省道路空间;

④ 污染小等。

(3) 我国城市交通政策为优先发展公共交通。

(4) 对公共交通服务质量的考核,应从迅速、准点、快速、方便和舒适等方面衡量。

3. 现代城市公共交通系统规划的基本理念

(1) 规划目标与原则

目标:根据城市发展规模、用地布局和道路网规划,在客流预测的基础上,确定公共交通系统结构,配置公共交通的车辆、线路网、换乘枢纽和站场设施等,使公交和客运的能力满足城市高峰客流的需要。

原则：
① 符合优先发展公交的政策，为居民出行提供多样、便捷、舒适的公交服务；
② 公交系统模式应与城市用地布局相匹配，适应并能促进城市发展；
③ 满足一定时期城市客运交通发展的需要，并留有余地；
④ 与城市其他客运方式相协调；
⑤ 与城市道路系统相协调；
⑥ 运行快捷、使用方便、高效、节能、经济。

(2) 规划要求

① 依据城市的客流预测，确定公交方式、车辆数、线路网、换乘枢纽和站场等设施用地等，使公交的客运能力满足高峰客流的需要。

② 大、中城市应优先发展公共交通，控制私人交通工具的发展，小城市应完善市区至郊区的公交线路。

③ 城市公共交通规划应做到客运高峰时使95%的居民乘用公共交通，其单程最大出行时间符合下表的规定。

不同规模城市的最大出行耗时和主要公共交通方式表

城市规模（万人）		最大出行时间（min）	公共交通主要方式
大城市	>200	60	大、中运量快速轨道交通，公共汽车，电车
	100~200	50	中运量快速轨道交通、公共汽车、电车
	<100	40	公共汽车、电车
中等城市		35	公共汽车
小城市		25	公共汽车

④ 城市人口规模超过100万时，应规划设置快速轨道交通线网。

(3) 现代化城市公共交通系统结构

① 公交系统按高效运行的要求，将公交线路设置为主要线路和次要线路，中远距离为主要线路，以体现"大运量"和"快速"的交通服务特征，站距可较长；短距离为次要线路，站距应短一些，以体现"方便"的交通服务性。

② 换乘枢纽形成层次结构：按城市的功能结构设置市级换乘枢纽和组团级换乘枢纽。

③ 线路与枢纽之间形成合理对接。城市换乘枢纽之间，城市换乘枢纽与组团换乘枢纽之间、组团枢纽与组团枢纽之间，应设置主要线路，解决长距离快速运送；组团之中采用次要线路，形成短距离运输，解决方便乘降。

④ 交通工具的合理选择。长距离适宜采用轨道交通或BRT等大运力的公交形式；短距离适宜采用小型车，在城市次干道和支路上运行。

(4) 公共交通线网布置与用地布局、道路的关系

① 公交普通线路要体现为乘客服务的方便性，同服务性道路一样要与城市用地密切联系，应布置在城市服务性道路上。

② 快速公交线路要与客流集中的用地或节点衔接，以满足客流的需要。所以，快速公交线路应尽可能将各城市中心和对外客运枢纽串接起来，与城市组团布局形成"串糖葫芦"的关系。

③ 在我国，城市快速轨道交通线路应该使用专用通道，与城市道路分离而不宜互相组合；准快速的公交快车线路则应主要布置在主干道上，设置公交专用道以保障其通行条件。各种公交线路与城市道路的匹配关系如下表所示。

公交线路与城市道路的匹配关系

与道路分离的专用道	城市道路				
	城市快速路	交通性主干道	生活性主干道	次干道	支路
地铁 高架轻轨 BRT	公交直达快车线	公交大站快车线 （公交专用道） 公交普通线	公交大站快车线 公交普通线 （公交专用道）	公交普通线	公交普通线

注：城市快速路上不设置公交专用道，不设置公交停车站；城市交通性主干道可在快车道上为快车线路设置公交专用道，生活性主干道上的公交专用道为所有的公交线路服务。BRT应在专用道路上运行，不宜与其他交通组织在一个道路断面上。

4. 公共交通线路系统规划

（1）系统的确定

① 要根据不同的城市规模、布局和居民出行特征进行选定。

小城镇可以不设公共交通线路，或所设的公共交通线路只起联系城市中心、对外交通枢纽、工业中心、体育游憩设施和乡村的辅助作用。

中等城市应形成以公共汽车为主体的公共交通线路系统。

大城市和特大城市，应形成以快速大运量的轨道公共交通为骨干的公共交通网。

② 最理想的系统是：快速轨道交通承担组团间、组团与市中心以及联系市一级大型人流集散点（如体育场、市级公园、市级商业服务中心等）的客运。

③ 公共汽车分为两类

A. 一类是联系相邻组团及市一级大型人流集散点的市级公共汽车网，解决快速轨道交通所不能解决的横向交通联系；

B. 另一类以组团中心的轨道交通站点为中心（形成客运换乘枢纽）联系次一级（组团级）的人流集散点的地方公共汽车网。

④ 为了满足居民夜间活动的需要，一些城市需要设置三套公共交通线路网，即：

A. 平时线路网；

B. 平时线路网上增加高峰小时线路（高峰线、区间线和大站快车线）；

C. 通宵公共交通线路网。

⑤ 一般城市公共交通线路网类型有五种：

A. 棋盘型；

B. 中心放射型（又分中心放射型和多中心放射型）；

C. 环线型；

D. 混合型；

E. 主辅线型。

轨道公共交通线路网通常为放射型加环线。

（2）线路规划

① 规划依据

A. 城市土地使用规划确定的用地和主要人流集散点布局；

B. 城市交通运输体系规划方案；

C. 城市交通调查和交通规划的出行形态分布资料。

② 规划原则

A. 首先满足城市居民上下班出行的乘车需要，其次还需满足生活出行、旅游等乘车需要；

B. 合理地安排公交线路，提高公交覆盖面积，使客流量尽可能均匀并与运载能力相适应；

C. 尽可能在城市主要人流集散点（如对外交通枢纽、大型商业文体中心、大居住区中心等）之间开辟直接线路，线路走向必须与主要客流流向一致；

D. 综合考虑市区线、近郊线和远郊线的密切衔接，在主要客流的集散点设置不同交通方式的换乘枢纽，方便乘客停车与换乘，尽可能减少居民乘车出行的换乘次数。

③ 公共交通线网规划的基本步骤

A. 根据城市性质、规模、总体规划的用地布局结构；

B. 城市居民出行的主要出发点和吸引点；

C. 在城市居民出行调查和交通规划的客运交通分配的基础上，分析城市主要客流吸引中心的客流吸引希望线和吸引量；

D. 综合各活动中心客流相互流动的空间分布要求，初步确定在主要客流流向上满足客流量要求，并把各居民出行的主要起终点联系起来的公共交通线路网方案；

E. 根据城市总体客流量的要求及公共交通运营的要求进行线路网的优化设计，满足各项规划指标，确定规划的公共交通线路网；

F. 随着城市的发展，逐步开辟公交线路，并不断根据客流的变化和需求进行调整。

（3）公交换乘枢纽与场站规划

① 公交换乘枢纽

A. 市级换乘枢纽——与城市对外客运交通枢纽（铁路客站、长途客站等）结合布置的公交换乘枢纽，设置在市级城市中心附近，具有与多条市级公交干线换乘的功能。

对外客运交通枢纽应对接公交换乘枢纽包含：对外客运交通，市级公交线路（轨道交通线、公交快线），以及其他交通（小汽车、自行车、步行、小货车等）。

市级公交换乘枢纽包括：轨道交通线、市级公交快线、组团级公交线以及其他交通（小汽车、自行车、步行等）。

B. 组团级换乘枢纽——设置在各个组团中心或主要客流集中地的市级公交干线与组团级普通线路衔接换乘的公交换乘枢纽。该枢纽包括：市级公交快线、组团级公交线以及其他交通（小汽车、自行车、步行等）。

C. 特定设施公交枢纽：包括城市中心交通限控区换乘设施、市区公共交通线路与郊区公共交通线路衔接换乘的枢纽和为大型公共设施（如体育中心、游览中心、购物中心等）服务的换乘枢纽。

② 公交站场规划

A. 公交车场。担负公共交通线路分区、分类运营管理、维修。通常设置为综合性管理、车辆保养和停放的"中心车场",也可以专为车辆大修设"大修厂",专为车辆保养设"保养场"或专为车辆停放设"中心站"。

B. 公交枢纽站,担负公共交通线路运营调度和换乘。公交枢纽站可分为客运换乘枢纽站、首末站和到发站三类。客运换乘枢纽站位于多条公共交通线路汇合点,还有城市主要交叉口处的中途换乘枢纽站。

C. 公交停靠站,公共交通的站距应符合下表的规定。

公共交通站距表

公共交通方式	市区线（m）	郊区线（m）
公共汽车与电车	500~800	800~1000
公共汽车大站快车	1500~2000	1500~2500
中运量快速轨道交通	800~1200	1000~1500
大运量快速轨道交通	1000~2000	1500~2000

③ 城市公共交通枢纽宜与城市大型公共建筑、公共汽电车首末站以及轨道交通车站等合并布置,并应符合城市客流特征与城市客运交通系统的组织要求。

不同区位的客运枢纽的交通设施配置要求

客运枢纽区位	交通设施配置要求
城市中心区	宜设置城市公共汽电车首末站; 应设置便利的步行交通系统; 宜设置非机动车停车设施; 宜设置出租车和社会车辆上、落客区
其他地区	应设置城市公共汽电车首末站; 应设置便利的步行交通系统; 应设置非机动车停车设施; 应设置出租车上、落客区; 宜设置社会车辆立体停车设施

八、城市历史文化遗产保护规划

（一）熟悉历史文化遗产保护的意义

1. 历史文化遗产包括物质文化遗产和非物质文化遗产

（1）物质文化遗产是具有历史、艺术和科学研究价值的文物,包括古遗址、古墓葬、古建筑、石窟寺、石刻、壁画、近现代重要史迹及代表性建筑等不可移动文物,历史上各时代的重要实物、艺术品、文献、手稿、图书资料等可移动文物;以及在建筑式样、分布均匀或与环境景色结合方面具有突出普遍价值的历史文化名城（街区、村镇）。

（2）非物质文化遗产是指各种以非物质形态存在的与群众生活密切相关、世代相承的传统文化表现形式,包括口头传统、传统表演艺术、民俗活动和礼仪节庆、有关自然结合宇宙的民间传统知识实践、传统手工艺技能等以及与上述传统文化表现形式相关的文化空间。

2. 历史文化遗产保护的意义

（1）城市历史文化遗产的概念

城市历史文化遗产泛指城市地域内的地上地下所有的有形遗存和无形文化积累。

（2）历史文化遗产保护的意义

① 城市是历史文化发展的载体，每个时代都在城市中留下自己的痕迹。保护历史的连续性，保存城市的记忆是人类现代生活发展的必然需要。

② 文化遗产是全人类的财富，保护文化遗产不仅是每个国家的重要职责，也是整个国际社会的共同义务。

3. 历史文化名城的概念

（1）历史文化名城

《中华人民共和国文物保护法》中，把历史文化名城定义为："保护文物特别丰富，具有重大历史价值和革命意义的城市"。也即是：历史文化名城是众多城市中具有特殊性质的城市。历史文化名城由国务院核定公布。

（2）历史文化街区、村镇

保存文物特别丰富并且具有重大历史价值或者革命纪念意义的城镇、街道、村庄，由省、自治区、直辖市人民政府核定公布为历史文化街区、村镇，并报国务院备案。

（3）历史文化名城、名镇、名村（历史文化街区）的申报条件

① 保存文物特别丰富；

② 历史建筑集中成片；

③ 保留着传统格局和历史风貌；

④ 历史上曾作为政治、经济、文化、交通中心或者军事要地，或者发生过重要历史事件，或者其传统产业、历史上建设的重大工程对本地区的发展产生过重要影响，或者能够集中反映本地区建筑文化特色、民族特色。

4. 审定工作中要掌握的几个原则

第一，不但要看城市的历史，还要着重看当前是否保存有较为丰富、完好的文物古迹和具有重大的历史、科学、艺术价值。

第二，历史文化名城和文物保护单位是有区别的。作为历史文化名城的现状格局和风貌应保留历史特色，并具有一定的代表城市传统风貌的街区。

第三，文物古迹主要分布在城市市区或郊区，保护和合理使用这些历史文化遗产对该城市的性质、布局、建设方针有重要影响。

5. 我国历史文化名城的数量与类型

（1）数量

我国的历史文化名城分三批公布，后又增补25座（截至2016年5月），共计129座。

① 1982年第一批公布的名单：北京、承德、大同、曲阜、广州、桂林、西安、延安、南京、扬州、苏州、杭州、绍兴、泉州、景德镇、洛阳、开封、江陵（荆州）、长沙、成都、遵义、昆明、大理、拉萨，计24座城市。

② 1986年第二批公布的名单：天津、保定、平遥、呼和浩特、济南、潮州、榆林、韩城、武威、张掖、敦煌、银川、喀什、沈阳、上海、镇江、常熟、淮安、徐州、宁波、

亳州、寿县、歙县、福州、漳州、南昌、安阳、南阳、商丘、武汉、襄樊、重庆、阆中、自贡、宜宾、镇远、丽江、日喀则，计38座城市。

③ 1994年第三批公布的名单：正定、邯郸、祁县、新绛、代县、青岛、聊城、邹城、临淄、肇庆、佛山、梅州、雷州（海康）、柳州、琼州、咸阳、汉中、天水、同仁、吉林、集安、哈尔滨、衢州、临海、长汀、赣州、郑州、浚县、钟祥、随州、岳阳、乐山、都江堰、泸州、建水、巍山、江孜，计37座城市。

④ 2001年之后又陆续增补了凤凰、山海关、濮阳、安庆、泰安、海口、金华、绩溪、吐鲁番、特克斯、无锡、太原、南通、宜兴、泰州、嘉兴、蓬莱、烟台、中山、北海、会理、会泽、库车、伊宁、青州、湖州、齐齐哈尔、常州、瑞金、惠州、温州等31座城市。由于琼山（也可称琼州）已并入海口市，故两者只能算一座，共计129座城市。

(2) 类型

① 古都型，如北京、西安、洛阳、开封、安阳等；

② 传统风貌型，如平遥、韩城、镇远、榆林等；

③ 风景名胜型，如桂林、肇庆、承德、镇江、苏州、绍兴等；

④ 地方及民族特色型，如拉萨、喀什、丽江、大理等；

⑤ 近现代史迹型，如上海、天津、重庆、遵义、延安等；

⑥ 特殊职能型，如以"盐都"而著称的自贡，以"瓷都"而著称的景德镇，以"药都"而著称的亳州等；

⑦ 一般史迹型，如长沙、济南、正定、吉林、襄樊等城市。

(3) 历史建筑保护利用试点城市

北京市、山东省烟台市、广东省广州市、江苏省苏州市、江苏省扬州市、浙江省杭州市、浙江省宁波市、福建省福州市、福建省厦门市、安徽省黄山市10个城市入选首批历史建筑保护利用试点城市。

6. 有关历史文化遗产保护的重要文件

(1) 国际宪章

① 1964年的《威尼斯宪章》和1977年的《马丘比丘宪章》都提及了保护历史环境的原则，但其出发点主要还是针对古迹、建筑群和遗址的；

②《内罗毕建议》1972年——即《关于历史地区的保护及其当代作用的建议》；

③《保护世界文化和自然遗产公约》（巴黎，1972年）；

④《佛罗伦萨宪章》——历史园林保护（佛罗伦萨，1981年）；

⑤《华盛顿宪章》1987年——即《保护历史城镇与城区宪章》；

⑥《奈良宣言》——关于古迹原真性保护（奈良，1994年）；

⑦《关于乡土建筑遗产的宪章》（墨西哥城，1999年）；

⑧《西安宣言》——关于历史建筑、古遗址和历史地区周边环境的保护（西安，2005年）。

(2) 2004年2月1日起实行的《城市紫线管理办法》

① 城市紫线，是指国家历史文化名城内的历史文化街区和省、自治区、直辖市人民政府公布的历史文化街区的保护范围界线，以及历史文化街区外经县级以上人民政府公布保护的历史建筑的保护范围界线。

② 紫线管理是划定城市紫线和对城市紫线范围内的建设活动实施监督、管理。

③ 在编制城市规划时应当划定保护历史文化街区和历史建筑的紫线。国家历史文化名城的城市紫线由城市人民政府在组织编制历史文化名城保护规划时划定。其他城市的城市紫线由城市人民政府在组织编制城市总体规划时划定。

(3) 2008年7月1日起实行的《历史文化名城名镇名村保护条例》

① 对于申报历史文化名城名镇名村应具备四个条件：保护文物特别丰富；历史建筑集中成片；保留着传统格局和历史风貌；历史上曾经作为政治、经济、文化、交通中心或军事要地，或者发生过历史事件，或者传统产业、历史上建设的重大工程对本地区的发展产生过重要影响，或者能够集中反映本地区建筑文化特色、民族特色。

② 申报历史文化名城名镇名村应提交的材料：历史沿革、地方特色和历史文化价值的说明；传统格局和历史风貌的现状；保护范围；不可移动文物、历史建筑、历史文化街区清单；保护工作情况、保护目标和保护要求。

③ 历史文化名城名镇名村的保护规划的要求：公布之日起一年内编制完成保护规划，其内容应有：保护原则、保护内容与保护范围；保护措施、开发强度和建设控制要求；传统格局和历史风貌保护要求；历史文化街区、名镇、名村的核心保护范围和建设控制地带；保护分期实施方案。

④ 历史文化名城名镇名村保护范围内禁止进行的活动：开山、采石、开矿等破坏传统格局和历史风貌的活动；占用保护规划所确定保留的园林绿地、河湖水系、道路等；修建生产、储存爆炸性、易燃性、放射性、毒害性、腐蚀性物品的工厂、仓库等。

⑤ 须经城市、县人民政府城乡规划主管部门会同同级文物主管部门依法批准的活动有：改变园林绿地、河湖水系等自然状态的活动；在核心保护范围内进行影视摄制、举办大型群众性活动；其他影响传统格局、历史风貌或者历史建筑的活动。

⑥ 城市、县人民政府应当对历史建筑设置保护标志，建立历史建筑档案。其档案内容应当包括：建筑艺术特征、历史特征、建设年代及稀有程度；建筑的有关技术资料；建筑的使用现状和权属变化情况；建筑的修缮、装饰装修过程中形成的文字、图纸、图片和影像资料；建筑的测绘信息记录和相关资料。

(二) 掌握历史文化名城保护规划的内容和成果要求

1. 历史文化名城保护要分为三个层次

(1) 历史文化名城；

(2) 历史文化保护区；

(3) 文物保护单位。

2. 保护的原则

(1) 对于"文物保护单位"，要遵循"不改变文物原状的原则"，保护历史的原貌和真迹；

(2) 对于代表城市传统风貌的典型地段，也即历史文化保护区，要保存历史的真实性和完整性；

(3) 对于历史文化名城，不仅要保护城市中的文物古迹和历史地段，还要保护和延伸古城的格局和历史风貌。

3. 历史文化名城保护规划的基本内容

（1）城市规划对历史文化名城保护的作用

城市规划工作有着多空间综合协调与控制的职能，所以它对历史文化名城的保护有着特殊的重要作用。

① 总结历史文化名城的历史发展和现状特点，确定合理的城市社会经济战略，通过城市规划在空间上予以落实。

② 确定合理的城市布局、用地发展方向和道路系统，力图保护古城和历史环境，通过道路布局和控制建筑高度展示文物古迹建筑和地段，更好地突出名城的特点。

③ 把文物古迹、园林名胜、遗迹遗址以及展示名城历史文化的各类标志物在空间上组织起来，形成网络体系，使人们便于感知和理解名城深厚的历史文化渊源。

④ 通过高水平的规划设计处理好新建筑与古建筑的关系，使它们的整体环境不失名城特色。

⑤ 规划保护范围，制定有关要求、规定及指标，制止建设性破坏。

（2）制定保护规划的编制原则

① 历史文化名城应该保护城市的文物古迹和历史地段，保护和延续古城的风貌特点，继承和发扬城市的传统文化，保护规划应根据城市的具体情况编制和落实。

② 编制保护规划应当分析城市历史演变及性质、规模、相关特点，并根据历史文化遗存的性质、形态、分布等特点，因地制宜确定保护原则和工作重点。

③ 编制保护规划要从城市总体上采取规划措施，为保护城市历史文化遗存创造有利条件，同时又要注意满足城市经济、社会发展和改善人民生活和工作环境的需要，使保护与建设协调发展。

④ 编制保护规划应当注意对城市传统文化内涵的发掘与继承，促进城市物质文明和精神文明的协调发展。

⑤ 编制保护规划应当突出保护重点，即：保护文物古迹、风景名胜及其环境；对于具有传统风貌的商业、手工业、居住以及其他性质的街区，需要保护整体环境的文物古迹、革命纪念建筑集中连片的地区，或在城市发展史上有历史、科学、艺术价值的近代建筑群等，要划定为"历史文化保护区"予以重点保护。特别要注意对濒临破坏的历史实物遗存的抢救和保护。对已不存在的"文物古迹"一般不提倡重建。

（3）收集保护规划的基础资料

① 城市历史演变、建制沿革、城址兴废变迁；

② 城市现存地上地下文物古迹、历史街区、风景名胜、古树名木、革命纪念地、近代代表性建筑以及有历史价值的水系、地貌遗迹等；

③ 城市特有的传统文化、手工艺、传统产业及民俗精华等；

④ 现存历史文化遗产及其环境遭受破坏威胁的状况。

4. 编制保护规划的成果

（1）规划文本

表述规划意图、目标和对规划有关内容提出规定性要求。它一般包括以下内容：

① 城市历史文化价值概述；

② 历史文化名城保护原则和保护工作重点；

③ 城市整体层次上保护历史文化名城的措施，包括古城功能的改善、用地布局的选择和调整、古城空间形态或视廊的保护等；

④ 各级文物保护单位的保护范围、建设控制地带以及各类历史文化保护区的范围界线，保护和整治的措施要求；

⑤ 对重点历史文化遗存修整、利用和展示的规划意见；

⑥ 重点保护、整治地区的详细规划意向方案；

⑦ 规划实施管理措施等。

(2) 规划图纸

用图纸表达现状和规划内容。包括文物古迹、传统街区、风景名胜分布图，比例尺为1:5000～1:10000；历史文化名城保护规划总图，比例尺为1:5000～1:10000；重点保护区域界线图，比例尺为1:5000～1:20000；重点保护、整治地区的详细规划意向方案图。

(3) 附件

包括规划说明书和基础资料汇编。

(三) 掌握历史文化街区保护规划的内容和成果要求

1. 历史文化街区的概念

历史文化街区的概念源自国际上通用的历史性地区（Historic Area）概念。2002年12月3日颁布修改的《中华人民共和国文物保护法》，提出了"历史文化街区"的法定概念，是指保存有一定数量和规模的历史建筑、构筑物，并且传统风貌完整的生活地域。

2. 历史文化街区的基本特征与划定原则

(1) 历史文化街区的基本特征

① 历史文化街区是有一定的规模，并具有较完整或可整治的景观风貌，没有严重的视觉环境干扰，能反映某历史时期某一民族及某个地方的鲜明特色，在这一地区的历史文化上占有重要地位；

② 有一定比例的真实遗存，携带着真实的历史信息；

③ 历史文化街区应在城镇生活中起着重要的作用，是生生不息的、具有活力的社区，这也就决定了历史文化街区不但记载了过去城市的大量的文化信息，而且还不断并继续记载着当今城市发展的大量信息。

(2) 历史文化街区的划定原则

① 有比较完整的历史风貌；

② 构成历史风貌的历史建筑和历史环境要素基本上是历史存留的原物；

③ 历史文化街区占地面积不小于$1hm^2$；

④ 历史文化街区内文物古迹和历史建筑的占地面积宜达到保护区内建筑总用地的60%以上。

(3) 历史文化保护区的划分

① 保护区范围划定的环境因素分析

A. 视线分析；

B. 环境噪声分析；

C. 文物保护安全要求；
D. 高耸建筑物观赏要求分析。
② 文物保护区的划分
A. 绝对保护；
B. 建设控制地带；
C. 环境协调区。

3. 历史文化街区保护规划的内容

（1）现状调查的内容
① 历史沿革；
② 功能特点、历史风貌反映的时代；
③ 居住人口；
④ 建筑建造的年代、历史价值、保存状况、房屋产权、现状用途；
⑤ 反映历史风貌的环境状况，指出历史价值、保存完好程度；
⑥ 城市市政设施现状等。

（2）保护规划的内容
① 保护区及外围建设控制地带的范围、界线；
② 保护的原则和目标；
③ 建筑物的保护、维修、整治方式；
④ 环境风貌的保护整治方式；
⑤ 基础设施的改造和建设；
⑥ 用地功能和建筑物使用的调整；
⑦ 分期实施计划、近期实施项目的设计和概算。

4. 历史文化街区保护规划的成果

要求参照历史文化名城（村镇）的内容。

(四)《历史文化名城名镇名村街区保护规划编制审批办法》的主要内容

（1）历史文化名城、名镇保护规划应当单独编制
下列内容应当纳入城市、镇总体规划：
① 保护原则和保护内容；
② 保护措施、开发强度和建设控制要求；
③ 传统格局和历史风貌保护要求；
④ 核心保护范围和建设控制地带；
⑤ 需要纳入的其他内容。

（2）历史文化名城保护规划内容
① 评估历史文化价值、特色和存在问题；
② 确定总体保护目标和保护原则、内容与重点；
③ 提出总体保护策略和市（县）域的保护要求；
④ 划定文物保护单位、地下文物埋藏区、历史建筑、历史文化街区的核心保护范围和建设控制地带界线，制定相应的保护控制措施；

⑤ 划定历史城区的界线，提出保护名城传统格局、历史风貌、空间尺度及其相互依存的地形地貌、河湖水系等自然景观和环境的保护措施；

⑥ 描述历史建筑的艺术特征、历史特征、建设年代、使用现状等情况，对历史建筑进行编号，提出保护利用的内容和要求；

⑦ 提出继承和弘扬传统文化、保护非物质文化遗产的内容和措施；

⑧ 提出完善城市功能、改善基础设施、公共服务设施、生产生活环境的规划要求和措施；

⑨ 提出展示、利用的要求和措施；

⑩ 提出近期实施保护内容；

⑪ 提出规划实施保障措施。

(3) 历史文化名镇、名村保护规划内容

① 评估历史文化价值、特色和存在问题；

② 确定保护原则、内容和重点；

③ 提出总体保护策略和镇域保护要求；

④ 提出与名镇、名村密切相关的地形地貌、河湖水系、农田、乡土景观、自然生态等景观环境的保护措施；

⑤ 确定保护范围，包括核心保护范围和建设控制地带界线，制定相应的保护控制措施；

⑥ 提出保护范围内建筑物、构筑物和环境要素的分类保护整治要求，对历史建筑进行编号，分别提出保护利用的内容和要求；

⑦ 提出继承和弘扬传统文化、保护非物质文化遗产的内容和措施；

⑧ 提出改善基础设施、公共服务设施、生产生活环境的规划方案；

⑨ 保护规划分期实施方案；

⑩ 提出规划实施保障措施。

(4) 历史文化街区保护规划内容

① 评估历史文化价值、特点和存在问题；

② 确定保护原则和保护内容；

③ 确定保护范围，包括核心保护范围和建设控制地带界线，制定相应的保护控制措施；

④ 提出保护范围内建筑物、构筑物和环境要素的分类保护整治要求，对历史建筑进行编号，分别提出保护利用的内容和要求；

⑤ 提出继承和弘扬传统文化、保护非物质文化遗产的内容和规划措施；

⑥ 提出改善交通等基础设施、公共服务设施、居住环境的规划方案；

⑦ 提出规划实施保障措施。

九、其他主要专项规划

(一) 熟悉城市绿地系统规划的主要内容

1. 城市绿地系统的组成

(1) 城市绿地系统的概念

城市绿地系统指城市中具有一定数量和质量的各类绿化及其用地，相互联系并具有生态效益、社会效益和经济效益的有机整体。

(2) 绿化对城市的作用与功能

经科学实验与现代技术验证有以下七个方面：

① 改善城市气候，调节气温和湿度；

② 改善城市卫生环境，改变城市空气质量；

③ 减少地表径流，减缓暴雨积水，涵养水源，蓄水防洪；

④ 防灾功能；

⑤ 显著改善城市景观；

⑥ 承载游憩活动；

⑦ 城市节能。

(3) 城市绿地的分类

① 按《城市用地分类与规划建设用地标准》GB 50137—2011，将城市绿地分为：

A. 公园绿地，与《城市绿地分类标准》CJJ/T 85—2002 统一，包括：综合公园、社区公园、专类公园、带状公园、街旁绿地；

B. 防护绿地（G2），与《城市绿地分类标准》CJJ/T 85—2002 统一，包括：卫生隔离、道路防护、城市高压走廊绿带、防风林、城市组团隔离带等。

位于城市建设用地范围内以文物古迹、风景名胜点（区）为主形成的具有城市公园功能的绿地属于"公园绿地"（G1）；位于城市建设用地范围以外的其他风景名胜区则在"城乡用地分类"中分别归为"非建设用地"（E）的"水域"（E1）、"农林用地"（E2）以及"其他非建设用地"（E9）。

② 按《城市绿地分类标准》CJJ/T 85—2002，将城市绿地分为：

A. 公园（G_1）；

B. 生产绿地（G_2）；

C. 防护绿地（G_3）；

D. 附属绿地（G_4）：居住绿地（G_{41}）、公共设施绿地（G_{42}）、工业绿地（G_{43}）、仓储绿地（G_{44}）、对外交通绿地（G_{45}）、道路绿地（G_{46}）、市政设施绿地（G_{47}）、特殊绿地（G_{48}）；

E. 其他绿地（G_5）。

2. 城市绿地系统规划的任务和内容

(1) 城市绿地系统规划的任务

通过规划手段，对城市绿地及其物种在类型、规模、空间、时间等方面所进行的系统化配置及相关安排。

城市绿地系统规划有两种形式：

① 城市总体规划的多个专项规划之一；

② 单独编制的专业规划。

(2) 城市绿地系统规划的内容

① 依据城市经济社会发展规划和城市总体规划的战略要求，确定城市绿地系统规划的指导思想和原则；

② 调查、分析、评价城市绿地现状、发展条件及存在问题；

③ 研究确定城市绿地的发展目标和主要指标；

④ 参与综合研究城市绿地布局结构，确定城市绿地系统的用地布局；

⑤ 统筹安排各类城市绿地，确定公园绿地、生产绿地、防护绿地的位置、范围、性质及主要功能、指标，划定保护范围（绿线）；

⑥ 提出城市生物多样性保护与建设的目标、任务和保护建设措施；

⑦ 对城市古树名木的保护进行统筹安排；

⑧ 确定分期建设步骤和近期实施项目，提出城市绿地系统规划的实施措施。

（3）城市绿地系统的规划布局原则

① 整体性原则；

② 均匀原则；

③ 自然原则；

④ 地方性原则。

（4）城市绿地系统的布局

城市绿地系统布局是使各类绿地合理分布、紧密联系，组成有机的、整体的绿地系统结构。在我国，城市绿地空间布局常用的形式有以下四种：

① 块状绿地布局；

② 带状绿地布局；

③ 楔形绿地布局；

④ 混合式绿地布局。

3. 城市景观系统规划的主要内容及规划原则

（1）基本概念

城市景观包括自然、人文、社会诸要素，它的通常含义是通过视觉所感知的城市物质形态和文化形态。

在城市总体规划阶段，城市景观系统规划指对影响城市总体形象的关键因素及城市开放空间结构，所进行的统筹与总体安排。

（2）城市景观系统规划的主要内容

① 依据城市自然、历史文化特点和经济社会发展规划的战略要求，确定城市景观系统规划的指导思想和规划原则；

② 调查发掘与分析评价城市景观资源、发展条件及存在问题；

③ 研究确定城市景观的特色与目标；

④ 研究城市用地的结构布局与城市景观的结构布局，确定符合社会思想的城市景观结构；

⑤ 划定有关城市景观控制区，如城市背景、制高点、门户、景观轴线及重点视廊视域、特征地带等，并提出相关安排；

⑥ 划定需要保留、保护、利用和开发建设的城市户外活动空间，整体安排客流集散中心、闹市、广场、步行街、名胜古迹、亲水地带和开敞绿地的结构布局；

⑦ 确定分期建设步骤和近期实施项目；

⑧ 提出实施管理建议；

⑨ 编制城市景观系统规划的图纸和文件。

（3）城市景观系统规划的基本原则
① 舒适性原则；
② 城市审美原则；
③ 生态环境原则；
④ 因借原则；
⑤ 历史文化保护原则；
⑥ 整体性原则。

（二）熟悉城市市政公用设施规划的主要内容

1. 城市市政公用设施规划的基本概念

市政公用设施，泛指由国家各种公益部门建设管理、为社会生活和生产提供基本服务的行业和设施。市政公用设施是城市发展的基础，是保障城市可持续发展的关键性设施。

2. 城市市政公用设施规划的主要任务

（1）城市总体规划阶段

根据确定的城市发展目标、规模和总体布局以及本系统上级主管部门的发展规划确立本系统的发展目标，提出保障城市可持续发展的水资源、能源利用与保护战略；合理布局本系统的重大关键性设施和网络系统，制定本系统主要的技术政策、规定和实施措施；综合协调并确定城市供水、排水、防洪、供电、通信、燃气、供热、消防、环卫等设施的规模和布局。

规划图中应标明水源保护区、河湖湿地水系蓝线、重要市政走廊等控制范围；标明水源、水厂、污水处理厂、热电站或锅炉房、气源、调压站、电厂、变电站、电信中心或邮电局、电台等设施位置；标明城市给水、排水、热力、燃气、电力、通信等干线系统走向。

（2）城市分区规划阶段

依据城市总体规划，结合本分区的现状基础、自然条件等，从市政公用设施方面分析论证城市分区规划布局的可行性、合理性，提出调整、完善等意见和建议，落实城市总体规划中市政公用设施规划提出的资源利用与保护措施，划定河、湖水系、湿地控制蓝线，确定重要市政走廊限制性空间条件，确定市政公用设施在分区内的主要设施规模、布局和工程管网。

（3）城市详细规划阶段

依据城市总体规划和分区规划结合详细规划范围内的各种现状情况，从市政公用设施方面对城市详细规划的布局提出相应的完善、调整意见。

根据城市总体规划和分区规划中市政公用设施规划和详细规划，具体布置规划范围内市政公用设施和工程管线，提出相应的工程建设技术和实施措施。

3. 城市市政公用设施规划的主要内容

（1）城市水资源规划的主要任务

① 主要任务：根据城市和区域水资源的状况，最大限度地保护和合理利用水资源；按照可持续发展原则科学合理预测城乡生态、生产、生活等需水量，充分利用再生水、雨洪水等非常规水资源，进行资源供需平衡分析；确定城市水资源利用与保护战略，提出水

资源节约利用目标、对策，制定水资源的保护措施。

② 主要内容

A. 水资源开发利用现状分析；

B. 供用水现状分析；

C. 供需水量预测及平衡分析；

D. 水资源保障战略。

(2) 城市给水工程规划的主要任务和内容

① 主要任务：根据城市和区域水资源的状况，合理选择水源，科学合理确定用水量标准，预测城乡生产、生活等需水量，确定城市自来水厂等设施的规模与布局；布置净水设施和各级供水管网系统，满足用户对水质、水量、水压等的要求。

② 主要内容

A. 城市总体规划中的主要内容：确定用水量标准，预测城市总用水量；平衡供需水量，选择水源，确定取水方式和位置；确定给水系统形式、水厂供水能力和厂址，选择处理工艺；布置输配水干管、输水管网和供水重要设施，估算干管管径。

B. 城市分区规划中的主要内容：估算分区用水量；进一步确定供水设施规模，确定主要设施位置和用地范围；对总规中供水管的走向、位置、线路进行落实或修正补充，估算控制管径。

C. 城市详细规划中的主要内容：计算用水量，提出对用水水质、水压的要求；布置给水设施和给水管网；计算输配水管管径，校核配水管网水量及水压。

③ 城市给水工程系统构成：城市取水工程、净水工程、输配水工程

A. 取水工程的功能：将原水取、送到城市净水工程，为城市提供足够的水量。

B. 净水工程的功能：将原水净化处理成符合城市用水水质标准的净水，并加压输入城市供水管网。

C. 输配水工程的功能：将净水按水质、水量、水压的要求输送至用户。

(3) 城市再生水利用规划的主要任务和内容

① 主要任务：根据城市水资源供应紧缺状况，结合城市污水处理厂规模、布局，在满足不同用水水质标准条件下，考虑将城市污水处理再生后用于生态用水、市政杂用水、工业用水等，确定城市再生水厂等设施的规模、布局；布置再生水设施和各级再生水网管系统，满足用户对水质、水量、水压等的要求。

② 主要内容：

A. 城市总体规划中的主要内容：确定再生水利用对象、用水量标准、水质标准，预测城市再生水需水量；结合城市污水处理厂规模、布局，合理确定水厂布局、规模和服务范围；布置再生水输配干管、输水管网和供水设施。

B. 城市分区规划中的主要内容：估算分区再生水需水量；进一步确定再生水设施规模，确定主要设施位置和用地规模；对总体规划中再生水输配水干管的走向、位置、线路，进行落实或修正补充，估算控制管径。

C. 城市详细规划中的主要内容：计算再生水用水量，提出用水水压的要求；布置再生水设施和管网；计算输配水管管径，校核配水管网水量及水压。

(4) 城市排水工程规划的主要任务与内容

① 主要任务

根据城市用水状况和自然条件，确定规划期内污水处理量，污水处理设施的规模与布局，布置各级污水管网系统；确定城市雨水排除与利用系统规划标准、雨水排除出路、雨水排放与利用设施的规模与布局。

② 主要内容

A. 城市总体规划中的主要内容：确定排水制度；划分排水区域，估算雨水、污水总量，制定不同地区污水排放标准；进行排水管、渠系统规划布局，确定雨水、污水主要泵站数量、位置，以及水闸位置；确定污水处理厂数量、分布、规模、处理等级以及用地范围；确定排水干管、渠走向和出口位置；提出污水综合处理措施。

B. 城市分区规划中的主要内容：估算分区的雨水、污水排放量；按照确定的排水体制划分排水系统；确定排水干管位置、走向、服务范围、控制管径以及主要工程设施的位置和用地范围。

C. 城市详细规划中的主要内容：对污水排放量和雨水量进行具体的统计计算；对排水系统的布局、管线走向、管径进行计算复核，确定管线平面位置、主要控制点标高；对污水处理工艺提出初步方案。

③ 城市排水工程系统构成：雨水排放工程、污水处理与排放工程

A. 雨水排放工程的功能：及时收集与排放区域雨水等降水，抗御洪水和潮汛侵袭，避免和迅速排除城区积水；

B. 污水处理与排放工程的功能：收集与处理城市各种生活污水、生产污水，综合利用，妥善排放处理后的污水，控制与治理城市污染，保护城市与区域的水环境。

(5) 城市河湖水系规划的主要任务与内容

① 主要任务

根据城市自然环境条件和城市规模等因素，确定城市防洪标准和主要河流治理标准；结合城市功能布局确定河道功能定位；划定河湖、水系、湿地的蓝线，提出河道两侧绿化隔离宽度；落实河道补水水源，布置河道截污设施。

② 主要内容

A. 城市总体（分区）规划中的主要内容：确定城市防洪标准和河道治理标准；结合城市功能布局确定河湖水系布局和功能定位，确定城市河湖水系水环境指令标准；划分河道流域范围，估算河道洪水量，确定河道规划蓝线和两侧绿化隔离带宽度；确定湿地保护范围；落实景观河道补水水源，布置河道污水截留设施。

B. 城市详细规划中的主要内容：根据河道治理标准和流域范围计算河道洪水量，确定河道规划中心线和蓝线位置；协调河道与城市雨水管道高程衔接关系，计算河道洪水位，确定河道横断面形式，河道规划高程；确定补水水源方案和河道截流方案。

(6) 城市能源规划的主要任务与内容

① 主要任务

通过制定城市能源发展战略，保证城市能源供应安全；优化能源结构，落实节能减排措施；实现能源的优化配置和合理利用，协调社会经济发展和能源资源的高效利用与生态环境保护的关系，促进和保障城市经济社会可持续发展。

城市规划所涵盖各类主要能源：电力、燃气、热力、油品、煤炭以及可再生能源。

② 主要内容

A. 确定能源规划的基本原则；

B. 预测城市能源需求；

C. 平衡能源供需（包括能源总量和能源品种），并进一步优化能源结构；

D. 落实能源供应保障措施及空间布局规划；

E. 落实节能技术措施和节能工作；

F. 制定能源保障措施。

（7）城市电力工程规划的主要任务与内容

① 主要任务

根据城市和区域电力资源状况，合理确定规划期内的城市用电量、用电负荷，进行城市电源规划；确定城市输配电设施的规模、布局以及电压等级；布置变电所（站）等变电设施和输配电网络；制定各类供电设施和电力线路的保障措施。

② 主要内容

A. 城市总体规划中的主要内容：预测城市供电负荷；选择城市供电电源；确定城市电网供电电压等级和层次；确定城市变电站容量和数量；布局城市高压送电网和高压走廊；提出城市高压配电网规划技术原则。

B. 城市分区规划中的主要内容：预测分区供电负荷；确定分区供电电源方位；选择分区变、配电站容量和数量；进行高压配电规划布局。

C. 城市详细规划中的主要内容：计算电负荷；选择和布局规划范围内的变、配电站；规划设计 10kV 电网；规划设计低压电网。

③ 城市供电工程系统构成：电源、电力网。城市电源具有自身发电或从区域电网上获取电源，为城市提供电能的功能。电力网具有将城市电源输入城区，并将电源变压进入城市配电网的功能。

（8）城市燃气工程规划的主要任务与内容

① 主要任务

根据城市和区域燃料资源状况，选择城市燃气气源，合理确定规划期内各种燃气的用量，进行城市燃气气源规划；确定各种工期设施的规模、布局；选择确定城市燃气管网系统；科学布置气源气化站等产、供气设施和输配气管网；制定燃气设施和管道的保护措施。

② 主要内容

A. 城市总体规划中的主要内容：预测城市燃气负荷；选择城市气源种类；确定城市气源厂和储配站的数量、位置与容量；选择城市燃气输配管网的压力级制；布局城市输气干管。

B. 城市分区规划中的主要内容：确定燃气输配设施的分布、容量和用地；确定燃气输配管网的级配等级，布局输配干线管网；估算分区燃气的用气量；在市区规划阶段，另外在确定规划范围内生命线系统的布局，以及维护措施。

C. 城市详细规划中的主要内容：计算燃气用量；规划布局燃气输配设施，确定其位置、容量和用地；规划布局燃气输配管网；计算燃气管网管径。

③ 城市燃气工程系统构成：气源、储气工程、输配气管网工程。气源具有为城市提

供可靠的燃气气源的功能，城市燃气类型主要有：天然气、煤制气、油制气、液化气等。储气工程具有储存、调配，提高供气可靠性的功能；输配气工程具有间接、直接供给用户用气的功能。

(9) 城市供热工程规划的主要任务与内容

① 主要任务

根据当地气候条件，结合生活与生产需要，确定城市集中供热对象、供热标准、供热方式；确定城市供热量和负荷，选择并进行城市热源规划，确定城市热电厂、热力站等供热设施的规模和布局；布置各种供热设施和供热管网；制定节能保温的对策与措施以及供热设施的防护措施。

② 主要内容

A. 城市总体规划中的主要内容：预测城市热负荷；选择城市热源和供热方式；确定热源的供热能力、数量和布局；布局城市供热重要设施和供热干线管网。

B. 城市分区规划中的主要内容：估算城市分区的热负荷；布局分区供热设施和供热干管；计算城市供热干管的管径。

C. 城市详细规划中的主要内容：计算规划范围内热负荷；布局供热设施和供热管网；计算供热管道管径。

③ 城市供热系统构成：热源、热力网。热源包含城市热电厂、区域锅炉房等。供热管网工程包括不同压力等级的蒸汽管道、热水管道及换热站等设施。

(10) 城市通信工程规划的主要任务与内容

① 主要任务

根据城市通信实况和发展趋势，确定规划期内城市通信发展目标，预测通信需求；确定邮政、电信、广播、电视等各种通信设施和通信线路；制定通信设施综合利用对策与措施，以及通信设施的保护措施。

② 主要内容

A. 城市总体规划中的主要内容：宏观预测城市近期和远期通信需求量，预测与确定城市近、远期电话普及率和装机容量，确定邮政、移动通信、广播、电视等的发展目标和规模；提出城市通信规划的原则及其主要技术措施；研究和确定城市长途电话网近、远期规划；确定近、远期邮政、电话局所的分布范围、居所规模和局所址；确定近、远期广播及电话台、站的规模和选址，拟定有线广播、有线电视网的主干路规划和管道规划；划分无线电收发信区，并制定相关措施；确定城市微波通道，并制定相应的控制与保护措施。

B. 城市分区规划中的主要内容：依据城市通信总体规划和城市分区规划，对分区内的近、远期电信、邮政作微观预测；确定分区长途电话规划；勘定新建邮政局所；明确分区内近、远期广播、电视台站规模给予留用地面积；明确分区内无线电收发信区，并制定相关措施；确定分区电话、有线电视近、远期主干路和主要配线路。

C. 城市详细规划中的主要内容：计算规划范围内的通信需求量；确定邮政、电信局所、广播等设施的具体位置、用地及规模；确定通信线路的位置、敷设方式、管孔数、管道埋深等；划定规划范围内电台、微波站、卫星通信设施控制保护界线。

③ 城市通信工程系统的构成：包括邮政、电信、广播、电视、网络等系统。

(11) 城市环境卫生设施规划的主要任务与内容

① 主要任务

根据城市发展目标和城市布局，确定城市环境卫生设施配置标准和垃圾集运、处理方式；确定主要环境卫生设施的数量、规模和布局；布置垃圾处理场等各种环境卫生设施，制定环境卫生设施的隔离与防护措施；提出垃圾回收利用的对策与措施。

② 主要内容

A. 城市总体规划（含分区规划）中的主要内容：测算城市固体废弃物产生量，分析其组成和发展趋势，提出污染控制目标；确定城市固体废弃物的收运方案；选择城市固体废弃物处理和处置方法；布局各类环境卫生设施，确定服务范围、设置规模、设置标准、动作方式、用地指标等；进行可行性的技术经济方案比较。

B. 城市详细规划中的主要内容：估算规划范围内固体废弃物产量；提出规划区的环境卫生控制要求；确定垃圾收运方式；布局弃物箱、垃圾箱、垃圾收集点、垃圾转运站、公厕、环卫管理机构等，并确定其位置、服务半径、用地防护隔离措施等。

③ 城市环境卫生工程系统的构成：垃圾处理厂（场）、垃圾填埋场、垃圾收集站、转运站、车辆清洗场、环卫车辆场、公共厕所及城市环境卫生管理设施。

（12）城市工程管线综合规划的基本知识

① 城市工程管线种类

A. 按工程管线性能和用途分类：给水管道、排水管道、电力线路、电信线路、热力管道、可燃或助燃气体管道、空气管道、灰渣管道、城市垃圾输送管道、液体燃料管道、工业生产专用管道。

B. 按工程管线输送方式分类：压力管道、重力自流管道。

C. 按工程管线敷设方式分类：架空线、地铺管线、地埋管线。

D. 按工程管线弯曲程度分类：可弯曲管线和不易弯曲管线。

E. 通常进行综合的城市工程管线为：给水、排水、电力、电信、热力、燃气管线。

② 工程管线综合布置避让原则

A. 压力管让自流管；

B. 管径小的让管径大的；

C. 易弯曲的让不易弯曲的；

D. 临时性的让永久性的；

E. 工程量小的让工程量大的；

F. 新建的让现有的；

G. 检修次数少的和方便的，让检修次数多的和不方便的。

③ 管线共沟敷设原则

A. 热力管不应与电力、通信电缆和压力管道共沟；

B. 排水管道应布置在沟底，当沟内有腐蚀性介质管道时，排水管应位于其上面；

C. 腐蚀介质管道的标高应低于沟内其他管线；

D. 火灾危害性属于甲、乙、丙类的液体，液化石油气，可燃气体，毒性气体和液体以及腐蚀性介质管道，不应共沟敷设；

E. 凡有可能产生相互影响的管线，不应共沟敷设。

④ 城市地下综合管廊工程规划编制指引

A. 管廊工程规划应根据城市总体规划、地下管线综合规划、控制性详细规划编制，与地下空间规划、道路规划等保持衔接。

B. 管廊工程规划应合理确定管廊建设区域和时序，划定管廊空间位置、配套设施用地等三维控制线，纳入城市黄线管理。

C. 管廊建设区域内的所有管线应在管廊内规划布局。

D. 敷设两类及以上管线的区域可划为管廊建设区域。高强度开发和管线密集地区应划为管廊建设区域。主要是：

城市中心区、商业中心、城市地下空间高强度成片集中开发区、重要广场、高铁、机场、港口等重大基础设施所在区域。

交通流量大、地下管线密集的城市主要道路以及景观道路。

配合轨道交通、地下道路、城市地下综合体等建设工程地段和其他不宜开挖路面的路段等。

E. 根据城市功能分区、空间布局、土地使用、开发建设等，结合道路布局，确定管廊的系统布局和类型等。

F. 根据管廊建设区域内有关道路、给水、排水、电力、通信、广电、燃气、供热等工程规划和新（改、扩）建计划，以及轨道交通、人防建设规划等，确定入廊管线，分析项目同步实施的可行性，确定管线入廊的时序。

（13）海绵城市建设的有关内容

① 基本概念：海绵城市是指城市能够像海绵一样，在适应环境变化和应对自然灾害等方面具有良好的"弹性"，下雨时吸水、蓄水、渗水、净水，需要时将蓄存的水"释放"并加以利用。海绵城市建设应遵循生态优先等原则，将自然途径与人工措施相结合，在确保城市排水防涝安全的前提下，最大限度地实现雨水在城市区域的积存、渗透和净化，促进雨水资源的利用和生态环境保护。在海绵城市建设过程中，应统筹自然降水、地表水和地下水的系统性，协调给水、排水等水循环利用各环节，并考虑其复杂性和长期性。

② 适用范围：适用于以下三个方面：一是指导海绵城市建设各层级规划编制过程中低影响开发内容的落实；二是指导新建、改建、扩建项目配套建设低影响开发设施的设计、实施与维护管理；三是指导城市规划、排水、道路交通、园林等有关部门指导和监督海绵城市建设有关工作。

③ 基本原则：海绵城市建设——低影响开发雨水系统构建的基本原则是规划引领、生态优先、安全为重、因地制宜、统筹建设。

规划引领。城市各层级、各相关专业规划以及后续的建设程序中，应落实海绵城市建设、低影响开发雨水系统构建的内容，先规划后建设，体现规划的科学性和权威性，发挥规划的控制和引领作用。

生态优先。城市规划中应科学划定蓝线和绿线。城市开发建设应保护河流、湖泊、湿地、坑塘、沟渠等水生态敏感区，优先利用自然排水系统与低影响开发设施，实现雨水的自然积存、自然渗透、自然净化和可持续水循环，提高水生态系统的自然修复能力，维护城市良好的生态功能。

安全为重。以保护人民生命财产安全和社会经济安全为出发点，综合采用工程和非工程措施提高低影响开发设施的建设质量和管理水平，消除安全隐患，增强防灾减灾能力，保障城市水安全。

因地制宜。各地应根据本地自然地理条件、水文地质特点、水资源禀赋状况、降雨规律、水环境保护与内涝防治要求等，合理确定低影响开发控制目标与指标，科学规划布局和选用下沉式绿地、植草沟、雨水湿地、透水铺装、多功能调蓄等低影响开发设施及其组合系统。

统筹建设。地方政府应结合城市总体规划和建设，在各类建设项目中严格落实各层级相关规划中确定的低影响开发控制目标、指标和技术要求，统筹建设。低影响开发设施应与建设项目的主体工程同时规划设计、同时施工、同时投入使用。

4. 城市市政公用设施规划的强制性内容

在城市总体规划中，应：划定湿地、水源保护区等应当控制开发建设的生态敏感区范围；落实城市水源地及其保护区范围和其他重大市政基础设施。

（1）饮用水水源保护区：一般划分为一级保护区和二级保护区，必要时可增设准保护区。各级保护区应有明确的地理界线。

（2）河湖水系及湿地保护区：应划定湿地、河湖、水系等蓝线范围。

（3）落实并控制城市重要市政基础设施：包括水源、水厂、污水处理厂、热电站或集中锅炉房、气源、调压站、电厂、变电站、电信中心或邮电局、电台等。

（三）熟悉城市防灾系统规划的主要内容

1. 城市综合防灾减灾规划的主要任务

其主要任务：根据城市自然环境、灾害区划和城市定位，确定城市各项防灾标准，合理确定各项防灾设施的等级、规模；科学布局各项防灾措施；充分考虑防灾设施与城市常用设施的有机结合，制定防灾设施的统筹建设、综合利用、防护管理等对策与措施。

2. 城市综合防灾减灾的规划原则

（1）城市综合防灾减灾规划必须按照有关法律规范和标准进行编制。

（2）城市综合防灾减灾规划应与各级城市规划及各专业规划相协调。

（3）城市综合防灾减灾规划应结合当地实际情况，确定城市和地区的设防标准、确定防灾对策、合理布置各项防灾设施，做到近远期规划结合。

（4）城市综合防灾减灾规划应注重防灾工程设施的综合使用和有效管理。

3. 城市综合防灾减灾规划的主要内容

（1）城市总体规划中的主要内容

确定城市消防、防洪、人防、抗震等设防标准；布局城市消防、防洪、人防等设施；制定防灾对策与措施；组织城市防灾生命线系统。

（2）城市详细规划中的主要内容

确定规划范围内各种消防设施的布局及消防通道间距等；确定规划范围内地下防空建筑的规模、数量、配套内容、抗力等级、位置布局，以及平战结合的用途；确定规划范围内的防洪堤标高、排涝泵站位置等；确定规划范围内疏散通道、疏散场地布局。

4. 城市防灾减灾专项规划的主要内容

（1）城市消防工程设施专项规划的主要内容

① 根据城市性质和发展规划，合理安排消防分区，全面考虑易燃易爆工厂、仓库和

火灾危险性较大的建筑、仓库的布局及安全要求。
② 提出大型公共建筑（如商场、剧场、车站、港口、机场等）消防工程设施规划。
③ 提出城市广场、主要干路的消防工程设施规划。
④ 提出保障火灾危险性较大的工厂、仓库、汽车加油站等安全的有效措施。
⑤ 提出城市古建筑、重点文物单位安全保护措施。
⑥ 提出燃气管道、液化气站安全保护措施。
⑦ 制定城市旧区改造消防工程设施规划。
⑧ 初步确定城市消防站、点的分布规划。
⑨ 初步确定城市消防给水规划，消防水池设置规划。
⑩ 初步确定消防瞭望、消防通信及调度指挥规划。
⑪ 确定消防训练、消防车通路的规划。

（2）城市防洪工程设施专项规划的主要内容
① 对城市历史洪水特点进行分析，对现有堤防情况、抗洪能力进行分析。
② 被保护对象在城市总体规划和国民经济中的地位，以及洪灾可能影响的程度。选定城市防洪设计标准，计算现有河道的行洪能力。
③ 确定规划目标和规划原则。
④ 制定城市防洪规划方案，包括河道综合治理规划、蓄滞洪区规划、非工程措施规划等。

（3）城市抗震工程设施专项规划的主要内容
① 抗震防灾规划的指导思想、目标和措施，规划的主要内容和依据等。
② 易损性分析和防灾能力评价，地震危险性分析，地震对城市的影响及危害程度估计，不同强度地震下的震害预测等。
③ 城市抗震规划目标、抗震设防标准。
④ 建设用地评价与要求。
⑤ 抗震防灾措施。
⑥ 防止次生灾害规划。
⑦ 震前应急准备及震后抢险救灾规划。
⑧ 抗震防灾人才培训等。

（4）城市防空工程设施专项规划的主要内容
① 城市总体防护。
② 人防工程建设规划。
③ 人防工程建设与城市地下空间开发利用相结合规划。

（5）城市地质灾害规划的主要内容
地质灾害主要有崩塌滑坡、泥石流、矿山采空塌陷、地面沉降、土地沙化、地裂缝、砂土液化以及活动断裂等。
① 地质灾害致灾自然背景及发育现状调查。
② 地质灾害易发区划。
③ 地质灾害防灾减灾规划措施。

5. 其他综合防灾减灾规划的主要内容
除以上灾害的种类外，各城市可根据需要的防、抗灾害具体情况，编制突发事件应急系统、气象灾害、森林防火、防危险化学品事故灾害等专项规划。

(四) 熟悉城市环境保护规划的主要内容

1. 基本概念

城市环境保护是对城市环境保护的未来行动进行规范化的系统筹划，是为有效地实现预期环境目标的一种综合性手段。

2. 基本任务

主要是两方面：一是生态环境保护；二是环境污染综合防治。

3. 主要内容

城市环境规划可分为大气环境保护规划、水环境保护规划、固体废弃物污染控制规划、噪声污染控制规划。

(1) 大气环境保护规划的主要内容

① 大气环境质量规划；

② 大气污染控制规划。

(2) 水环境保护规划的主要内容

① 饮用水源保护规划；

② 水污染控制规划。

(3) 噪声污染控制规划的主要内容

① 噪声污染控制规划目标；

② 噪声污染控制方案。

(4) 固体废物污染控制规划的主要内容

① 固体废物污染控制规划目标。

② 固体废物污染物防治规划指标主要包括：工业固体废物的处置率、综合利用率；城镇生活垃圾分类收集率、无害化处理率、资源化利用率；危险废物的安全处置率；废旧电子电器的收集率、资源化利用率。

③ 规划内容涉及：固体废物污染控制规划包括生活垃圾污染控制规划、工业固体废物污染控制规划、危险废物污染控制规划、医疗废物安全处置规划等。

4. 生态保护红线

(1) 基本概念

生态保护红线是指在生态空间范围内具有特殊重要生态功能、必须强制性严格保护的区域，是保障和维护国家生态安全的底线和生命线，通常包括具有重要水源涵养、生物多样性维护、水土保持、防风固沙、海岸生态稳定等功能的生态功能重要区域，以及水土流失、土地沙化、石漠化、盐渍化等的生态环境敏感脆弱区域。

(2) 基本特征

根据生态保护红线的概念，其属性特征包括以下五个方面：

① 生态保护的关键区域：生态保护红线是维系国家和区域生态安全的底线，是支撑经济社会可持续发展的关键生态区域。

② 空间不可替代性：生态保护红线具有显著的区域特定性，其保护对象和空间边界相对固定。

③ 经济社会支撑性：划定生态保护红线的最终目标是在保护重要自然生态空间的同时，实现对经济社会可持续发展的生态支撑作用。

④ 管理严格性：生态保护红线是一条不可逾越的空间保护线，应实施最为严格的环境准入制度与管理措施。

⑤ 生态安全格局的基础框架：生态保护红线区是保障国家和地方生态安全的基本空间要素，是构建生态安全格局的关键组成部分。

（3）管控要求

① 性质不转换：生态保护红线区内的自然生态用地不可转换为非生态用地，生态保护的主体对象保持相对稳定。

② 功能不降低：生态保护红线区内的自然生态系统功能能够持续稳定发挥，退化生态系统功能得到不断改善。

③ 面积不减少：生态保护红线区边界保持相对固定，区域面积规模不可随意减少。

④ 责任不改变：生态保护红线区的林地、草地、湿地、荒漠等自然生态系统按照现行行政管理体制实行分类管理，各级地方政府和相关主管部门对红线区共同履行监管职责。

（4）总体目标

2017年年底前，京津冀区域、长江经济带沿线各省（直辖市）划定生态保护红线；2018年年底前，其他省（自治区、直辖市）划定生态保护红线；2020年年底前，全面完成全国生态保护红线划定，勘界定标，基本建立生态保护红线制度，国土生态空间得到优化和有效保护，生态功能保持稳定，国家生态安全格局更加完善。到2030年，生态保护红线布局进一步优化，生态保护红线制度有效实施，生态功能显著提升，国家生态安全得到全面保障。

（五）熟悉城市竖向规划的主要内容

1. 城市用地竖向规划的目的

在城市规划工作中利用地形达到工程合理、造价经济、景观美好。

2. 城市竖向规划工作的内容

（1）结合城市用地选择，分析研究自然地形，充分利用地形，对一些需要采用工程措施才能用于城市建设的地段提出工程措施方案；

（2）综合解决城市规划用地的各项标高问题，如防洪堤、排水干管出口、桥梁和道路交叉等；

（3）使城市道路的纵坡度既能配合地形又能满足交通上的要求；

（4）合理组织城市用地的排水；

（5）经济合理地组织好城市用地的土石方工程，考虑填方和挖方的平衡；

（6）考虑配合地形，注意城市环境的立体空间美观要求。

3. 总体规划阶段的竖向规划

（1）城市用地组成及城市干路网；

（2）城市干路交叉点的控制标高，干路的控制纵坡度；

（3）城市其他一些主要控制点的控制标高，包括铁路与城市干路的交叉点、防洪堤、桥梁等标高；

（4）分析地面坡向、分水岭、汇水沟、地面排水走向，还应有文字说明及对土方平衡的初步估算。

4. 详细规划阶段的竖向规划的方法

（1）等高线法；

（2）高程箭头法；

（3）纵横断面法。

（六）了解城市地下空间规划的主要内容

1. 地下空间规划的基本概念

（1）城市地下空间规划的基本概念

① 地下空间。地表以下，为满足人类社会生产、生活、交通、环保、能源、安全、防灾减灾等需求而进行开发、建设与利用的空间。

② 地下空间资源。一是依附于土地而存在的资源蕴藏量；二是依据一定的技术经济条件合理开发利用的资源总量；三是一定社会发展时期内有效开发利用的地下空间总量。

③ 地下空间需求预测。根据城市的社会、经济、规模、交通、防灾与环境等发展需求，在城市总体规划基础上，对当前及未来城市地下空间资源开发利用的功能、规模、形态与发展趋势等方面作出科学预测。

④ 城市地下空间开发利用的深度。

⑤ 城市公共地下空间。一般包括下沉式广场、地下商业服务设施、轨道交通车站等。

（2）城市地下空间开发利用的意义

地下空间是城市重要的、宝贵的空间资源，科学、有序的开发和利用，是节约土地资源、建设紧凑型城市、提高运行效率、增强城市防灾减灾能力的有效途径之一。

（3）城市地下空间规划的作用

编制城市地下空间规划，能规范城市地下空间的开发利用，指导城市地下空间的有序规划建设。

2. 城市地下空间规划的主要内容

（1）城市地下空间总体规划的主要内容

① 城市地下空间开发利用的现状评价；

② 城市地下空间资源的评估；

③ 城市地下空间开发利用的指导思想与发展战略；

④ 城市地下空间开发利用的需求；

⑤ 城市地下空间开发利用的总体布局；

⑥ 地下空间开发利用的分层规划；

⑦ 地下空间开发利用的各专项设施规划；

⑧ 地下空间规划的实施；

⑨ 地下空间近期建设规划。

（2）城市地下空间控制性详细规划的主要内容

① 根据上层规划的要求，确定规划范围内各专项地下空间设施的总体规模、平面布

局和竖向分层等关系；

② 对地块之间的地下空间连接作出指导性控制。

（3）城市地下空间修建性详细规划的主要内容

① 根据上位规划的要求，进一步确定规划区地下空间资源综合开发利用的功能定位、开发规模以及地下空间各层的平面和竖向布局；

② 结合地区公共活动特点，合理组织规划区的公共性活动空间，进一步明确地下空间体系中的公共活动系统；

③ 根据地区自然环境、历史文化和功能特征，进行地下空间的形态设计，优化地下空间的景观品质，提高地下空间的安全防灾性能；

④ 根据地下空间控制性详细规划确定的指标和管理要求，进一步明确公共性地下空间的各层功能、与城市公共空间和周边地块的连通方式；明确地下各项设施的位置和出入交通组织；明确开发地块内必须开放或鼓励开放的公共性地下空间范围、功能和连通方式等控制要求。

3. 城市地下空间的规划编制

城市地下空间的规划编制应注意保护和改善城市的生态环境，科学预测城市发展的需要，坚持因地制宜、远近兼顾，全面规划，分步实施，使城市地下空间的开发利用同国家和地方的经济技术发展水平相适应。城市地下空间规划应实行竖向分层立体综合开发，横向相关空间互相连通，地面建筑与地下工程协调配合。

十、城市总体规划成果

（一）掌握城市总体规划成果的文本要求

城市总体规划文本是对规划的各项目标和内容提出规定性要求的文件，采用条文形式。文本格式和文章应规范、准确、肯定，利于具体操作。在规划文本中应当明确表述规划的强制性内容。

1. 总则

规划编制的背景、目的、基本依据、规划期限、城市规划区、适用范围以及执行主体。

2. 城市发展目标

社会发展目标、经济发展目标、城市建设目标、环境保护目标。

3. 市域城镇体系规划

市域城乡统筹发展战略；市域空间管制原则和措施；城镇发展战略及总体目标、城镇化水平；城镇职能分工、发展规模等级、空间布局；重点城镇发展定位及其建设用地控制范围；区域性交通设施、基础设施、环境保护、风景旅游区的总体布局。

4. 城市性质与规模

城市职能、城市性质、城市人口规模、中心城区空间增长边界、城市建设用地规模。

5. 城市总体布局

城市用地选择和空间发展方向；总体布局结构；禁建区、限建区、适建区和已建区范围及空间管制措施；规划建设用地范围和面积、用地平衡表；土地使用强度管制区划及其控制指标。

6. 城市综合交通规划

对外交通、城市道路系统、公共交通。

7. 公共设施规划

市级和区级公共中心的位置和规模；行政办公、商业金融、文化娱乐、体育、医疗卫生、教育科研、市场、宗教等主要公共服务设施的位置和范围。

8. 居住用地规划

住房政策；居住用地结构；居住用地分类、建设标准和布局、居住人口容量、配套公共服务设施位置和规模。

9. 绿地系统规划

绿地系统发展目标；各种功能绿地的保护范围；河湖水面的保护范围；公共绿地指标；市、区级公共绿地及防护绿地、生产绿地布局；岸线使用原则。

10. 历史文化保护

城市历史文化保护及地方传统特色保护的原则、内容和要求；历史文化街区、历史建筑保护范围；各级文物保护单位的范围；重要地下文物埋藏区的保护范围；重要历史文化遗产的修整、利用和展示；特色风貌保护重点区域范围及保护措施。

11. 旧区改建与更新

旧区改建原则；用地结构调整及环境综合整治；重要历史地段保护。

12. 中心城区村镇发展

村镇发展与控制的原则和措施；需要发展的村庄；限制发展的村庄；不再保留的村庄；村镇建设标准。

13. 市政工程规划

给水工程规划；排水工程规划；供电工程规划；电信工程规划；燃气工程规划；供热工程规划；环境卫生设施工程规划。

14. 环境保护规划

生态环境保护与建设目标；有关污染物排放标准；环境功能分区；环境污染的防护、治理措施。

15. 综合防灾规划

防洪规划；抗震规划；消防规划。

16. 地下空间利用及人防规划

城市总体防护布局；人防工程布局；交通、基础设施的防空、防灾规划；储备设施布局；地下空间开发利用（平战结合）规划。

17. 近期建设规划

近期发展方向和建设重点；近期人口和用地规模；土地开发投放量；住宅建设、公共设施建设、基础设施建设。

18. 规划实施

实施规划的措施和政策建议。

19. 附则

说明文本的法律效力、规划的生效日期、修改的规定以及规划的解释权。

(二) 掌握城市总体规划成果的图纸要求

(1) 市（县）域城镇分布现状图，比例1∶50000～1∶200000；
(2) 市（县）域城镇体系规划图，比例1∶50000～1∶200000；
(3) 市（县）域基础设施规划图，比例1∶50000～1∶200000；
(4) 市（县）域空间管制图，比例1∶50000～1∶200000；
(5) 城市现状图，比例为1∶5000～1∶25000；
(6) 城市用地工程地质评价图，比例为1∶5000～1∶25000；
(7) 中心城区四区划定图，比例为1∶5000～1∶25000；
(8) 中心城区土地使用规划图，比例为1∶5000～1∶25000。标明建设用地、农业用地、生态用地和其他用地范围；
(9) 城市总体规划图，比例为1∶5000～1∶25000。标明中心城区空间增长边界和规划建设用地范围，标明各类建设用地空间布局、规划主要干道、河湖水面、重要的对外交通设施、重大基础设施；
(10) 居住用地规划图，比例为1∶5000～1∶25000；
(11) 绿地系统规划图，比例为1∶5000～1∶25000；
(12) 综合交通规划图，比例为1∶5000～1∶25000；
(13) 历史文化保护规划图，比例为1∶5000～1∶25000；
(14) 旧城改造规划图，比例为1∶5000～1∶25000；
(15) 近期建设规划图，比例为1∶5000～1∶25000；
(16) 各项专业规划图，比例为1∶5000～1∶25000。包括给水工程规划图、排水工程规划图、供电工程规划图、电信工程规划图、供热工程规划图、燃气工程规划图、环境卫生设施规划图、环境保护规划图、防灾规划图、地下空间利用规划图等。

(三) 掌握城市总体规划成果的附件要求

城市总体规划附件包括规划说明、专题研究报告和基础资料汇编。

1. 规划说明书

规划说明书是对规划文本的具体解释，主要是分析现状，论证规划意图，解释规划文本。

2. 相关专题研究报告

针对总体规划重点问题、重点专项进行必要的专题分析，提出解决问题的思路、方法和建议，并形成专题研究报告。

3. 基础资料汇编

规划编制过程中所采用的基础资料整理与汇总。

(四) 掌握城市总体规划强制性内容

根据2006年4月1日开始施行的《城市规划编制办法》所示内容，包括如下7个方面。

（1）城市规划区范围。

（2）市域内应当控制开发的地域。包括：基本农田保护区，风景名胜区，湿地、水源保护区等生态敏感区，地下矿产资源分布地区。

（3）城市建设用地。包括：规划期限内城市建设用地的发展规模，土地使用强度管制区划和相应的控制指标（建设用地面积、容积率、人口容量等）；城市各类绿地的具体布局；城市地下空间开发布局。

（4）城市基础设施和公共服务设施。包括：城市干道系统网络、城市轨道交通网络、交通枢纽布局；城市水源地及其保护区范围和其他重大市政基础设施；文化、教育、卫生、体育等方面主要公共服务设施的布局。

（5）城市历史文化遗产保护。包括：历史文化保护的具体控制指标和规定；历史文化街区、历史建筑、重要地下文物埋藏区的具体位置和界线。

（6）生态环境保护与建设目标，污染控制与治理措施。

（7）城市防灾工程。包括：城市防洪标准、防洪堤走向；城市抗震与消防疏散通道；城市人防设施布局；地质灾害防护规定。

第六章 城市近期建设规划

大纲要求：掌握城市近期建设规划的作用，掌握城市近期建设规划的任务，掌握城市近期建设规划的内容，掌握城市近期建设规划的成果要求。

一、掌握城市近期建设规划的作用与任务

(一) 城市近期建设规划的作用

1. 在我国城市近期建设规划产生的背景

城市的总体规划是城市在一定年限内各个组成部分和各项建设的全面安排，城市近期建设规划是最近期内的或是当年的各项建设总的规划布置。

（1）提出了近期建设规划是城市总体规划的重要组成。1991年版的《城市规划编制办法》明确提出城市总体规划的内容应当包括"编制近期建设规划，确定近期建设目标、内容和实施部署"。

（2）明确了近期建设规划的地位。2002年建设部等九部委下发的《关于贯彻落〈国务院关于加强城乡规划监督管理的通知〉的通知》明确要求全国各地要对照"国发13号文"的要求，依据批准的城市总体规划、国民经济和社会发展五年计划纲要，调整或编制到2005年的近期建设规划。要求自2003年7月1日起，编制和调整近期建设规划，并将新申请建设的项目与近期建设规划挂钩。由此使得近期建设规划从城市总体规划的一个组成部分演化和显化为一个独立的规划，为宏观层次规划的实施搭建了一个平台。

（3）明确了近期建设规划的编制内容。2005年建设部新颁布的《城市规划编制办法》中，对近期建设规划的编制内容和方法明确了要求。侧重点在建设用地布局、交通、市政、公共设施安排、居住用地以及城市综合治理。

（4）确立了近期建设规划的法律地位。2008年1月1日施行的《中华人民共和国城乡规划法》提出"城市、县、镇人民政府应当根据城市总体规划、镇总体规划、土地利用总体规划和年度计划以及国民经济和社会发展规划，制定近期建设规划，报总体规划审批机关备案"。

2. 城市近期建设规划的作用

（1）近期建设规划是城市总体规划、镇总体规划的分阶段实施安排和行动计划；

（2）近期建设规划是落实城市、镇总体规划的重要步骤；

（3）近期建设规划是近期土地出让和开发建设的重要依据。

3. 城市近期建设规划编制工作的意义

（1）完善城市规划体系的需要。总体规划从结构和战略的层面，更加宏观与原则，而近期建设规划则根据总体规划的目标制定实施总体规划的具体的近期安排，并对总体规划

的实施效果作出跟踪、分析和判断，更加及时有效地指导城市建设。

（2）发挥规划宏观调控作用的需要。近期建设规划在国民经济和社会发展五年规划总体目标的引导下，根据现有财力和环境条件，进一步明确城市发展的重点，并以解决城市发展面临的实际问题为出发点，确定近期城市建设目标、重点发展区域，主要做好城市基础设施等公益性用地和建设项目的安排，对城市发展方向、空间结构、重大基础设施的建设起到积极的引导和控制作用。

（3）加强城市监督管理的需要。近期建设规划可以理解为政府和社会对于城市建设工作的共同行动计划，是对"近期开发边界"科学合理地制定，是对即将开展项目的统筹安排。

（二）掌握城市近期建设规划的任务

1. 城市近期建设规划的基本任务

城市近期建设规划的基本任务是：根据城市总体规划、镇总体规划、土地利用总体规划和年度计划、国民经济和社会发展规划以及城镇的资源条件、自然环境、历史情况、现状特点，明确城镇建设的时序、发展方向和空间布局，自然资源、生态环境与历史文化遗产的保护目标，提出城镇近期内重要基础设施、公共服务设施的建设时序和选址，廉租住房和经济适用住房的布局和用地，城镇生态环境建设安排等。

2. 城市近期建设规划与国民经济和社会发展规划的关系

近期建设规划制定的依据包括：按照法定程序批准的总体规划，国民经济和社会发展五年规划、土地利用总体规划以及国家的有关方针政策等。

（1）近期建设规划与国民经济和社会发展规划应在编制时限上保持一致，同步编制、互相协调，将国民经济和社会发展五年规划所确定的重大建设项目在城市空间中进行合理的安排和布局；

（2）国民经济和社会发展五年规划主要在目标、总量、产业结构及产业政策等方面对城市的发展作出总体性的战略性的指引，侧重于时间序列上的安排；近期建设规划则主要在土地使用、空间布局、基础设施支撑等方面为城市发展提供基础性的框架，侧重于空间布局上的安排。

二、城市近期建设规划的编制

（一）城市近期建设规划编制的内容

1. 编制近期建设规划必须遵循的原则

（1）处理好近期建设与长远发展，经济发展与资源环境条件的关系，注重生态环境与历史文化遗产的保护，实施可持续发展战略；

（2）与城市国民经济和社会发展计划相协调，符合资源、环境、财力的实际条件，并能适应市场经济发展的要求；

（3）坚持为最广大人民群众服务，维护公共利益，完善城市综合服务功能，改善人居环境；

(4) 严格依据城市总体规划，不得违背总体规划的强制性内容。
  2. 城市近期建设规划的基本内容
  近期建设规划以重要基础设施、公共服务设施和中低收入居民住房建设以及生态环境保护为重点内容，明确近期建设的时序、发展方向和空间布局。
  (1) 确定近期人口和建设用地规模，确定近期建设用地范围和布局；
  (2) 确定近期交通发展策略，确定主要对外交通设施和主要道路交通设施布局；
  (3) 确定各项基础设施、公共服务和公益设施的建设规模和选址；
  (4) 确定近期居住用地安排和布局；
  (5) 确定历史文化名城、历史文化街区、风景名胜区等的保护措施，城市河湖水系、绿化、环境等保护、整治和建设措施；
  (6) 确定控制和引导城市近期发展的原则和措施。
  3. 城市近期建设规划的强制性内容
  (1) 确定城市近期建设重点和发展规模。
  (2) 依据城市近期重点和发展规模，确定城市近期发展区域。对规划年限内的城市建设用地总量、空间分布和实施时序等进行具体安排，并制定控制和引导城市发展的规定。
  (3) 根据城市近期建设重点，提出对历史文化名城、历史文化保护区、风景名胜区、生态环境保护区等的相应保护措施。

（二）城市近期建设规划的编制方法

《城市规划编制办法》和《近期建设规划暂行办法》中对近期建设规划的编制方法均未做出具体的要求，但各城市在具体实践中总结出了许多好的经验，内容如下。
  1. 全面检讨总体规划及上一轮近期建设规划的实施情况
  (1) 对总体规划实施绩效进行评价，特别是找出实施中存在的问题；
  (2) 寻找问题的原因，为后续的工作打好基础。
  2. 立足现状，切实解决当前城市发展面临的突出问题
  (1) 近期规划必须从城市现状做起，改变从远期倒推的方法；
  (2) 不仅要调查通常理解的城市建设现状，还要了解形成现状的条件和原因。
  3. 重点研究近期城市发展策略，对原有规划进行必要的调整和修正
  (1) 研究上一轮城市总体规划实施五年后，城市发展的环境发生的变化；
  (2) 确立编制第二个近期建设规划的城市发展策略、建设目标、用地布局与项目安排。
  4. 确定近期建设用地范围和布局
  依据近期建设规划的目标和土地供应年度计划，确定近期建设用地范围和布局。
  (1) 确定城市近期建设用地总量，明确新增建设用地和利用存量土地的数量；
  (2) 确定城市近期建设中用地空间分布，重点安排公益性用地（包括城市基础设施、公共服务设施用地、经济适用房、危旧房改造用地），并确定经营性房地产用地的区位和空间布局；
  (3) 提出城市近期建设用地的实施时序，制定实施城市近期建设用地计划的相关政策。

5. 确定重点发展地区,策划和安排重大建设项目

(1) 从城市经营的角度,研究确定近期城市发展的重点区域;

(2) 依据城市总体规划实施的先后次序,按照保证新建一片,就要建成一片,收益一片的思路,研究确定近期城市发展的重点地区;

(3) 对于明确城市重点发展的区域,研究、策划具有影响作用的重大建设项目,并对这些项目的规模、建设方式、投资估算、筹资方式、实施时序等方面提出要求。

6. 研究规划实施的条件,提出相应的政策建议

(1) 近期建设规划的编制是政府部门的实际操作,是政府行政和政策的依据,提出规划实施政策应是近期建设规划工作的一项内容。

(2) 提出一套保障规划实施的政策体系,应由人口政策、产业政策、土地政策、交通政策、住房政策、环境政策、城市建设投融资和税收政策等组成。

(3) 对于城市发展中的突出问题,还应制定具体的、有针对性的政策。

7. 建立近期建设规划的工作体系

城市规划并非是单靠规划部门来实施的,而是由城市的各个部门来共同运作的,应从以下几方面努力:

(1) 将规划成果转化为指导性和操作性很强的政府文件;

(2) 建立城市建设的项目库并完善规划跟踪机制;

(3) 建立建设项目审批的协调机制;

(4) 建立规划执行的责任追究机制;

(5) 组织编制城市建设的年度计划或规划年度报告。

(三)城市近期建设规划的成果

《城市规划编制方法》规定"近期建设规划的成果应当包括规划文本、图纸,以及相应说明的附件。在规划文本中应当明确表达规划的强制性内容。"各城市应结合实际需求编制完成近期建设规划成果。

1. 作为总体规划组成部分的近期建设规划成果

作为总体规划组成部分的近期建设规划成果相对简单,一般是明确提出近期实施城市总体规划的发展重点和建设时序。

以《北京城市总体规划(2004—2020年)》为例,对近期发展与建设提出了两条:一是对保证总体规划的实施和2008年奥运会的举办而提出要求;二是提出了近期建设的重点内容。

2. 独立编制的近期建设规划成果

独立编制的近期建设规划成果包括规划文本、图纸和说明。

(1) 文本内容

① 总则:制定规划的目的、依据、原则,规划范围、规划年限等;

② 目标与策略:对建设用地规模与结构、建设标准、产业发展、公共设施、交通、市政设施以及生态环境等方面提出具体的目标与对策;

③ 行动与计划:确定近期重点发展方向与区域,提出具体的土地与设施的规划建设计划;

④ 政策与措施：制定保障近期建设实施的相关政策与措施，如空间分区管制政策、建设用地开发政策、城市更新政策、公共住房政策、节约型城市建设政策等。

⑤ 附则。

(2) 说明和图纸

① 规划说明是对规划文本的具体解释，还应包括近期建设项目一览表、近期建设用地平衡表、近期新增建设用地结构表、新增建设用地时序表、近期重大公共设施项目一览表、近期重大交通设施项目一览表、近期重大市政设施一览表；

②规划图纸包括市域城镇布局现状图、城市现状图、市域城镇体系规划图、近期建设规划图、近期道路交通规划图、近期各项专业规划图；

③以《深圳市近期建设规划（2006—2010年)》为例，规划图纸包括建设用地现状图、用地供应与调整指引图、重点地区规划指引图、重点地区规划指引图、重大公共设施规划图、重大交通设施规划图、重大市政基础设施规划图。

第七章 城市详细规划

大纲要求： 掌握控制性详细规划的作用，掌握控制性详细规划的内容，掌握控制性详细规划的编制方法，掌握控制性详细规划的成果要求。熟悉修建性详细规划的作用，熟悉修建性详细规划的基本内容，熟悉修建性详细规划的编制方法，熟悉修建性详细规划的成果要求。

城市详细规划主要是对城市中某一地区、街区等局部范围中的未来发展建设，从土地使用、房屋建筑、道路交通、绿化与开敞空间以及基础设施等方面做出统一安排。由于城市详细规划介于城市整体环境与单体建筑之间，因此，规划中应依据城市总体规划，对于规划范围内的各个地块和单体建筑做出具体的规划设计，或提出规划设计要求。

详细规划从作用和内容表达形式上可以大致分为两类：

一类是以实现规划范围内具体的预定开发建设项目为目标，将各个建筑物的具体用途、体型、外观以及各项城市设施的具体设计作为规划内容，属于开发建设蓝图性的详细规划。该类详细规划多以具体的开发建设项目为导向。我国的修建性详细规划即属于此类型的规划。

另一类详细规划并不对规划范围内的任何建筑物作出具体设计，而是对规划范围的土地使用设定较为详细的用途和容量控制，作为该地区建设管理的主要依据，属于开发建设控制的详细规划。该类详细规划多存在于市场经济环境下的法治社会中，成为协调与城市开发建设相关的利益矛盾的有力工具，通常被赋予较强的法律地位。我国的控制性详细规划即属于此类型的规划。

一、控制性详细规划

1. 控制性详细规划的定义

控制性详细规划是以总体规划（或分区规划）为依据，以规划的综合性研究为基础，以数据控制和图纸控制为手段，以规划设计与管理相结合的法规为形式，对城市建设和设施建设实施控制性的管理，是把规划研究、规划设计与规划管理结合在一起的规划方法。

控制性详细规划是在对用地进行细分的基础上，规定用地性质、建筑量及有关环境、交通、绿化、空间、建筑群体等的控制要求，通过立法实现对用地建设的规划控制，并为土地有偿使用提供了依据。

控制性详细规划是规划与管理的结合，是由技术管理向法制管理的转变，编制要保持一定的简洁性、程序性和易查性。

控制性详细规划是我国特有的规划类型，是通过规划研究确定的对建设用地使用数据控制进行管理的规划。

2. 控制性详细规划的关注点

控制性详细规划应重点关注城市发展建设中公共利益的保障,明确社会各阶层、团体、个人在城市建设发展中的责、权、利关系,并积极运用城市设计手段控制良好的城市空间环境。

3. 控制性详细规划的基本特点

(1) 地域适宜性：规划的内容和深度,在不同城市或同一城市的不同地段,规划内容、控制要求和规划深度各有不同,但应与周围地段整体协调。

(2) 管制法制化：控制性详细规划是规划与管理的结合,是将管理由技术性转变为法制化,编制要保持一定的简洁性,编制要有一定的程序性和易查性。

4. 控制性详细规划的基本要求

控制性详细规划要保证规划的科学性和管理的法制化、规范化、程序化及与权威性相容的灵活性,使规划管理人员在规划实施管理中有章可循、有理可据、有法可依,以"法治"取代"人治"。

5. 控制性详细规划与修建性详细规划的关系

两种规划均为城市详细规划,由于各自规划形式的差异,控制性详细规划为修建性详细规划提供规划依据,同时也可作为工程建设项目规划管理的依据。

(一) 控制性详细规划的发展历程

控制性详细规划是伴随我国的改革开放和市场经济体制的改革,适应土地有偿使用制度和城市开发建设方式的转变,改革原有详细规划的模式,借鉴了美国区划（Zoning）的经验,结合我国的规划实践,逐步形成的具有中国特色的规划类型。

控制性详细规划是在我国从计划经济向市场经济转变的过程中,伴随城市土地使用制度的建立而逐步发展起来的,其规划发展历程可分为初始探索期、法定化探索期和面向管理的探索期三大阶段。

1. 探索期（20 世纪 80 年代初至 90 年代中）

(1) 尝试,1982 年《上海虹桥新区详细规划》;

(2) 基本定型,1987 年《桂林中心区控制性详细规划》、1989 年《温州市旧城改造控制性详细规划》等控制性详细规划的编制;

(3) 规范化,1991 年和 1995 年相继出台的《城市规划编制办法》和《城市规划编制办法实施细则》,标志着控制性详细规划编制的技术框架基本形成,也使控制性详细规划步入了法制化的轨道。

2. 法定化探索期（20 世纪 90 年代中至 2000 年初）

(1) 由于市场经济发展的需要,地方政府（以深圳、广州、上海为代表）自下而上地对既有的控制性详细规划制度作了调整与完善,设置了法定图则制度,赋予了控制性详细规划法律效力;

(2) 以上海的"控制性编制单元规划"、北京"单元控规"等为代表,以国家主管部门制定的《城市规划编制办法》为基础,进一步推进了控制性详细规划的法制化建设。

3. 面向管理的探索期（2000 年初到 2008 年）

控制性详细规划在注重技术性、法制性和公共性的基础上,更加关注和强调实用性。主要体现在：

（1）由全方位控制转向"四线"和公共服务设施等核心控制；
（2）由局部地块控制转向区域性和通则性控制；
（3）规划成果由技术文件向管理文件转化；
（4）提出意向性城市设计和建筑环境的空间设计准则和控制要求。

4. 进一步的发展

2011年1月1日起实施《城市、镇控制性详细规划编制审批办法》，并将控制性详细规划提高到了城市规划行业廉政建设需要的位置，以期通过规划所形成对开发地块指标的法律效力，杜绝"人治"因素，以达到廉政的目的。

（二）掌握控制性详细规划的作用

（1）是规划与管理、规划与实施之间衔接的重要环节。

A. 城乡规划主管部门依据控制性详细规划核发建设用地规划许可证；

B. 依据控制性详细规划，提出规划条件，作为国有土地使用权出让合同的组成部分；

C. 在规划区内进行建设。城乡规划主管部门依据控制性详细规划和规划条件，核发建设工程规划许可证；

D. 建设过程中对规划条件提出变更的，变更内容必须符合控制性详细规划。

（2）是宏观与微观、整体与局部有机衔接的关键层次。控制性详细规划以量化指标和控制要求将城市总体规划的二维平面、定性、宏观的控制分别转化为城市建设的三维空间、定量和微观控制。

（3）是城市设计控制与管理的重要手段。控制性详细规划通过具体的设计要求、指标体系、设计导则以及设计标准与准则的方式，进行引导和控制，使城市设计的成果得以在建设中实施。

（4）是协调各利益主体的公共政策平台。控制性详细规划由于直接涉及城市建设中的各个方面的利益，是城市政府意图、公众利益和个体利益平衡协调的平台。

（三）控制性详细规划的基本特征

（1）通过数据控制落实规划意图。通过一系列的指标、图表、图则等方式将城市总体规划的宏观、平面、定性的内容具体为微观、立体、定量的内容。

（2）具有法律效应和立法空间。控制性详细规划中的量化内容可以以积极的方式形成法律条文，提高其在规划管理中的权威地位。

（3）横向综合性的规划控制汇总。以控制性详细规划的尺度可将土地利用规划、公共设施规划、市政设施规划、道路交通规划、保护规划、景观规划、城市设计等进行横向综合，相互协调并分别落实相关规划控制要求。

（4）刚性与弹性相结合的控制方式。控制性详细规划的控制内容分为规定性和引导性两种，这样就给开发建设留有了弹性。

（四）掌握控制性详细规划的内容

1.《城市规划编制办法》（2006）中规定的控制性详细规划编制的内容

（1）确定规划范围内不同性质用地的界线，确定各类用地内适建，不适建或者有条件地允许建设的建筑类型。

（2）确定各地块建筑高度、建筑密度、容积率、绿地率等控制指标；确定公共设施配套要求、交通出入口方位、停车泊位、建筑后退红线距离等要求。

（3）提出各地块的建筑体量、体型、色彩等城市设计指导原则。

（4）根据交通需求分析，确定地块出入口位置、停车泊位、公共交通场站用地范围和站点位置、步行交通以及其他交通设施。规定各级道路的红线、断面、交叉口形式及渠化措施、控制点坐标和标高。

（5）根据规划建设容量，确定市政工程管线位置、管径和工程设施的用地界线，进行管线综合。确定地下空间开发利用具体要求。

（6）制定相应的土地使用与建筑管理规定。

2.《城市、镇控制性详细规划编制审批办法》（2011）所列的控制性详细规划应当包括的基本内容

（1）土地使用性质及其兼容性等用地功能控制要求；

（2）容积率、建筑高度、建筑密度、绿地率等用地指标；

（3）基础设施、公共服务设施、公共安全设施的用地规模、范围及具体控制要求，地下管线控制要求；

（4）基础设施用地的控制界线（黄线）、各类绿地范围的控制线（绿线）、历史文化街区和历史建筑的保护范围界线（紫线）、地表水体保护和控制的地域界线（蓝线）等"四线"及控制要求。

（五）掌握控制性详细规划的编制方法

1. 控制性详细规划编制的工作步骤

控制性详细规划的编制通常划分为现状分析研究、规划研究、控制研究和成果编制四个阶段，工作步骤可概括为：

（1）现状调研与前期研究。主要包括上一层次规划即城市总体规划或分区规划对控规的要求，其他非法定规划提出的相关要求等。

（2）规划方案与用地划分。通过深化研究和综合，对编制范围的功能布局、规划结构、公共设施、道路交通、历史文化环境、建筑空间形体环境、绿地景观系统、城市设计以及市政工程等方面，依据规划原理和相关专业设计要求做出统筹安排，形成规划方案。

（3）指标体系与指标确定。按照规划编制办法，选取符合规划要求和规划意图的若干规划控制指标组成综合指标体系，并根据研究分析分别赋值。

（4）成果编制。编制规划图纸、分图控制图则、文本和管理技术规定。

2. 控制性详细规划的控制方式

（1）指标量化；

（2）条文规定；

（3）图则标定；

（4）城市设计引导；

（5）规定性与指导性。

3. 控制性详细规划的规定性内容（强制性内容）

(1) 各地块的主要用途；

(2) 建筑密度；

(3) 建筑高度；

(4) 容积率；

(5) 绿地率；

(6) 基础设施和公共服务设施配套规定。

4.《城市、镇控制性详细规划编制审批办法》（2011）的相关要求

(1) 编制大城市和特大城市的控制性详细规划，可以根据本地实际情况，结合城市空间布局、规划管理要求，以及社区边界、城乡建设要求等，将建设地区划分为若干规划控制单元，组织编制单元规划。

(2) 镇控制性详细规划可以根据实际情况，适当调整或者减少控制要求和指标。规模较小的建制镇的控制性详细规划，可以与镇总体规划编制相结合，提出规划控制要求和指标。

(3) 控制性详细规划组织编制机关应当制定控制性详细规划编制工作计划，分期、分批地编制控制性详细规划。

(4) 中心区、旧城改造地区、近期建设地区，以及拟进行土地储备或者土地出让的地区，应当优先编制控制性详细规划。

(5) 控制性详细规划草案编制完成后，组织编制机关应当依法将控制性详细规划草案予以公告，并采取论证会、听证会或者其他方式征求专家和公众的意见。

(6) 公告的时间不得少于30日。公告的时间、地点及公众提交意见的期限、方式，应当在政府信息网站以及当地主要新闻媒体上公布。

（六）控制性详细规划的控制体系与要素

1. 土地使用

(1) 土地使用控制：用地性质、用地边界、用地面积及土地使用兼容性；

(2) 使用强度控制：容积率、建筑密度、居住密度及绿化率。

2. 建筑建造

(1) 建筑建造控制：建筑高度、建筑后退及建筑间距；

(2) 城市设计：建筑体量、建筑色彩、建筑形式、历史保护、景观风貌要求、建筑空间组合及建筑小品设置等。

3. 设施配套

(1) 市政设施配套：给水设施、排水设施、供电设施以及其他设施等；

(2) 公共设施配套：教育设施、医疗卫生设施、商业服务设施、行政管理设施、文娱体育设施及其附属设施等。

4. 行为活动

(1) 交通活动控制：车行交通组织、步行交通组织、公共交通组织、配建停车位及其他交通设施；

(2) 环境保护规定：噪声振动等允许标准值、水污染允许排放量、水污染允许排放浓度、废气污染允许排放量及固体废弃物控制。

5. 其他控制

（1）历史保护；

（2）五线控制；

（3）竖向设计；

（4）地下空间；

（5）奖励与补偿。

6.《城市、镇控制性详细规划编制审批办法》(2011) 的相关要求

包括资源条件、环境状况、历史文化遗产、公共安全以及土地权属等因素。

（七）掌握控制性详细规划的成果

控制性详细规划的成果包括规划文本、图件和附件。图件由图纸和图则两部分组成，规划说明、基础资料和研究报告收入附件。

《城市、镇控制性详细规划编制审批办法》(2011) 中规定：控制性详细规划编制成果由文本、图表、说明书以及各种必要的技术研究资料构成。

1. 文本内容

应包括土地使用与建设管理细则，以条文形式重点反映规划地段各类用地控制和管理原则及技术规定，经批准后纳入规划管理法规体系。具体内容为：

（1）总则：制定规划的依据、原则、适用范围、主管部门和管理权限。

（2）土地使用和建筑规划管理通则：

① 用地分类标准、原则与说明；

② 用地细分标准、原则与说明；

③ 控制指标系统说明；

④ 各类使用性质的一般控制要求；

⑤ 道路交通系统的控制规定；

⑥ 配套设施的一般控制规定；

⑦ 其他通用性规定。

（3）城市设计引导：

① 城市设计系统控制；

② 具体控制引导要求。

（4）关于规划调整的相关规定：

① 调整范畴；

② 调整程序；

③ 调整的技术规范。

（5）奖励与补偿的相关措施规定。

（6）附则：阐明规划成果组成、使用方式、规划生效、解释权、相关名词解释等。

（7）附表：

①《用地分类表一览表》；

②《现状与规划用地平衡表》；

③《土地使用兼容控制表》；
④《地块控制指标一览表》；
⑤《公共服务设施规划控制表》；
⑥《市政公用设施规划控制表》；
⑦《各类用地与设施规划建筑面积总汇表》。

控制性详细规划的文本应附地块控制图则，旧城改造区控规应附基础资料汇编。

2. 图纸内容

（1）规划图

① 位置图（比例不限）；
② 用地现状图（1:2000～1:5000）；
③ 土地使用规划图（1:2000～1:5000）；
④ 道路交通规划图（1:2000～1:5000）；
⑤ 绿地景观规划图（1:2000～1:5000）；
⑥ 各项工程管线规划图（1:2000～1:5000）；
⑦ 其他各相关规划图（1:2000～1:5000）。

（2）规划图则

① 用地编码图（1:2000～1:5000）；
② 总图则（1:2000～1:5000）；
③ 地块控制总图则；
④ 设施控制总图则；
⑤ "五线"控制总图则；
⑥ 分图图则（1:500～1:2000）。

3. 附件

包括规划说明、基础资料和研究报告。

二、修建性详细规划

（一）熟悉修建性详细规划的作用与任务

修建性详细规划的作用是依据已批准的控制性详细规划及城乡规划建设主管部门提出的规划条件对所在地块的建设提出具体的安排和设计，用以指导建筑设计和各项工程施工设计。目前随着控制性详细规划在城市规划管理中的作用日益加强，修建性详细规划发挥作用的范围相对缩小。

修建性详细规划的任务是按照城市总体规划、分区规划以及控制性详细规划的指导、控制和要求，以城市中准备实施开发建设的待建地区为对象，对其中的各项物质要素（例如建筑物、各级道路、广场、绿化以及市政基础设施）进行统一的空间布局。修建性详细规划侧重于具体开发建设项目的安排和直观表达，注重实施的技术经济条件及其具体的工程施工设计。

(二)修建性详细规划的基本特点

(1) 以具体、详细的建设项目为依据,实施性较强。
(2) 通过形象的方式表达城市空间与环境。
(3) 多元化的编制主体。

(三)熟悉修建性详细规划的内容

1. 编制的基本原则
坚持以人为本、因地制宜、环境协调。

2. 编制的要求
(1) 应当依据已经依法批准的控制性详细规划,对所在地块的建设提出具体的安排和设计。
(2) 应当充分听取政府有关部门的意见,保证有关专业规划的空间落实。

3. 编制的内容
(1) 建设条件分析及综合技术经济论证。
(2) 建筑、道路和绿地等的空间布局和景观规划设计,布置总平面图。
(3) 室外空间与环境设计。
(4) 对住宅、医院、学校和托幼等建筑进行日照分析。
(5) 根据交通影响分析,提出交通组织方案和设计。
(6) 市政工程管线规划设计和管线综合。
(7) 竖向规划设计。
(8) 估算工程量、拆迁量和总造价,分析投资效益。

(四)熟悉修建性详细规划的编制方法

(1) 建设用地条件分析;
(2) 建筑布局与规划设计;
(3) 室外空间与环境设计;
(4) 道路交通规划;
(5) 场地竖向设计;
(6) 建筑日照影响分析;
(7) 投资效益分析和综合技术经济论证;
(8) 市政工程管线规划设计和管线综合。

(五)熟悉修建性详细规划的成果要求

1. 成果的内容与深度
成果的技术深度应能够指导建设项目的总平面设计、建筑设计和施工图设计,满足委托方的规划设计要求和国家现行的相关标准、规范的技术规定。

2. 规划说明书
(1) 规划背景;

(2) 现状分析；
(3) 规划设计原则与指导思想；
(4) 规划设计构思；
(5) 规划设计方案；
(6) 日照分析；
(7) 场地与竖向设计；
(8) 规划实施；
(9) 主要技术经济指标。

3. 规划图纸

(1) 规划地段位置图：标明规划地段在城市的位置以及和周围地区的关系；
(2) 规划地段现状图：图纸比例为1：500～1：2000；
(3) 场地分析图：图纸比例为1：500～1：2000；
(4) 规划总平面图：图纸比例为1：500～1：2000；
(5) 道路交通规划图：图纸比例为1：500～1：2000；
(6) 竖向规划图：图纸比例为1：500～1：2000；
(7) 市政设施规划图：图纸比例为1：500～1：2000；
(8) 绿化景观规划图：图纸比例为1：500～1：2000；
(9) 表达规划意图的透视图、鸟瞰图、模型或多媒体演示等。

三、城市详细规划的强制性内容

(1) 规划地段各个地块的土地主要用途；
(2) 规划地段各个地块允许的建设总量；
(3) 对特定地区地段规划允许的建设高度；
(4) 规划地段各个地块的绿化率、公共绿地面积规定；
(5) 规划地段基础设施和公共服务设施配套建设的规定；
(6) 历史文化保护区内重点保护地段的建设控制指标和规定，建设控制地区的建设控制指标。

第八章 镇、乡和村庄规划

大纲要求： 熟悉镇、乡和村庄规划的工作范畴，熟悉镇、乡和村庄规划的任务。熟悉镇规划的内容，熟悉镇规划编制的方法，熟悉镇规划的成果要求。熟悉乡和村庄规划的内容，熟悉乡和村庄规划编制的方法，熟悉乡和村庄规划的成果要求。熟悉名镇和名村保护规划的内容，熟悉名镇和名村保护规划的成果要求。

一、镇、乡和村庄规划的工作范畴及任务

（一）城镇与乡村的一般关系

1. 我国的城乡划分

（1）我国的城乡行政体系

① 城镇是指在我国市镇建制和行政区划的基础区域，城镇包括城区和镇区。

② 乡村是指城镇以外的其他区域。

（2）城乡行政建制的构成

① 设市城市，也称建制市，在我国指人口数量达到一定规模，人口、劳动力结构与产业结构达到一定要求，基础设施达到一定水平，或有军事、经济、民族、文化等特殊要求，并经国务院批准设置的具有一定行政级别的行政单元。

② 镇，除建制市以外的城市聚落都称为镇。其中，具有一定人口规模，人口、劳动力结构与产业结构达到一定要求，基础设施达到一定水平，并被省（直辖市、自治区）人民政府批准设置的镇为建制镇，其余为集镇。

③ 县城关镇是县人民政府所在地的镇，其他镇是县级建制以下的一级行政单元，其中不包含集镇。

④ 镇和乡一般是同级行政单元。传统意义上的乡是属于农村范畴，乡政府驻地一般是乡域的中心村或集镇。集镇不是一级行政单元。

⑤ 镇的含义则更多。其一，镇的建制中存在镇区，可属于小城镇；其二，镇与农村的关系密切，是农村的中心社区；其三，镇具有乡村商业服务中心的作用。

（3）我国城乡建制的设置特点

① 市建制的特点

A. 市是指其行政辖区，既包括主城区，也包括主城区之外的城镇和乡村地区，也就是所称的市域；

B. 镇既包括镇区，同时也包括所辖的集镇和乡村区域，也即为所称的镇区；

C. 市的社会经济活动是以"城"为中心，镇的社会经济活动是以"乡村"为服务对象的。

② 乡的设置是针对农村地区的属性，其社会经济活动不具备聚集性，乡政府的职能主要是行政管理和服务。

2. 我国设镇的标准

1984年，民政部《关于调整建制镇标准的报告》中规定：

（1）总人口在20000人以下的乡，乡政府驻地非农业人口超过2000人的，或人口在20000人以上的乡，乡政府驻地非农业人口占全乡人口10%以上的，可以设建制镇。

（2）少数民族地区、人口稀少的边远地区、山区和小型工矿区、小港口、风景旅游、边境口岸等地，非农业人口不足2000人，如确有必要，也可以设置镇的建制。

3. "小城镇"的基本含义

"小城镇"是建制镇和集镇的总称，但不是一个行政建制的概念，却具有一定的政策属性。

"小"是相对于城市而言，只是人口规模、地域范围、经济总量影响能力等方面比较而言较小而已。

（二）熟悉镇、乡和村庄规划的工作范畴

1. 镇、乡和村庄规划的法律地位

《城乡规划法》把镇规划与乡规划作为法定规划，含在同一规划体系内，纳入同一法律管辖范畴，明确了镇政府和乡政府的规划责任。同时《城乡规划法》将镇规划单独列出，顺应了我国城镇化建设的需求，有助于促进城乡协调发展。

（1）镇规划的法律地位。《城乡规划法》顺应体制改革的需求和部分小城镇迅猛发展的现实，赋予一些小城镇拥有部分规划行政许可权利。对于镇规划建设重点，从法律层面上提出了有别于城市和村庄的要求，这是考虑镇自身特点提出的，是统筹城乡发展的重要制度安排。

（2）乡规划和村庄规划的法律地位。明确了乡规划和村庄规划的编制内容等，将城镇体系规划、城市规划、镇规划、乡规划和村庄规划统一纳入一个法律管理，确立了乡规划和村规划的法律地位。

2. 镇规划的工作范畴

（1）镇规划所划定的范围即为规划区：一是镇域范围为镇人民政府行政的地域，二是镇区范围为镇人民政府驻地的建成区和规划建设发展区。

（2）县城关镇规划的工作范畴。编制县城关镇规划时，需编制的是县域城镇体系规划，镇区规划参照城市规划的内容进行。

（3）一般建制镇规划的工作范畴。一般建制镇规划介乎于城市和乡村之间，服务于农村，有其特定的侧重面，既是有着经济和人口聚集作用的城镇，又是服务于广大农村地区的村镇，因此，应编制镇域镇村体系规划。

镇域镇村体系是镇人民政府行政地域内，在经济、社会和空间发展中有机联系的镇区和村庄群体。

镇村体系村庄的分类有中心村和基层村（一般村），中心村是镇村体系中间为周围村服务的公共设施的村，基层村是中心村以外的村。

3. 乡和村庄规划的工作范畴

（1）《村庄和集镇规划建设管理条例》中所称的集镇，是指乡、民族乡人民政府所在地，和经县级人民政府确认由集市发展而成作为农村一定区域经济、文化和生活服务中心的非建制镇。

（2）规划区是指集镇建成区和因集镇建设及发展需要实现规划控制的区域。

（3）《镇规划标准》明确，乡规划可按《镇规划标准》执行。

（4）村庄是指农村村民居住和从事各种生产的居民点。规划区是指村庄建成区和因村庄建设及发展需要实行规划控制的区域。

4. 把握乡规划任务的属性

（1）确立不同乡镇的规划范畴；

（2）经济发达的镇、乡和村庄规划采用更高层次；

（3）不具备实现发达条件的乡镇范畴采用低一层次；

（4）特殊情况下的镇、乡和村庄规划范畴。

（三）熟悉镇、乡和村庄规划的任务

1. 镇规划的作用

镇规划是对镇行政区内的土地利用、空间布局以及各项建设的综合部署，是管制空间资源开发，保护生态环境和历史文化遗产，创造良好生活生产环境的重要手段，是指导与调控镇发展建设的重要公共政策之一，是一定时期内镇的发展、建设和管理必须遵守的基本依据。

2. 镇规划的主要任务

（1）镇总体规划的任务

综合研究和确定城镇的性质、规模和空间发展形态，统筹安排城镇各项建设用地，合理配置城镇各项基础设施，处理好远期发展与近期建设的关系，指导城镇合理发展。

（2）镇（乡）域规划的任务

落实市（县）社会经济发展战略及城镇体系规划提出的要求，指导镇区、村庄规划编制。

（3）镇区控制性详细规划的任务

以镇区总体规划为依据，控制建设用地性质、使用强度和空间环境。

（4）镇区修建性详细规划的任务

对镇区近期需要进行建设的重要地段做出具体的安排和规划设计。

（5）镇规划的具体任务

① 收集和调查基础资料，研究满足城镇的经济社会发展目标的条件和措施；

② 研究确定城镇的发展战略，预测发展规模，拟定分期建设的技术经济指标；

③ 确定城镇功能和空间布局，合理选择用地，并考虑城镇用地的长远发展方向；

④ 提出镇（乡）域镇村体系规划，确定镇（乡）域基础设施规划原则和方案；

⑤ 拟定新区开发和旧区更新的原则、步骤和方法；

⑥ 确定城镇各项市政设施和工程设施的原则和技术方案；

⑦ 拟定城镇建设用地布局的原则和要求；提出实施规划的措施和步骤；

⑧ 控制性详细规划应详细制定用地的各项控制指标和其他管理要求；

⑨ 修建性详细规划直接对建设做出具体的安排和规划设计。

3. 镇规划的特点

（1）对象特点

① 镇的数量多、分布广、差异大、地域性强；

② 产业结构单一、经济具有较强的灵活性和可变性；

③ 社会关系、生活方式、价值观念处于转型期，具有不确定性和可塑性；

④ 基础设施相对滞后，需要较大的投入；

⑤ 环境质量有待提高，生态建设有待改善，综合防灾减灾能力亟待加强；

⑥ 依赖性较强，需要在区域内寻求互补与协作；

⑦ 一般多沿交通走廊和经济轴线发展，交通可达性好。

（2）技术特点

① 镇规划技术层次较少，成果内容不同于城市规划；

② 规划内容和重点应因地制宜，解决问题要具有目的性；

③ 规划技术指标体系地域性较强，具有特殊性；

④ 规划资料收集及调查对象相对集中，但因基数小，数据资料具有较大的变动性；

⑤ 原有规划技术水平和管理技术水平相对较低，需要正确引导以达到规划的科学性与合理性；

⑥ 规划注重近期建设规划，强调可操作性。

（3）实施特点

① 更需要具体实施的指导性；

② 需要更多技术支持和政策倾斜性；

③ 规划实施强调因地制宜；

④ 根据自身特点，采用适宜技术并形成特色；

⑤ 强调示范性和带动性；

⑥ 强调节约土地、保护生态环境；

⑦ 强调动态性。

4. 乡和村庄规划的主要任务

（1）乡和村庄规划的作用

乡和村庄规划是做好农村地区各项建设工作的先导和基础，是各项建设管理工作的基本依据，对改变农村落后的面貌，加强农村地区生产生活服务设施、公益事业等各项建设，推进社会主义新农村建设，统筹城乡发展、构建社会主义和谐社会具有重大意义。

（2）乡和村庄规划的任务

① 规划任务的目标

A. 从农村实际出发，尊重农民意愿，科学引导，体现地方和农村特色；

B. 坚持以促进生产发展、服务农业为出发点，处理好新农村建设与工业化、城镇化快速发展之间的关系，加快农业产业化发展，改善农民生活质量与水平；

C. 贯彻"节水、节地、节能、节材"的建设要求，保护耕地与自然资源，科学、有效、集约利用资源，促进广大农村地区的可持续发展；

D. 加强农村基础设施、生产生活服务设施建设以及公益事业建设的引导与管理，促进农村精神文明建设。

② 各规划阶段的任务

A. 乡和村庄总体规划是乡级行政区域内村庄和集镇布点规划及相应的各项建设的整体部署。包括乡级行政区域的村庄、集镇布点，村庄和集镇的位置、性质、规模和发展方向，村庄和集镇的交通、供水、供电、商业、绿化等生产和生活服务设施的配置。

B. 乡和村庄建设规划。在总体规划指导下，具体安排村庄和集镇的各项建设。包括住宅、乡（镇）村企业、乡（镇）村公共设施、公益事业等各项建设的用地布局、用地规划，有关技术经济指标，近期建设工程以及重点地段建设的具体安排。

二、镇规划的编制

（一）镇规划概述

1. 镇规划的依据

（1）法律法规依据

① 《中华人民共和国城乡规划法》；
② 《中华人民共和国土地管理法》；
③ 《中华人民共和国环境保护法》；
④ 《城市规划编制办法》；
⑤ 《城市规划编制办法实施细则》；
⑥ 《城镇体系规划编制审批办法》；
⑦ 《村庄和集镇规划管理条例》；
⑧ 各级政府的村镇规划技术规定、村镇规划建设管理规定和村镇规划编制办法。

（2）规划技术依据

① 《镇规划标准》；
② 《村镇规划卫生标准》；
③ 《镇（乡）域规划导则（试行）》。

（3）政策依据

① 国家小城镇战略；
② 国家和地方对小城镇发展制定的相关文件；
③ 各级政府对本地区小城镇的发展战略要求；
④ 地方政府国民经济和社会发展计划；
⑤ 地方政府的《政府工作报告》；
⑥ 上级政府及相关职能部门对小城镇建设发展的指导思想和具体意见。

2. 镇规划的原则

（1）宏观指导性原则

① 人本主义原则；
② 可持续发展原则；

③ 区域协同、城乡协调发展原则；
④ 因地制宜原则；
⑤ 市场与政府调控相结合原则。
(2) 规划技术原则
① 科学合理性原则；
② 完整性原则；
③ 独特性原则；
④ 灵活性原则；
⑤ 创新性原则；
⑥ 集约性原则；
⑦ 连续性原则；
⑧ 可操作性原则。

3. 镇规划的指导思想

必须以建立资源节约型、环境友好型城镇、构建和谐社会、服务"三农"、促进社会主义新农村建设为目标，坚持城乡统筹的指导思想。

4. 镇规划的阶段和层次划分

(1) 县人民政府所在地的镇规划，分为总体规划和详细规划，总体规划之前可增加规划纲要阶段；

(2) 镇规划包括镇域规划和镇区规划，县人民政府所在地的镇总体规划，包括县域城镇体系规划和县城区规划；

(3) 镇可以在总体规划指导下编制控制性详细规划和修建性详细规划，也可直接编制修建性详细规划。

5. 镇规划的期限

(1) 镇总体规划的期限为20年；

(2) 近期建设规划可以为5~10年。

(二) 熟悉镇规划的内容

1. 镇总体规划纲要

(1) 根据县（市）域规划，特别是县（市）域城镇体系规划所提出的要求，确定乡（镇）的性质和发展方向；

(2) 根据对乡（镇）本身发展优势、潜力与局限性的分析，评价其发展条件，明确长远发展目标；

(3) 根据农业现代化建设的需要，提出调整村庄布局的建议，原则确定村镇体系的结构与布局；

(4) 预测人口的规模与结构变化，重点是农业富余劳动力空间转移的速度、流向与城镇化水平；

(5) 提出各项基础设施与主要公共建筑的配置建议；

(6) 原则确定建设用地标准与主要用地指标，选择建设发展用地，提出镇区的规划范围和用地的大体布局。

2. 县人民政府所在地镇规划编制的内容

该类镇的规划应执行城市规划的办法，按照省（自治区、直辖市）域城镇体系规划以及所在市的城市总体规划提出的要求，对县域镇乡和所辖村庄的合理发展与空间布局、基础设施和社会公共服务设施的配置等内容提出引导和控制措施。

3. 一般建制镇规划编制的内容

（1）村镇总体规划应当包括的内容

① 对现有居民点与生产基地进行布局调整，明确各自在村镇体系中的地位。

② 确定各个主要居民点与生产基地的性质和发展方向，明确它们在村镇体系中的职能分工。

③ 确定乡（镇）域及规划范围内主要居民点的人口发展规模和建设用地规模。

人口发展规模的确定：用人口的自然增长加机械增长的方法计算出规划期末乡（镇）域的总人口。在计算人口的机械增长时，应当根据产业结构调整的需要，分别计算出从事第一、第二、第三产业所需要的人口数，估算规划期内有可能进入和迁出规划范围的人口数，预测人口的空间分布。

建设用地规模的确定：根据现状用地分析，土地资源总量以及建设发展的需要，按照《村镇规划标准》确定人均建设用地标准。结合人口的空间分布，确定各主要居民点与生产基地的用地规模和大致范围。

④ 安排交通、供水、排水、供电、电信等基础设施，确定工程管网走向和技术选型等。

⑤ 安排卫生院、学校、文化站、商店、农业生产服务中心等对全乡（镇）域有重要影响的主要公共建筑。

⑥ 提出实施规划的政策措施。

（2）镇域镇村体系规划主要内容

① 预测第一、第二、第三产业的发展前景以及劳动力和人口的流动趋势；

② 落实镇区规划人口规模，划定镇区用地规划发展的控制范围；

③ 提出村庄的建设调整设想；

④ 确定镇域内主要道路交通、公用工程设施、公共服务设施以及生态环境、历史文化保护、防灾减灾防疫系统。

（3）镇区建设规划应当包括的内容

① 在分析土地资源状况、建设用地现状和经济社会发展需要的基础上，根据《村镇规划标准》确定人均建设用地指标，计算用地总量，再确定各项用地的构成比例和具体数量；

② 进行用地布局，确定居住、公共建筑、生产、公用工程、道路交通系统、仓储、绿地等建筑与设施建设用地的空间布局，做到联系方便、分工明确，划清各项不同使用性质用地的界线；

③ 确定历史文化保护及地方传统特色保护的内容及要求；

④ 根据村镇总体规划提出的原则要求，对规划范围的供水、排水、供热、供电、电信、燃气等设施及其工程管线进行具体安排，按照各专业标准规定，确定空中线路、地下管线的走向与布置，并进行综合协调；

⑤ 确定旧镇区改造和用地调整的原则、方法和步骤；

⑥ 对中心地区和其他重要地段的建筑体量、体型、色彩提出原则性要求；

⑦ 确定道路红线宽度、断面形式和控制点坐标标高，进行竖向设计，保证地面排水顺利，尽量减少土石方量；
⑧ 综合安排环保和防灾等方面的设施；
⑨ 编制镇区近期建设规划。

4. 镇规划的强制性内容
（1）规划范围；
（2）规划建设用地规模；
（3）基础设施和公共服务设施用地；
（4）水源地和水系；
（5）基本农田和绿化用地；
（6）环境保护的规划目标与治理措施；
（7）自然与历史文化遗产保护区及利用的目标与要求；
（8）防灾减灾工程。

5. 镇区详细规划编制的内容
（1）控制性详细规划
① 确定规划区内不同用地性质的界线；
② 确定各地块主要建设指标的控制要求与城市设计指导原则；
③ 确定地块内的各类道路交通设施布局与设置要求；
④ 确定各项公用工程设施建设的工程要求；
⑤ 制定相应的土地使用与建筑管理规定。
（2）修建性详细规划
① 建设条件分析及综合技术经济论证；
② 建筑、道路和绿地等的空间布局和景观规划设计；
③ 提出交通组织方案和设计；
④ 进行竖向规划设计以及公用工程管线规划设计和管线综合；
⑤ 估算工程造价，分析投资效益。

（三）熟悉镇规划编制的方法

（1）基础资料的收集、整理与分析；
（2）确定村镇性质；
（3）预测村镇人口，确定村镇规模；
（4）确定总体规划经济技术指标；
（5）确定村镇总体布局；
（6）应当明确安排村镇重要公共建筑和主要基础设施的位置与规模，制定实施规划和政策措施。

（四）熟悉镇规划的成果要求

1. 村镇总体规划的成果应当包括图纸与文字资料两部分
（1）图纸应当包括：

① 乡（镇）域现状分析图（比例尺1：10000，根据规模大小可在1：5000～1：25000之间选择）；
② 村镇总体规划图［比例尺必须与乡（镇）域现状分析图一致］。
（2）文字资料应当包括：
① 规划文本，主要对规划的各项目标和内容提出规定性要求；
② 经批准的规划纲要；
③ 规划说明书，主要说明规划的指导思想、内容、重要指标选取的依据，以及在实施中要注意的事项；
④ 基础资料汇编。

2. 镇区建设规划的成果应当包括图纸与文字资料两部分

（1）图纸应当包括：
① 镇区现状分析图（比例尺1：2000，根据规模大小可在1：1000～1：5000之间选择）；
② 镇区建设规划图（比例尺必须与现状分析图一致）；
③ 镇区工程规划图（比例尺必须与现状分析图一致）；
④ 镇区近期建设规划图（可与建设规划图合并，单独绘制时比例尺采用1：200～1：1000）。

（2）文字资料应当包括规划文本、说明书、基础资料三部分。镇区建设规划与村镇总体规划同时报批时，其文字资料可以合并。

（五）2010年11月4日发布的《镇(乡)域规划导则(试行)》的编制内容

1. 经济社会发展目标与产业布局

（1）经济社会发展

分析自然条件、资源基础和发展潜力，提出镇（乡）域城乡统筹发展战略，确定镇（乡）域发展定位和社会经济发展目标；分析农村人口转移趋势和流向，预测镇（乡）域人口规模；明确镇（乡）域产业结构调整目标、产业发展方向和重点，提出三次产业发展的主要目标和发展措施。

（2）产业布局

统筹规划镇（乡）域三次产业的空间布局，合理确定农业生产区、农副产品加工区、产业园区、物流市场区、旅游发展区等产业集中区的选址和用地规模。

2. 空间利用布局与管制

（1）空间利用布局

划定镇（乡）域山区、水面、林地、农地、草地、城镇建设、基础设施等用地空间的范围，结合气候条件、水文条件、地形状况、土壤肥力等自然条件，提出各类用地空间的开发利用、设施建设和生态保育措施。

① 山区保护与开发。以保护和改善生态环境为核心，提出山区农林产品、旅游开发、矿藏采掘等开发利用措施。

② 水资源与滨水空间保护与利用。优先确定保护和整治水体环境方案，合理安排农田灌溉设施布局，提出滨水空间、特色水产品、水上观光等水资源利用与开发规划，对河

道清淤及其长效管理提出建议。

③ 林地保育与利用。完善水土保持、林地保育等生态空间；规划苗圃、生态林、经济林等林地及其种植范围；安排林地道路系统、林区特产品加工、林区生态旅游等设施用地。

④ 农地利用及农田基本建设。规划农业种植项目，并确定其空间分布；统筹安排农业设施和农田水利建设工程，确定其分布和规模等；科学划定需要改造的中低产田区域、农田整治区域和可复垦农田地区，并提出相应的农田基本建设工程项目。

⑤ 草地利用与牧区布局。划定草场，进行草场载畜量评价，实行以草定畜确定生产规模，避免超载过牧；划定需要实施草地改良的区域，并提出相关的水利、道路、虫害治理和轮牧措施；规划牧区生产和防灾抗灾的生命线工程和必备的基础设施、公共设施。

⑥ 村镇建设布局。确定村镇居民点体系，结合空间管制确定镇（乡）域建设用地的规模和布局，分别划定保留的原有建设用地和新增建设用地的范围。

⑦ 基础设施用地布局。划定各类交通设施、公用工程设施和水利设施的用地范围。构建镇（乡）域机耕路、林区作业路、农田水网、灌溉渠网、运输管道等与工农业生产密切相关的通道网络，确定其线路走向和控制宽度。

镇（乡）域空间利用导引表

用地类型	分类	开发利用	设施建设	生态保育
山区	植被覆盖	农林产品种植、旅游开发	山林管理设施、旅游服务设施	依据生态敏感度评价，实行分级保护
	裸岩砾石	旅游开发、矿藏采掘	旅游服务设施、矿产采掘设施	
水面	河流、湖泊	水产品养殖、滨水旅游、农业灌溉	养殖设施、旅游服务设施、取水设施	严格保护水面范围
	水库、坑塘	水产品养殖、滨水旅游、农业灌溉	养殖设施、旅游服务设施、取水设施、防渗设施	
	滩涂	水产品养殖、滨水旅游	养殖设施、旅游服务设施	
	沟渠	农业灌溉	沟渠疏浚、防渗设施	
林地	园地	林果种植、茶叶种植、其他经济林种植（橡胶、可可、咖啡等）、采摘旅游	林业管理设施、林区作业路、旅游服务设施、防（火）灾设施	依据生态功能评估，实行较严格保护，园地与林地之间、林地与农田之间可进行一定的转用
	林地	用材林木、竹林、苗圃、观光旅游	林业管理设施、林区作业路、旅游服务设施、防（火）灾设施	
农地	水田	水生农作物种植、观光农业	排涝设施、节水灌溉设施、机耕路、旅游服务设施	严格保护田地范围，保育水土条件，进行土地整理
	水浇地	旱生农作物种植、采摘农业	灌溉渠网、灌溉设施、大棚等农业设施、机耕路、旅游服务设施	严格保护田地范围，保育水土条件，进行土地整理
	旱地	旱生农作物种植、采摘农业	节水灌溉设施、防旱应急设施、大棚等农业设施、机耕路	较严格保护，符合规划的条件下可转用为建设用地，进行土地整理
草地	牧草地	牲畜养殖、旅游开发	生产设施、防灾抗灾设施	实行以草定畜，控制超载过牧

续表

用地类型	分 类	开发利用	设施建设	生态保育
村镇	镇区（乡政府驻地）	城镇建设	基础设施、公共服务设施、经营设施等	村镇绿化建设及矿区复垦等
	村庄	农村居民点建设	基础设施、公共服务设施、经营设施等	
	产业园区与独立工矿区	工业开发、矿产采掘	工矿基础设施、配套生活服务设施	
设施	基础设施用地	—	交通设施、公用工程设施、水利设施、生产通道	—

(2) 空间管制

根据生态环境、资源利用、公共安全等基础条件划定生态空间，确定相关生态环境、土地和水资源、能源、自然与文化遗产等方面的保护与利用目标和要求，综合分析用地条件划定镇（乡）域内禁建区、限建区和适建区的范围，提出镇（乡）域空间管制原则和措施。

禁建区是指各类建设开发活动禁止进入或应严格避让的地区，主要包括自然保护区、基本农田保护区、水源地保护区、生态公益林、水土涵养区、湿地等；限建区是指附有限制准入条件可以建设开发的地区；适建区是指适宜进行建设开发的地区。

镇（乡）域禁建区和限建区划定表

要素	序号	要素大类	具体要素	空间管制分区	
				禁建区	限建区
地质	1	工程地质条件	工程地质条件较差地区	—	●
			工程地质条件一般及较好地区	—	—
	2	地震风险	活动断裂带	—	●
	3	水土流失防治	25°以上陡坡地区	—	●
			泥石流危害沟谷	—	危害严重、较严重
			水土流失重点治理区	●	
			山前生态保护区	●	
	4	地质灾害	泥石流、砂土液化等危险区	—	●
			地面沉降危害区	—	危害较大区、危害中等区
			地裂缝危害区	所在地	两侧500m范围内
			崩塌、滑坡、塌陷等危险区	●	—
	5	地质遗迹与矿产保护	地质遗迹保护区、地质公园	—	●
			矿产资源保护	—	●

175

续表

要素	序号	要素大类	具体要素	空间管制分区	
				禁建区	限建区
水系	6	河湖湿地	河湖水体、水滨保护地带	—	●
			水利工程保护范围	—	●
	7	水源保护	地表水源保护区	一级保护区	二级保护区、三级保护区
			地下水源保护区	核心区	防护、补给区
	8	地下水超采	地下水严重超采区	—	严重超采区
			地下水一般超采及未超采区	—	—
	9	洪涝调蓄	超标洪水分洪口门	●	—
			超标洪水高风险区	—	●
			超标洪水低风险区、相对安全区和洪水泛区	—	—
			蓄滞洪区	●	—
绿地	10	绿化保护	自然保护区	核心区、缓冲区	实验区
			风景名胜区	特级保护区	一级保护区、二级保护区
			森林公园、名胜古迹区林地、纪念林地、绿色通道	—	●
			生态公益林地	重点生态公益林	一般生态公益林
			种子资源地、古树群及古树名木生长地	●	—
农地	11	农地保护	基本农田保护区	●	—
			一般农田	—	—
环境	12	污染物集中处置设施防护	固体废弃物处理设施、垃圾填埋场防护区、危险废物处理设施防护区	—	●
			集中污水处理厂防护区	—	●
	13	民用电磁辐射设施防护	变电站防护区	110kV以上变电站	—
			广播电视发射设施保护区	保护区	控制发展区
			移动通信基站防护区、微波通道电磁辐射防护区	—	●
	14	市政基础设施防护	高压走廊防护区	110kV以上输电线路的防护区	—
			石油天然气管道设施安全防护区	安全防护一级区	安全防护二级区
	15	噪声污染防护	高速公路环境噪声防护区	—	两侧各100m范围
			铁路环境噪声防护区	—	两侧各350m范围
			机场噪声防护区	—	沿跑道方向距跑道两端各1~3km，垂直于跑道方向距离跑道两侧边缘各0.5~1km范围

续表

要素	序号	要素大类	具体要素	空间管制分区	
				禁建区	限建区
文物	16	文物保护	国家级、市级文物保护单位	文保单位	建设控制地带
			区县级文物保护单位、历史文化保护区	—	●
			地下文物埋藏区	—	●

注："●"表示该项应列为禁建区或限建区；"—"表示空缺；文字说明表示该项相应内容应列为禁建区或限建区。

3. 居民点布局

（1）提出镇（乡）域居民点集中建设、协调发展的总体方案和村庄整合的具体安排，构建镇区（乡政府驻地）、中心村、基层村三级体系；预测镇区（乡政府驻地）和镇（乡）域各行政村人口规模和建设用地规模（建设用地分类和人均建设用地指标由各省级住房和建设主管部门按照本地情况确定）；确定镇区（乡政府驻地）功能，划定镇区（乡政府驻地）建设用地范围。

（2）中心村以服务农业、农村和农民为目标。中心村遴选应当综合考虑以下条件：

① 规模较大；

② 经济实力较强；

③ 基础设施和公共服务设施较为完备；

④ 能够带动周围村庄建设和发展。合理布局中心村，平原地区服务半径一般按带动5个左右基层村为宜，山区等特殊地区可根据实际情况确定中心村服务半径。

（3）居民点规划要尊重现有的乡村格局和脉络，尊重居民点规划与生产资料以及社会资源之间的依存关系，没有重大理由不得迁并村庄。村庄迁并不得违反村民意愿、不得影响村民生产生活。要确保村庄整合后村民生产更方便、居住更安全、生活更有保障。应特别注重保护当地历史文化、宗教信仰、风俗习惯、特色风貌和生态环境等。

（4）提出村庄建设与整治的原则要求和分类管理措施，重点从空间格局、景观环境、建筑风貌等方面提出村容村貌建设的整体要求。

4. 交通系统

（1）公路

确定高速公路、国道、省道、县道和乡道等公路在镇（乡）域的线路走向，按照公路设计相关标准确定公路的等级和控制宽度。规划农村公交线路，确定公交站点位置。

（2）航道

水网地区应提出镇（乡）域水运交通组织方案，按照航道设计相关标准，明确航道等级和走向、港口布局、桥梁净空要求等。

（3）站场

按照相关标准，确定镇（乡）域汽车站、火车站、港口码头等交通站场的等级和功能（客运、货运），提出其规划布局和用地规模。确定加油站、停车场等静态交通设施、批发市场和物流点的规划布局和用地规模。

5. 供水及能源工程

（1）给水

确定镇（乡）域供水方式和水源[包括水源地（含供水主干网）和水厂的选址和规模]，预测镇（乡）域用水量（包括工农业生产用水、生活用水、生态用水），并按规范规划布置供水主干次管网。

（2）能源工程

根据地方特点确定主要能源供应方式；预测镇（乡）域用电负荷（包括工农业生产用电、生活用电），规划变电站位置、等级和规模，布局输电网络；确定燃气供应方式，提倡利用沼气、太阳能、地热、水电等清洁能源。

6. 环境卫生治理

（1）垃圾处理设施

根据当地自然和社会经济条件，提出垃圾处理目标，划定垃圾集中处理和分散处理的区域及方式。提倡生活垃圾分类和垃圾资源化处置方式。根据需要规划垃圾集中处理设施和垃圾中转设施，确定其位置和占地规模。

（2）污水治理

根据当地自然和社会经济条件，提出污水处理目标，划定污水集中处理和分散处理的区域及方式。优化、确定污水集中处理设施的选址和规模，并布置排水主干管网；缺水且有条件的镇（乡）可进一步实施生活污水和工业污水独立系统，提出污（废）水综合利用或资源化措施，并布置中水管网等。

（3）粪便处理设施

确定乡村粪便处理的方式和用途，鼓励粪便资源化处理。实施集中处理的，要根据人口密度和运行管理能力等规划处理设施的位置和占地规模。

7. 公共设施

积极推进城乡基本公共服务均等化，按镇区（乡政府驻地）、中心村、基层村三个等级配置公共设施，安排行政管理、教育机构、文体科技、医疗保健、商业金融、社会福利、集贸市场等7类公共设施的布局和用地。

公共设施项目配置表

类别	项目名称	镇区（乡政府驻地）	中心村	基层村
一、行政管理	1. 党、政府、人大、政协、团体	●	—	—
	2. 法庭	○	—	—
	3. 各专项管理机构	●	—	—
	4. 居委会、警务室	●	—	—
	5. 村委会	○	●	●
二、教育机构	6. 专科院校	○	—	—
	7. 职业学校、成人教育及培训机构	○	—	—
	8. 高级中学	○	—	—
	9. 初级中学	●	○	—
	10. 小学	●	●	○
	11. 幼儿园、托儿所	●	●	○

续表

类　别	项目名称	镇区 （乡政府驻地）	中心村	基层村
三、文体科技	12. 文化站（室）青少年及老年之家	●	●	○
	13. 体育场馆	●	—	—
	14. 科技站、农技站	●	○	—
	15. 图书馆、展览馆、博物馆	○	—	—
	16. 影剧院、游乐健身场所	●	○	—
	17. 广播电视台（站）	●	—	—
四、医疗保健	18. 计划生育站（组）	●	●	—
	19. 防疫站、卫生监督站	●	—	—
	20. 医院、卫生院、保健站	●	●	●
	21. 休疗养院	○	—	—
	22. 专科诊所	●	○	—
五、商业金融	23. 生产资料、建材、日杂商品	●	○	—
	24. 粮油店	●	●	—
	25. 药店	●	○	—
	26. 燃料店（站）	●	—	—
	27. 理发馆、浴室、照相馆	●	○	—
	28. 综合服务站	●	●	○
	29. 物业管理	●	○	—
	30. 农产品销售中介	○	●	—
	31. 银行、信用社、保险机构	●	—	—
	32. 邮政局	●	○	—
六、社会保障	33. 残障人康复中心	●	—	—
	34. 敬老院	●	○	—
	35. 养老服务站	●	●	—
七、集贸设施	36. 蔬菜、果品、副食市场	●	○	—
	37. 粮油、土特产、市场畜禽、水产市场	●	○	—
	38. 燃料、建材家具、生产资料市场	○	—	—

注："●"表示必须设置；"○"表示可以选择设置；"—"表示可以不设置。

8. 防灾减灾

以中心村为防灾减灾基本单元，整合各类减灾资源，确定综合防灾减灾与公共安全保障体系，提出防洪排涝、防台风、消防、人防、抗震、地质灾害防护等规划原则、设防标准及防灾减灾措施；迁建村庄和新建镇区必须进行建设用地适宜性评价。

（1）防洪排涝

按城乡统一规划，明确防洪标准，提出防洪设施建设的原则和要求。易受内涝灾害的镇（乡），应结合排水工程统一规划排涝工程，明确防涝灾害标准，提出排涝设施布局和建设标准。

（2）消防

按城乡统一布局的原则和要求，规划消防通道，有条件和需要的镇（乡）设置消防站。

（3）地质灾害防治

存在泥石流、滑坡、山崩、地陷、断层、沉降等地质灾害隐患的镇（乡），应划定灾害易发区域，提出村镇规划建设用地选址和布局的原则和要求。

（4）抗震救灾和突发事件应对

位于地震基本烈度6度及以上地区的镇（乡），应根据相关标准确定镇（乡）域抗震设防标准，明确应急避难场所分布、救援通道建设、生命线工程建设的原则和要求。

9. 历史文化和特色景观资源保护

存在自然保护区、风景名胜区、特色街区、名镇名村等历史文化和特色景观资源的镇（乡），应参照相关规范和标准编制相应的保护和开发利用规划（或采用规划专题的形式）。达不到自然保护区、风景名胜区、特色街区、名镇名村等设立标准，但具有保护价值的历史文化和特色景观资源，应提出保护要求。

（六）2010年11月4日发布的《镇（乡）域规划导则（试行）》的成果要求

1. 规划成果内容

（1）镇（乡）域规划的规划成果包括文本、图纸和说明书。文本应当规范、准确、含义清晰。图纸内容应与文本一致。说明书的内容主要有分析现状、论证规划意图、解释规划文本等，附有重要的基础资料和必要的专题研究报告。

（2）镇（乡）域规划的图纸除区位图外，图纸比例尺一般要求为1∶10000，根据镇、乡行政辖区面积大小一般在1∶5000～1∶25000之间选择。

规划图纸名称和内容一览表

序号	图纸名称	图纸内容	必选/可选
1	区位图	标明镇、乡在大区域中所处的位置	必选
2	镇（乡）域现状分析图	标明行政区划、村镇分布、交通网络、主要基础设施、主要风景旅游资源等内容	必选
3	镇（乡）域经济社会发展与产业布局规划图	可选择绘制镇（乡）域产业布局规划图或镇（乡）域产业链规划图，重点标明镇（乡）域三次产业和各类产业集中区的空间布局	必选
4	镇（乡）域空间布局规划图	确定镇（乡）域山区、水面、林地、农地、草地、村镇建设、基础设施等用地的范围和布局，标明各类土地空间的开发利用途径和设施建设要求	必选
5	镇（乡）域空间管制规划图	标明行政区划，划定禁建区、限建区、适建区的控制范围和各类土地用途界限等内容	必选
6	镇（乡）域居民点布局规划图	标明行政区划，确定镇（乡）域居民点体系布局，划定镇区（乡政府驻地）建设用地范围	必选

续表

序号	图纸名称	图纸内容	必选/可选
7	镇（乡）域综合交通规划图	标明公路、铁路、航道等的等级和线路走向，组织公共交通网络，标明镇（乡）域交通站场和静态交通设施的规划布局和用地范围	必选
8	镇（乡）域供水供能规划图	标明镇（乡）域给水、电力、燃气等的设施位置、等级和规模，管网、线路、通道的等级和走向	必选
9	镇（乡）域环境环卫治理规划图	标明镇（乡）域污水处理、垃圾处理、粪便处理等设施（集中处理设施和中转设施）的位置和占地规模	必选
10	镇（乡）域公共设施规划图	标明行政管理、教育机构、文体科技、医疗保健、商业金融、社会福利、集贸市场等各类公共设施在镇（乡）域中的布局和等级	必选
11	镇（乡）域防灾减灾规划图	划定镇（乡）域防洪、防台风、消防、人防、抗震、地质灾害防护等需要重点控制的地区，标明各类灾害防护所需设施的位置、规模和救援通道的线路走向	必选
12	镇（乡）域历史文化和特色景观资源保护规划图	标明镇（乡）域自然保护区、风景名胜区、特色街区、名镇名村等的保护和控制范围	可选

（3）规划成果应当以书面和电子文件两种形式表达。

2. 镇（乡）域规划的强制性内容

规划区范围、镇区（乡政府驻地）建设用地范围、镇区（乡政府驻地）和村庄建设用地规模、基础设施和公共服务设施用地、水源地和水系、基本农田、环卫设施用地、历史文化和特色景观资源保护以及防灾减灾等。

三、乡和村庄规划的编制

（一）乡和村规划的概述

1. 乡和村庄规划编制的指导思想和原则

（1）规划基本目标：以服务农业、农村和农民为基本目标。

（2）规划指导思想

① 因地制宜；

② 循序渐进；

③ 统筹兼顾；

④ 协调发展。

（3）规划原则

① 根据国民经济和社会发展计划，结合当地经济发展的现状和要求，以及自然环境、资源条件和历史状况等，统筹兼顾，综合部署村庄和集镇的各项建设；

② 处理好近期建设与远景发展、改造与新建的关系，使村庄、集镇的性质和建设的

规模、速度与标准同经济发展和农民生活水平相适应；

③ 合理用地，节约用地，各项建设应当相对集中，充分利用原有建设用地，新建扩建工程及住宅应当尽量不占用耕地和林地；

④ 有利生产，方便生活，合理安排住宅、乡（镇）企业、乡（镇）村公共设施和公益事业的建设布局，促进农村各项事业协调发展，并适当留有发展余地；

⑤ 保护和改善生态环境，防治污染和其他公害，加强绿化和村容村貌、环境卫生建设。

2. 乡和村庄规划的阶段和层次

（1）乡规划分为乡总体规划和乡驻地建设规划两个阶段；

（2）村庄、集镇规划一般分为总体规划和建设规划两个阶段。

3. 乡和村庄规划的期限

（1）乡总体规划期限为20年，近期建设规划可以分为5～10年；

（2）村庄规划期限比较灵活，一般整治规划考虑近期为3～5年。

（二）熟悉乡和村庄规划的内容

1. 乡规划编制的内容

（1）乡域规划的主要内容

① 提出乡产业发展目标以及促进生产发展的措施建议，落实相关生产设施、生活服务设施以及公益事业等各项建设的空间布局；

② 确定规划期内各阶段人口规模与人口分布；

③ 确定乡的职能规模，明确乡政府驻地的规划建设标准与规划范围；

④ 确定中心村、基层村的层次与等级，提出村庄集约建设的分阶段目标及实施方案；

⑤ 统筹配置各项公共设施、道路和各项公用工程设施，制定各专项规划，并提出自然和历史文化保护、防灾减灾、防疫等要求；

⑥ 提出实施规划的措施和有关建议；

⑦ 明确规划强制性内容。

（2）村庄、集镇总体规划的主要内容

① 乡级行政区域的村庄、集镇布点；

② 村庄和集镇的位置、性质、规模和发展方向；

③ 村庄和集镇的交通、供水、供电、商业、绿化等生产和生活服务设施的配置。

（3）乡驻地规划的主要内容

① 确定规划区内各类用地布局，提出道路网络建设与控制要求；

② 对规划区内的工程建设进行规划安排；

③ 建立环境卫生系统和综合防疫系统；

④ 确定规划区内生态环境与优化目标，划定主要水体保护和控制范围；

⑤ 确定历史文化保护及地方传统特色保护的内容及要求；

⑥ 划定历史文化街区、历史建筑保护范围，确定各级文物保护单位、特色风貌保护重点区域范围及保护措施；

⑦ 划定建设容量，确定公用工程管线位置、管径和工程设施的用地界线，进行管网

综合。

2. 村庄规划编制的内容

① 安排村域范围内的农业生产用地布局及为其配套服务的各项设施；
② 确定村庄居住、公共设施、道路、工程设施等用地布局；
③ 确定村庄内的给水、排水、供电等工程设施及其管线走向、敷设方式；
④ 确定垃圾分类及转运方式，明确垃圾收集点、公厕等环境卫生设施的分布、规模；
⑤ 确定防灾减灾、防疫设施分布和规模；
⑥ 对村口、主要水体、特色建筑、街景、道路以及其他重点地区的景观提出规划设计；
⑦ 对村庄分期建设时序进行安排，提出3~5年内近期项目的具体安排，并对近期建设的工程量、总造价、投资效益等进行估算和分析；
⑧ 提出保障规划实施的措施和建议。

（三）熟悉乡和村庄规划编制的方法

乡规划和村庄规划编制的方法与镇规划编制的方法相同，均以《村镇规划标准》的要求为准。

村庄规划编制的重点是：村庄用地功能布局、产业发展与空间布局、人口变化分析、公共设施和基础设施、发展时序、防灾减灾。

1. 村庄规划的现状调研和分析

(1) 现状调查与分析工作的重点

① 现场调查：对村庄的基本情况如人口、经济、产业、用地布局、配套设施、历史文化等进行调查；
② 分析问题：找出当地社会经济发展、村庄规划建设、配套服务设施等方面的问题和原因。

(2) 现状调查与分析的具体内容

① 村庄背景情况：周围情况、自然条件、地质条件、历史沿革等；
② 社会经济发展：产业发展、人均年收入、村集体企业、出租土地产房等，村民福利（儿童、老人、五保户等）；
③ 人口劳动力：人口数量、劳动力、就业安置、教育、人口变化情况等；
④ 用地及房屋：村域用地现状、村庄建设用地现状图、建筑质量、建筑高度、控制房屋等；
⑤ 道路市政：现状道路、机动车、农用车普及情况、停车管理、饮用水达标、黑水（厕所冲水）、灰水（洗漱用水）和雨水的收集与处理，供电、电信、网络、有线电视，采暖方式、燃料来源、垃圾收集处理；
⑥ 公共配套：商业设施、文化站、阅览室、医疗室、中小学、托幼、敬老院、公共活动场所、公园、健身场地、公共厕所、公共浴室等；
⑦ 其他：历史文化和地方特色（古庙、传说等），村民住房形式和施工方式、室内装修、家电设备、建设成本，民风民俗，民主管理公共事务，村民合作组织等；
⑧ 现状照片：场地、建筑、设施的照片，村民活动，民风民俗，座谈和访谈会，入

户调查,现场工作场景;

⑨ 相关规划:乡镇域规划、村庄体系规划、村庄发展规划设想,有关的专项规划、历史进行过的村庄改造项目等。

2. 村庄规划编制的技术要点和应注意的问题

(1) 村庄规划编制的技术要点

① 村庄规划应是以行政村为单位的编制;

② 村庄规划应在乡(镇)域规划、土地利用规划等有关规划的指导下进行编制;

③ 村庄规划重点规划好公共服务设施、道路交通、市政基础设施、环境卫生设施等内容;

④ 村庄规划要合理保护和利用当地资源、尊重当地文化和传统,充分体现"四节"原则。

(2) 村庄规划中应注意的问题

① 要重视安全问题;

② 村庄发展用地,可以在乡、镇规划中统筹考虑;

③ 结合村庄道路规划,安排消防通道;

④ 市政、道路等公用设施的规划充分结合当地条件,因地制宜;

⑤ 配套公共服务设施的配置不能缺项;

⑥ 新农村建设,应避免大拆大建,力求有地方特色。

3. 村庄的分类

(1) 村庄分类的影响因素:风险型生态因素、资源型生态因素、村庄规模和管理体制、历史文化资源等。

(2) 村庄可分为城镇化整理、迁建和保留发展三种类型:

① 城镇化整理型村庄是位于规划城市(镇)建设区内的村庄;

② 迁建型村庄是与生态限建要素有矛盾需要搬迁的村庄;

③ 保留发展型村庄包括位于限建区内可以保留但需要控制规模的村庄和发展条件好可以保留并发展的村庄,其形式有保留控制发展型、保留适度发展型、保留重点发展型。

4. 村庄规划用地分类

按 2014 年 7 月 11 日颁布的《村庄规划用地分类指南》,村庄规划用地共分为 3 大类、10 中类、15 小类。具体分类及代码如下表。

类别代码			类别名称	内容
大类	中类	小类		
V			村庄建设用地	村庄各类集体建设用地,包括村民住宅用地、村庄公共服务用地、村庄产业用地、村庄基础设施用地及村庄其他建设用地等
	V1		村民住宅用地	村民住宅及其附属用地
		V11	住宅用地	只用于居住的村民住宅用地
		V12	混合式住宅用地	兼具小卖部、小超市、农家乐等功能的村民住宅用地

续表

类别代码			类别名称	内　容
大类	中类	小类		
V	V2		村庄公共服务用地	用于提供基本公共服务的各类集体建设用地，包括公共服务设施用地、公共场地
		V21	村庄公共服务设施用地	包括公共管理、文体、教育、医疗卫生、社会福利、宗教、文物古迹等设施用地以及兽医站、农机站等农业生产服务设施用地
		V22	村庄公共场地	用于村民活动的公共开放空间用地，包括小广场、小绿地等
	V3		村庄产业用地	用于生产经营的各类集体建设用地，包括村庄商业服务业设施用地、村庄生产仓储用地
		V31	村庄商业服务业设施用地	包括小超市、小卖部、小饭馆等配套商业、集贸市场以及村集体用于旅游接待的设施用地等
		V32	村庄生产仓储用地	用于工业生产、物资中转、专业收购和存储的各类集体建设用地，包括手工业、食品加工、仓库、堆场等用地
	V4		村庄基础设施用地	村庄道路、交通和公用设施等用地
		V41	村庄道路用地	村庄内的各类道路用地
		V42	村庄交通设施用地	包括村庄停车场、公交站点等交通设施用地
		V43	村庄公用设施用地	包括村庄给排水、供电、供气、供热和能源等工程设施用地；公厕、垃圾站、粪便和垃圾处理设施等用地；消防、防洪等防灾设施用地
	V9		村庄其他建设用地	未利用及其他需进一步研究的村庄集体建设用地
N			非村庄建设用地	除村庄集体用地之外的建设用地
	N1		对外交通设施用地	包括村庄对外联系道路、过境公路和铁路等交通设施用地
	N2		国有建设用地	包括公用设施用地、特殊用地、采矿用地以及边境口岸、风景名胜区和森林公园的管理和服务设施用地等
E			非建设用地	水域、农林用地及其他非建设用地
	E1		水域	河流、湖泊、水库、坑塘、沟渠、滩涂、冰川及永久积雪
		E11	自然水域	河流、湖泊、滩涂、冰川及永久积雪
		E12	水库	人工拦截汇集而成具有水利调蓄功能的水库正常蓄水位岸线所围成的水面
		E13	坑塘沟渠	人工开挖或天然形成的坑塘水面以及人工修建用于引、排、灌的渠道
	E2		农林用地	耕地、园地、林地、牧草地、设施农用地、田坎、农用道路等用地
		E21	设施农用地	直接用于经营性养殖的畜禽舍、工厂化作物栽培或水产养殖的生产设施用地及其相应附属设施用地，农村宅基地以外的晾晒场等农业设施用地
		E22	农用道路	田间道路（含机耕道）、林道等
		E23	其他农林用地	耕地、园地、林地、牧草地、田坎等土地
	E9		其他非建设用地	空闲地、盐碱地、沼泽地、沙地、裸地、不用于畜牧业的草地等用地

(四)熟悉乡和村庄规划的成果要求

1. 规划图纸和必要的文字说明

内容参照镇规划。

2. 规划基本图纸包括:

① 位置图;

② 用地现状图;

③ 用地规划图;

④ 道路交通规划图;

⑤ 市政设施系统规划图。

3. 2013 年全国村庄规划试点工作的要点

(1) 试点目的

探索符合农村实际情况的村庄规划理念,创新和改进村庄规划方法,形成一批有示范意义的优秀村庄规划范例,提高村庄规划编制水平,增强村庄规划的实用性。

(2) 试点村庄的选择

试点村庄主要选择以下类型:一是将开展人居环境整治的村庄;二是产业发展较快、需统筹规划的村庄,包括现代农业、工业、旅游等产业;三是建设活动频繁、需加强管控的村庄,包括城乡接合部和公路沿线的村庄;四是需加强保护的村庄,包括历史文化名村、传统村落等;五是以整治和打造乡村景观为重点的村庄;六是其他有热点、难点问题的村庄。

(3) 编制方法的要求

① 注重调查。深入村庄,采取实地踏勘、入户调查、召开座谈会等多种方式,了解村庄实际情况和村民真实需求,全面收集规划基础资料。调查次数不少于 3 次,包括初步调查、详细调查和补充调查,调查时间不少于 50 人日。

② 整治为主。尊重既有村庄格局,尊重村庄与自然环境及农业生产之间的依存关系,防止盲目规划新村,不搞大拆大建,重点改善村庄人居环境和生产条件,保护和体现农村历史文化、地区和民族以及乡村风貌特色。防止简单套用城市规划手法。

③ 问题导向。通过深入实地调查,找准村庄发展要解决的问题以及村民生活和村庄建设管理中存在的问题,针对问题开展规划编制,建立有针对性的规划目标,增强村庄规划的实用性。

④ 村民参与。充分尊重村民在生产、土地使用和农房建设上的主体地位,对农民的关切要体现在规划中,建设项目要与农民利益相结合。在规划调研、编制、审批等各个环节,通过简明易懂的方式向村民征询意见、公示规划成果,动员村民积极参与村庄规划编制全过程。

⑤ 部门协作。试点村庄所在县(市、旗)要成立协调小组,由县(市、旗)级领导负责,建设、财政、国土、环保、交通、水利、农业等部门共同参与,在村庄规划中统筹安排各类项目并推进实施。

⑥ 总结提炼。在村庄规划编制过程中,不断总结经验,改进规划理念和方法,做好记录,为推广示范经验、编制村庄规划导则等提供依据。建立村庄规划后评估机制。

（4）规划基本内容

① 村域发展与控制规划。提出村庄产业发展方向和具体措施，规划村庄产业布局和生产性基础设施建设；明确须保护的耕地、基本农田以及生态环境资源，控制区域公用设施走廊；加强管控的村庄还须编制控制引导内容，划定建设管控范围，并提出管控要求。

② 村庄整治规划。制定村庄道路、供水、排水、垃圾、厕所、照明、绿化、活动场地、村务室和医务室等设施的整治与建设规划；提出闲散荒废用地的利用措施；制定村庄防灾减灾措施；提出村庄整治与建设的主要项目表，包括项目名称、项目规模、建设标准、建设时序、经费概算、资金来源等。

③ 田园风光及特色风貌保护规划。明确村庄历史文化和特色风貌，山、水、田、林等各类景观资源的具体保护内容和措施。加强保护的村庄还须编制专项规划，划定保护范围，提出保护要求与控制措施。

④ 村民住宅设计及规划指引。结合村民生产生活需要和当地传统建筑特色，按照安全、经济、实用、美观的原则，提出村民住宅设计要求。预测未来五年以上村内合法新增宅基地需求并规划用地布局，有条件的地方可研究空置宅基地和空置农房的有效利用、调整置换的方法。

（5）规划成果和深度

村庄规划成果应包括"一书一表五图"，其中"一书"即规划说明书；"一表"即主要整治项目表；"五图"为现状分析图、村域规划图、村庄规划图、主要整治项目分布图、农房建造及改造设计图等五大类图纸。

村庄规划必须有地形图，村庄地形图比例尺不低于1：2000，村域地形图比例尺不低于1：10000。主要整治项目应达到修建性详细规划深度，可直接指导实施，并能作为村庄规划管理的依据。

各地应根据实际情况细化规划内容和深度要求。

2013年全国村庄规划试点工作，对于村庄规划的理念、编制的规范化以及相关标准的制定，都应具有示范意义和推动作用。

（五）关于村庄整治规划

村庄整治规划是村庄规划广泛应用的重要类型之一，符合我国现有村庄发展的实际需要，是一项改善农村人居环境的重要举措。2013年12月17日住房和城乡建设部发布了《村庄整治规划编制办法》，并于即日起开始实施。

1. 编制要求

（1）编制村庄整治规划应以改善村庄人居环境为主要目的，以保障村民基本生活条件、治理村庄环境、提升村庄风貌为主要任务。

（2）尊重现有格局。在村庄现有布局和格局基础上，改善村民生活条件和环境，保持乡村特色，保护和传承传统文化，方便村民生产，慎砍树、不填塘、少拆房，避免大拆大建和贪大求洋。

（3）注重深入调查。采取实地踏勘、入户调查、召开座谈会等多种方式，全面收集基础资料，准确了解村庄实际情况和村民需求。

（4）坚持问题导向。找准村民改善生活条件的迫切需求和村庄建设管理中的突出问题，针对问题开展规划编制，提出有针对性的整治措施。

（5）保障村民参与。尊重村民意愿，发挥村民主体作用，在规划调研、编制等各个环节充分征询村民意见，通过简明易懂的方式公示规划成果，引导村民积极参与规划编制全过程，避免大包大揽。

2. 编制内容

（1）编制村庄整治规划要按依次推进、分步实施的整治要求，因地制宜确定规划内容和深度，首先保障村庄安全和村民基本生活条件，在此基础上改善村庄公共环境和配套设施，有条件的可按照建设美丽宜居村庄的要求提升人居环境质量。

（2）在保障村庄安全和村民基本生活条件方面，可根据村庄实际重点规划以下内容：

① 村庄安全防灾整治：分析村庄内存在的地质灾害隐患，提出排除隐患的目标、阶段和工程措施，明确防护要求，划定防护范围；提出预防各类灾害的措施和建设要求，划定洪水淹没范围、山体滑坡等灾害影响区域；明确村庄内避灾疏散通道和场地的设置位置、范围，并提出建设要求；划定消防通道，明确消防水源位置、容量；建立灾害应急反应机制。

② 农房改造：提出既有农房、庭院整治方案和功能完善措施；提出危旧房抗震加固方案；提出村民自建房屋的风格、色彩、高度控制等设计指引。

③ 生活给水设施整治：合理确定给水方式、供水规模，提出水源保护要求，划定水源保护范围；确定输配水管道敷设方式、走向、管径等。

④ 道路交通安全设施整治：提出现有道路设施的整治改造措施；确定村内道路的选线、断面形式、路面宽度和材质、坡度、边坡护坡形式；确定道路及地块的竖向标高；提出停车方案及整治措施；确定道路照明方式、杆线架设位置；确定交通标志、标线等交通安全设施位置；确定公交站点的位置。

（3）在改善村庄公共环境和配套设施方面，可根据村庄实际重点规划以下内容：

① 环境卫生整治：确定生活垃圾收集处理方式；引导分类利用，鼓励农村生活垃圾分类收集、资源利用，实现就地减量；对露天粪坑、杂物乱堆、破败空心房、废弃住宅、闲置宅基地及闲置用地提出整治要求和利用措施；确定秸秆等杂物、农机具堆放区域；提出畜禽养殖的废渣、污水治理方案；提出村内闲散荒废地以及现有坑塘水体的整治利用措施，明确牲口房等农用附属设施用房建设要求。

② 排水污水处理设施：确定雨污排放和污水治理方式，提出雨水导排系统清理、疏通、完善的措施；提出污水收集和处理设施的整治、建设方案，提出小型分散式污水处理设施的建设位置、规模及建议；确定各类排水管线、沟渠的走向，确定管径、沟渠横断面尺寸等工程建设要求；雨污合流的村庄应确定截流井位置、污水截流管（渠）走向及其尺寸。年均降雨量少于 600mm 的地区可考虑雨污合流系统。

③ 厕所整治：按照粪便无害化处理要求提出户厕及公共厕所整治方案和配建标准；确定卫生厕所的类型、建造和卫生管理要求。

④ 电杆线路整治：提出现状电力电信杆线整治方案；提出新增电力电信杆线的走向及线路布设方式。

⑤ 村庄公共服务设施完善：合理确定村委会、幼儿园、小学、卫生站、敬老院、文

体活动场所和宗教殡葬等设施的类型、位置、规模、布局形式；确定小卖部、集贸市场等公共服务设施的位置、规模。

⑥ 村庄节能改造：确定村庄炊事、供暖、照明、生活热水等方面的清洁能源种类；提出可再生能源利用措施；提出房屋节能措施和改造方案；缺水地区村庄应明确节水措施。

（4）在提升村庄风貌方面，可包括以下内容：

① 村庄风貌整治：挖掘传统民居地方特色，提出村庄环境绿化美化措施；确定沟渠水塘、壕沟寨墙、堤坝桥涵、石阶铺地、码头驳岸等的整治方案；确定本地绿化植物种类；划定绿地范围；提出村口、公共活动空间、主要街巷等重要节点的景观整治方案。防止照搬大广场、大草坪等城市建设方式。

② 历史文化遗产和乡土特色保护：提出村庄历史文化、乡土特色和景观风貌保护方案；确定保护对象，划定保护区；确定村庄非物质文化遗产的保护方案。防止拆旧建新、嫁接杜撰。

（5）根据需要可提出农村生产性设施和环境的整治要求和措施。

（6）编制村庄整治项目库，明确项目规模、建设要求和建设时序。

（7）建立村庄整治长效管理机制。鼓励规划编制单位与村民共同制定村规民约，建立村庄整治长效管理机制。防止重整治建设、轻运营维护管理。

3. 编制成果

（1）村庄整治规划成果应满足易懂、易用的基本要求，具有前瞻性、可实施性，能切实指导村庄建设整治，具体形式和内容可结合地方村庄整治工作实际需要进行补充、调整。

（2）村庄整治规划成果原则上应达到"一图二表一书"的要求。

（3）"一图"主要包括：

① 整治规划图（地形图比例尺为1：500～1：1000）。

A. 村庄用地布局方面：明确村庄内各类用地规划范围。

B. 安全防灾方面：标明地质灾害隐患区域范围、防护范围、防护要求；河流水体防洪范围；村内避灾疏散道路走向、避灾疏散场地的范围。

C. 给水工程方面：标明给水水源位置、应急备用水源位置、保护范围；给水设施规模、用地范围；给水管线走向、管径、主要控制标高；提供给水工程设施建设工程示意图。

D. 道路整治方面：标明各类道路红线或路面位置、横断面形式、交叉点坐标及标高；路灯及其架设方式；停车场地的位置和范围。

E. 环境卫生方面：标明环卫设施（垃圾收集点、转运场、公共厕所等）、集中畜禽饲养场、沼气池等的位置、规模、用地范围；提供环卫设施建设工程示意图。

F. 排水工程方面：标明污水处理设施规模、用地范围；排水管（渠）走向、尺寸和主要控制标高；截流井位置、标高。标明水面、坑塘及排水沟渠位置、宽度、主要控制标高；提供排水设施建设工程示意图。

G. 电杆线路整治方面：标明电力、电信线路的走向；电力电信设施的用地范围。

H. 公共服务设施方面：标明公共活动场所的范围；公共服务设施的类型、用地范围。

　　I. 绿化景观方面：标明主要街巷、村口、水体及公共活动空间等重要节点的整治范围；提供重要节点整治示意图、绿化配置示意图、地面铺装方式示意图、水体生态护坡、硬质驳岸等的整治示意图。

　　J. 文化保护方面：标明重点保护的民房、祠堂、历史建筑物与构筑物、古树名木等的位置和四至；划定保护区的范围；提供保护要求示意图。

　　② 主要整治项目分布图：标明整治项目的名称、位置。

　　村域设施整治方面：标明村域各生产性服务设施、公用工程设施的位置、类型、规模和整治措施。

　　(4) "二表"主要包括：

　　① 主要指标表：包括村庄用地规模、人口规模、户数、各类用地指标。

　　② 整治项目表：包括整治项目的名称、内容、规模、建设要求、经费概算、总投资量以及实施进度计划等。

　　(5) "一书"是指规划说明书，内容包括：村庄现状及问题分析，附现状图、地形图，比例尺为1∶500～1∶1000；整治项目内容和整治措施说明；工程量及投资估算；规划实施保障措施以及有关政策建议等。

(六) 统筹推进村庄规划

1. 明确村庄规划工作的总体要求

　　① 以多样化为美，突出地方特点、文化特色和时代特征，保留村庄特有的民居风貌、农业景观、乡土文化，防止"千村一面"；

　　② 因地制宜、详略得当规划村庄发展，做到与当地经济水平和群众需要相适应；

　　③ 坚持保护建设并重，防止调减耕地和永久基本农田面积、破坏乡村生态环境、毁坏历史文化景观；

　　④ 发挥农民主体作用，充分尊重村民的知情权、决策权、监督权，打造各具特色、不同风格的美丽村庄。

2. 合理划分县域村庄类型

　　各地要结合乡村振兴战略规划编制实施，逐村研究村庄人口变化、区位条件和发展趋势，明确县域村庄分类。

　　① 将现有规模较大的中心村，确定为集聚提升类村庄；

　　② 将城市近郊区以及县城城关镇所在地村庄，确定为城郊融合类村庄；

　　③ 将历史文化名村、传统村落、少数民族特色村寨、特色景观旅游名村等特色资源丰富的村庄，确定为特色保护类村庄；

　　④ 将位于生存条件恶劣、生态环境脆弱、自然灾害频发等地区的村庄，因重大项目建设需要搬迁的村庄，以及人口流失特别严重的村庄，确定为搬迁撤并类村庄。

3. 统筹谋划村庄发展

　　① 结合村庄资源禀赋和区位条件，引导产业集聚发展，尽可能把产业链留在乡村，让农民就近就地就业增收。按照节约集约用地原则，提出村庄居民点宅基地控制规模，严格落实"一户一宅"法律规定。

② 综合考虑群众接受、经济适用、维护方便，有序推进村庄垃圾治理、污水处理和厕所改造。按照硬化、绿化、亮化、美化要求，规划村内道路，合理布局村庄绿化、照明等设施，有效提升村容村貌。

③ 依据人口规模和服务半径，合理规划供水排水、电力电信等基础设施，统筹安排村民委员会、综合服务站、基层综合性文化服务中心、卫生室、养老和教育等公共服务设施。按照传承保护、突出特色要求，提出村庄景观风貌控制性要求和历史文化景观保护措施。

四、名镇和名村保护规划

（一）历史文化名镇和名村

从 2003 年起，建设部（今住房和城乡建设部）、国家文物局分期分七批公布了国家历史文化名镇和国家历史文化名村，并制定了《中国历史文化名镇（村）评选办法》。对入选的镇（村）提出了如下的基本条件和标准：

1. 历史价值与风貌特色

历史文化名镇（村）应当具备下列条件之一：

① 在一定历史时期内对推动全国或某一地区的社会经济发展起过重要作用，具有全国或地区范围的影响；

② 系当地水陆交通中心，成为闻名遐迩的客流、货流、物流集散地；

③ 在一定历史时期内建设过重大工程，并对保障当地人民生命财产安全、保护和改善生态环境有过显著效益且延续至今；

④ 在革命历史上发生过重大事件，或曾为革命政权机关驻地而闻名于世；

⑤ 历史上发生过抗击外来侵略或经历过改变战局的重大战役，以及曾为著名战役军事指挥机关驻地；

⑥ 能体现我国传统的选址和规划布局经典理论，或反映经典营造法式和精湛的建造技艺；

⑦ 能集中反映某一地区特色和风情，民族特色传统建造技术；

⑧ 建筑遗产、文物古迹和传统文化比较集中，能较完整地反映某一历史时期的传统风貌、地方特色和民族风情，具有较高的历史、文化、艺术和科学价值，现存有清代以前建造或在中国革命历史中有重大影响的成片历史传统建筑群、纪念物、遗址等，基本风貌保持完好。

2. 原状保存程度

① 镇（村）内历史传统建筑群、建筑物及其建筑细部乃至周边环境基本上原貌保存完好；

② 因年代久远，原建筑群、建筑物及其周边环境虽曾倒塌破坏，但已按原貌整修恢复；

③ 原建筑群及其周边环境虽部分倒塌破坏，但"骨架"尚存，部分建筑细部亦保存完好，依据保存实物的结构、构造和样式可以整体修复原貌。

3. 现状具有一定规模

凡符合上述1、2项条件，镇的现存历史传统建筑的总建筑面积须在5000m² 以上，村的现存历史传统建筑的总建筑面积须在2500m² 以上。

4. 村镇总体规划

已编制了科学合理的村镇总体规划，设置了有效的管理机构，配备了专业人员，有专门的保护资金。

（二）我国已公布的历史文化名镇名村

1. 国家历史文化名镇（共计252个）

（1）第一批（10个，2003年10月8日公布）

山西省灵石县静升镇、江苏省昆山市周庄镇、江苏省吴江市同里镇、江苏省苏州市吴中区甪直镇、浙江省嘉善县西塘镇、浙江省桐乡市乌镇、福建省上杭县古田镇、重庆市合川区涞滩镇、重庆市石柱县西沱镇、重庆市潼南县双江镇。

（2）第二批（34个，2005年9月6日公布）

河北省蔚县暖泉镇、山西省临县碛口镇、辽宁省新宾满族自治县永陵镇、上海市金山区枫泾镇、江苏省苏州市吴中区木渎镇、江苏省太仓市沙溪镇、江苏省姜堰市溱潼镇、江苏省泰兴市黄桥镇、浙江省湖州市南浔区南浔镇、浙江省绍兴县安昌镇、浙江省宁波市江北区慈城镇、浙江省象山县石浦镇、福建省邵武市和平镇、江西省浮梁县瑶里镇、河南省禹州市神垕镇、河南省淅川县荆紫关镇、湖北省监利县周老嘴镇、湖北省红安县七里坪镇、湖南省龙山县里耶镇、广东省广州市番禺区沙湾镇、广东省吴川市吴阳镇、广西灵川县大圩镇、重庆市渝北区龙兴镇、重庆市江津市中山镇、重庆市酉阳土家族苗族自治县龙潭镇、四川省邛崃市平乐镇、四川省大邑县安仁镇、四川省阆中市老观镇、四川省宜宾市翠屏区李庄镇、贵州省贵阳市花溪区青岩镇、贵州省习水县土城镇、云南省禄丰县黑井镇、甘肃省宕昌县哈达铺镇、新疆鄯善县鲁克沁镇。

（3）第三批（41个，2007年5月31日公布）

河北省永年县广府镇、山西省襄汾县汾城镇、山西省平定县娘子关镇、黑龙江省海林市横道河子镇、上海市青浦区朱家角镇、江苏省高淳县淳溪镇、江苏省昆山市千灯镇、江苏省东台市安丰镇、浙江省绍兴市越城区东浦镇、浙江省宁海县前童镇、浙江省义乌市佛堂镇、浙江省江山市廿八都镇、安徽省肥西县三河镇、安徽省六安市金安区毛坦厂镇、江西省鹰潭市龙虎山风景区上清镇、河南省社旗县赊店镇、湖北省洪湖市瞿家湾镇、湖北省监利县程集镇、湖北省郧西县上津镇、广东省开平市赤坎镇、广东省珠海市唐家湾镇、广东省陆丰市碣石镇、广西壮族自治区昭平县黄姚镇、广西壮族自治区阳朔县兴坪镇、海南省三亚市崖城镇、重庆市北碚区金刀峡镇、重庆市江津市塘河镇、重庆市綦江县东溪镇、四川省双流县黄龙溪镇、四川省自贡市沿滩区仙市镇、四川省合江县尧坝镇、四川省古蔺县太平镇、贵州省黄平县旧州镇、贵州省雷山县西江镇、云南省剑川县沙溪镇、云南省腾冲县和顺镇、西藏自治区乃东县昌珠镇、甘肃省榆中县青城镇、甘肃省永登县连城镇、甘肃省古浪县大靖镇、新疆维吾尔自治区霍城县惠远镇。

（4）第四批（58个，2008年12月23日公布）

北京市密云县古北口镇、天津市西青区杨柳青镇、河北省邯郸市峰峰矿区大社镇、河北省井陉县天长镇、山西省泽州县大阳镇、内蒙古自治区喀喇沁旗王爷府镇、内蒙古自治区多伦县多伦淖尔镇、辽宁省海城市牛庄镇、吉林省四平市铁东区叶赫镇、吉林省吉林市龙潭区乌拉街镇、黑龙江省黑河市爱辉镇、上海市南汇区新场镇、上海市嘉定区嘉定镇、江苏省昆山市锦溪镇、江苏省江都市邵伯镇、江苏省海门市余东镇、江苏省常熟市沙家浜镇、浙江省仙居县皤滩镇、浙江省永嘉县岩头镇、浙江省富阳市龙门镇、浙江省德清县新市镇、安徽省歙县许村镇、安徽省休宁县万安镇、安徽省宣城市宣州区水东镇、福建省永泰县嵩口镇、江西省横峰县葛源镇、山东省桓台县新城镇、河南省开封县朱仙镇、河南省郑州市惠济区古荥镇、河南省确山县竹沟镇、湖北省咸宁市汀泗桥镇、湖北省阳新县龙港镇、湖北省宜都市枝城镇、湖南省望城县靖港镇、湖南省永顺县芙蓉镇、广东省东莞市石龙镇、广东省惠州市惠阳区秋长镇、广东省普宁市洪阳镇、海南省儋州市中和镇、海南省文昌市铺前镇、海南省定安县定城镇、重庆市九龙坡区走马镇、重庆市巴南区丰盛镇、重庆市铜梁县安居镇、重庆市永川区松溉镇、四川省巴中市巴州区恩阳镇、四川省成都市龙泉驿区洛带镇、四川省大邑县新场镇、四川省广元市元坝区昭化镇、四川省合江县福宝镇、四川省资中县罗泉镇、贵州省安顺市西秀区旧州镇、贵州省平坝县天龙镇、云南省孟连县娜允镇、西藏自治区日喀则市萨迦镇、陕西省铜川市印台区陈炉镇、甘肃省秦安县陇城镇、甘肃省临潭县新城镇。

(5) 第五批（38个，2010年7月22日公布）

河北省涉县固新镇、河北省武安市冶陶镇、山西省天镇县新平堡镇、山西省阳城县润城镇、上海市嘉定区南翔镇、上海市浦东新区高桥镇、上海市青浦区练塘镇、上海市金山区张堰镇、江苏省苏州市吴中区东山镇、江苏省无锡市锡山区荡口镇、江苏省兴化市沙沟镇、江苏省江阴市长泾镇、江苏省张家港市凤凰镇、浙江省景宁畲族自治县鹤溪镇、浙江省海宁市盐官镇、福建省宁德市蕉城区霍童镇、福建省平和县九峰镇、福建省武夷山市五夫镇、福建省顺昌县元坑镇、江西省吉安市青原区富田镇、河南省郏县冢头镇、湖北省潜江市熊口镇、湖南省绥宁县寨市镇、湖南省泸溪县浦市镇、广东省中山市黄圃镇、广东省大埔县百侯镇、重庆市荣昌县路孔镇、重庆市江津区白沙镇、重庆市巫溪县宁厂镇、四川省屏山县龙华镇、四川省富顺县赵化镇、四川省犍为县清溪镇、云南省宾川县州城镇、云南省洱源县凤羽镇、云南省蒙自县新安所镇、陕西省宁强县青木川镇、陕西省柞水县凤凰镇、甘肃省榆中县金崖镇。

(6) 第六批（71个，2014年2月19日发布）

河北省武安市伯延镇、河北省蔚县代王城镇、山西省泽州县周村镇、内蒙古自治区丰镇市隆盛庄镇、内蒙古自治区库伦旗库伦镇、辽宁省东港市孤山镇、辽宁省绥中县前所镇、上海市青浦区金泽镇、上海市浦东新区川沙新镇、江苏省苏州市吴江区黎里镇、江苏省苏州市吴江区震泽镇、江苏省东台市富安镇、江苏省扬州市江都区大桥镇、江苏省常州市新北区孟河镇、江苏省宜兴市周铁镇、江苏省如东县栟茶镇、江苏省常熟市古里镇、浙江省嵊州市崇仁镇、浙江省永康市芝英镇、浙江省松阳县西屏镇、浙江省岱山县东沙镇、安徽省泾县桃花潭镇、安徽省黄山市徽州区西溪南镇、安徽省铜陵市郊区大通镇、福建省永定县湖坑镇、福建省武平县中山镇、福建省安溪县湖头镇、福建省古田县杉洋镇、福建省屏南县双溪镇、福建省宁化县石壁镇、江西省萍乡市安源区安源镇、江西省铅山县河口镇、江西省广昌县驿前镇、江西省金溪县浒湾镇、江西省吉安县永和镇、江西省铅山县石塘镇、山东省微山县南阳镇、河南省遂平县嵖岈山镇、河南省滑县道口镇、河南省光山县白雀园镇、湖北省钟祥市石牌镇、湖北省随县安居镇、湖北省麻城市歧亭镇、湖南省洞口县高沙镇、湖南省花垣县边城镇、广东省珠海市斗门区斗门镇、广东省佛山市南海区西樵镇、广东省梅县松口镇、广东省大埔县茶阳镇、广东省大埔县三河镇、广西壮族自治区兴安县界首镇、广西壮族自治区恭城瑶族自治县恭城镇、广西壮族自治区贺州市八步区贺街镇、广西壮族自治区鹿寨县中渡镇、重庆市开县温泉镇、重庆市黔江区濯水镇、四川省自贡市贡井区艾叶镇、四川省自贡市大安区牛佛镇、四川省平昌县白衣镇、四川省古蔺县二郎镇、四川省金堂县五凤镇、四川省宜宾县横江镇、四川省隆昌县云顶镇、贵州省赤水市大同镇、贵州省松桃苗族自治县寨英镇、陕西省神木县高家堡镇、陕西省旬阳县蜀河镇、陕西省石泉县熨斗镇、陕西省澄城县尧头镇、青海省循化撒拉族自治县街子镇、新疆维吾尔自治区富蕴县可可托海镇。

(7) 第七批（60个，2019年1月30日公布）

山西省长治市上党区荫城镇、山西省阳城县横河镇、山西省泽州县高都镇、山西省寿阳县宗艾镇、山西省曲沃县曲村镇、山西省翼城县西闫镇、山西省汾阳市杏花村镇、内蒙古自治区牙克石市博克图镇、上海市宝山区罗店镇、江苏省苏州市吴中区光福镇、江苏省昆山市巴城镇、江苏省高邮市界首镇、江苏省高邮市临泽镇、浙江省慈溪市观海卫镇（鸣鹤）、浙江省平阳县顺溪镇、浙江省湖州市南浔区双林镇、浙江省湖州市南浔区菱湖镇、浙江省诸暨市枫桥镇、浙江省临海市桃渚镇、浙江省龙泉市住龙镇、安徽省六安市裕安区苏埠镇、安徽省东至县东流镇、安徽省青阳县陵阳镇、福建省永安市贡川镇、福建省晋江市安海镇、福建省永春县岵山镇、福建省南靖县梅林镇、福建省宁德市蕉城区洋中镇、福建省宁德市蕉城区三都镇、江西省修水县山口镇、江西省贵溪市塘湾镇、江西省樟树市临江镇、山东省淄博市周村区王村镇、山东省泰安市岱岳区大汶口镇、湖北省当阳市淯溪镇、湖南省浏阳市文家市镇、湖南省临湘市聂市镇、湖南省东安县芦洪市镇、广西壮族自治区阳朔县福利镇、广西壮族自治区防城港市防城区那良镇、重庆市万州区罗田镇、重庆市涪陵区青羊镇、重庆市江津区吴滩镇、重庆市江津区石蟆镇、重庆市酉阳土家族苗族自治县龚滩镇、四川省崇州市元通镇、四川省自贡市大安区三多寨镇、四川省三台县郪江镇、四川省洪雅县柳江镇、四川省达州市达川区石桥镇、四川省雅安市雨城区上里镇、四川省通江县毛浴镇、云南省通海县河西镇、云南省凤庆县鲁史镇、云南省姚安县光禄镇、云南省文山市平坝镇、西藏自治区定结县陈塘镇、西藏自治区贡嘎县杰德秀镇、西藏自治区札达县托林镇、甘肃省永登县红城镇。

2. 国家历史文化名村（共计276个）

(1) 第一批（12个，2003年10月8日公布）

北京市门头沟区斋堂镇爨底下村、山西省临县碛口镇西湾村、浙江省武义县俞源乡俞源村、浙江省武义县武阳镇郭洞村、安徽省黟县西递镇西递村、安徽省黟县宏村镇宏村、江西省乐安县牛田镇流坑村、福建省南靖县书洋镇田螺坑村、湖南省岳阳县张谷英镇张谷英村、广东省佛山市三水区乐平镇大旗头村、广东省深圳市龙岗区大鹏镇鹏城村、陕西省韩城市西庄镇党家村。

(2) 第二批（24个，2005年9月6日公布）

北京市门头沟区斋堂镇灵水村、河北省怀来县鸡鸣驿乡鸡鸣驿村、山西省阳城县北留镇皇城村、山西省介休市龙凤镇张壁村、山西省沁水县土沃乡西文兴村、内蒙古土默特右旗美岱召镇美岱召村、安徽省歙县徽城镇渔梁村、安徽省旌德县白地镇江村、福建省连城县宣和乡培田村、福建省武夷山市武夷乡下梅村、江西省吉安市青原区文陂乡渼陂村、江西省婺源县沱川乡理坑村、山东省章丘市官庄乡朱家峪村、河南省平顶山市郏县堂街镇临沣寨（村）、湖北省武汉市黄陂区木兰乡大余湾村、广东省东莞市茶山镇南社村、广东省开平市塘口镇自力村、广东省佛山市顺德区北滘镇碧江村、四川省丹巴县梭坡乡莫洛村、四川省攀枝花市仁和区平地镇迤沙拉村、贵州省安顺市西秀区七眼桥镇云山屯村、云南省会泽县娜姑镇白雾村、陕西省米脂县杨家沟镇杨家沟村、新疆鄯善县吐峪沟乡麻扎村。

（3）第三批（36个，2007年5月31日公布）

北京市门头沟区龙泉镇琉璃渠村、河北省井陉县于家乡于家村、河北省清苑县冉庄镇冉庄村、河北省邢台县路罗镇英谈村、山西省平遥县岳壁乡梁村、山西省高平市原村乡良户村、山西省阳城县北留镇郭峪村、山西省阳泉市郊区义井镇小河村、内蒙古自治区包头市石拐区五当召镇五当召村、江苏省苏州市吴中区东山镇陆巷村、江苏省苏州市吴中区西山镇明月湾村、浙江省桐庐县江南镇深澳村、浙江省永康市前仓镇厚吴村、安徽省黄山市徽州区潜口镇唐模村、安徽省歙县郑村镇棠樾村、安徽省黟县宏村镇屏山村、福建省晋江市金井镇福全村、福建省武夷山市兴田镇城村、福建省尤溪县洋中镇桂峰村、江西省高安市新街镇贾家村、江西省吉水县金滩镇燕坊村、江西省婺源县江湾镇汪口村、山东省荣成市宁津街道办事处东楮岛村、湖北省恩施市崔家坝镇滚龙坝村、湖南省江永县夏层铺镇上甘棠村、湖南省会同县高椅乡高椅村、湖南省永州市零陵区富家桥镇干岩头村、广东省广州市番禺区石楼镇大岭村、广东省东莞市石排镇塘尾村、广东省中山市南朗镇翠亨村、广西壮族自治区灵山县佛子镇大芦村、广西壮族自治区玉林市玉州区城北街道办事处高山村、贵州省锦屏县隆里乡隆里村、贵州省黎平县肇兴乡肇兴寨村、云南省云龙县诺邓镇诺邓村、青海省同仁县年都乎乡郭麻日村。

（4）第四批（36个，2008年12月23日公布）

河北省涉县偏城镇偏城村、河北省蔚县涌泉庄乡北方城村、山西省汾西县僧念镇师家沟村、山西省临县碛口镇李家山村、山西省灵石县夏门镇夏门村、山西省沁水县嘉峰镇窦庄村、山西省阳城县润城镇上庄村、浙江省龙游县石佛乡三门源村、安徽省黄山市徽州区呈坎镇呈坎村、安徽省泾县桃花潭镇查济村、安徽省黟县碧阳镇南屏村、福建省福安市溪潭镇廉村、福建省屏南县甘棠乡漈下村、福建省清流县赖坊乡赖坊村、江西省安义县石鼻镇罗田村、江西省浮梁县江村乡严台村、江西省赣县白鹭乡白鹭村、江西省吉安市富田镇陂下村、江西省婺源县思口镇延村、江西省宜丰县天宝乡天宝村、山东省即墨市丰城镇雄崖所村、河南省郏县李口乡张店村、湖北省宣恩县沙道沟镇两河口村、广东省恩平市圣堂镇歇马村、广东省连南瑶族自治县三排镇南岗古排村、广东省汕头市澄海区隆都镇前美村、广西壮族自治区富川瑶族自治县朝东镇秀水村、四川省汉川市雁门乡萝卜寨村、贵州省赤水市丙安乡丙安村、贵州省从江县往洞乡增冲村、贵州省开阳县禾丰布依族苗族乡马头村、贵州省石阡县国荣乡楼上村、云南省石屏县宝秀镇郑营、云南省巍山县永建镇东莲花村、宁夏回族自治区中卫市香山乡南长滩村、新疆维吾尔自治区哈密市回城乡阿勒屯村。

（5）第五批（61个，2010年7月22日公布）

北京市顺义区龙湾屯镇焦庄户村、天津市蓟县渔阳镇西井峪村、河北省井陉县南障城镇大梁江村、山西省太原市晋源区晋源镇店头村、山西省阳泉市义井镇大阳泉村、山西省泽州县北义城镇西黄石村、山西省高平市河西镇苏庄村、山西省沁水县郑村镇湘峪村、山西省宁武县涔山乡王化沟村、山西省太谷县北洸镇北洸村、山西省灵石县两渡镇冷泉村、山西省万荣县高村乡阎景村、山西省新绛县泽掌镇光村、江苏省无锡市惠山区玉祁镇礼社村、浙江省建德市大慈岩镇新叶村、浙江省永嘉县岩坦镇屿北村、浙江省金华市金东区傅村镇山头下村、浙江省仙居县白塔镇高迁村、浙江省庆元县松源镇大济村、浙江省乐清市仙溪镇南阁村、浙江省宁海县茶院乡许家山村、浙江省金华市婺城区汤溪镇寺平村、浙江省绍兴县稽东镇冢斜村、安徽省休宁县商山乡黄村、安徽省黟县碧阳镇关麓村、福建省长汀县三洲乡三洲村、福建省龙岩市新罗区适中镇中心村、福建省屏南县棠口乡漈头村、福建省连城县庙前镇芷溪村、福建省长乐市航城街道琴江村、福建省泰宁县新桥乡大源村、福建省福州市马尾区亭江镇闽安村、江西省吉安市吉州区兴桥镇钓源村、江西省金溪县双塘镇竹桥村、江西省龙南县关西镇关西村、江西省婺源县浙源乡虹关村、江西省浮梁县勒功乡沧溪村、山东省淄博市周村区王村镇李家疃村、湖北省赤壁市赵李桥镇羊楼洞村、湖北省宣恩县椒园镇庆阳坝村、湖南省双牌县理家坪乡坦田村、湖南省祁阳县潘市镇龙溪村、湖南省永兴县高亭乡板梁村、湖南省辰溪县上蒲溪瑶族乡五宝田村、广东省仁化县石塘镇石塘村、广东省梅县水车镇茶山村、广东省佛冈县龙山镇上岳古围村、广东省佛山市南海区西樵镇松塘村、广西壮族自治区南宁市江南区江西镇扬美村、海南省三亚市崖城镇保平村、海南省文昌市会文镇十八行村、海南省定安县龙湖镇高林村、四川省阆中市天宫乡天宫院村、贵州省三都县都江镇怎雷村、贵州省安顺市西秀区大西桥镇鲍屯村、贵州省雷山县郎德镇上郎德村、贵州省务川县大坪镇龙潭村、云南省祥云县云南驿镇云南驿村、青海省玉树县仲达乡电达村、新疆维吾尔自治区哈密市五堡乡博斯坦村、新疆维吾尔自治区特克斯县喀拉达拉乡琼库什台村。

(6) 第六批（107个，2014年2月19日发布）

北京市房山区南窖乡水峪村、河北省沙河市柴关乡王硇村、河北省蔚县宋家庄镇上苏庄村、河北省井陉县天长镇小龙窝村、河北省磁县陶泉乡花驼村、河北省阳原县浮图讲乡开阳村、山西省襄汾县新城镇丁村、山西省沁水县嘉峰镇郭壁村、山西省高平市马村镇大周村、山西省泽州县晋庙铺镇拦车村、山西省泽州县南村镇冶底村、山西省平顺县阳高乡奥治村、山西省祁县贾令镇谷恋村、山西省高平市寺庄镇伯方村、山西省阳城县润城镇屯城村、吉林省图们市月晴镇白龙村、上海市松江区泗泾镇下塘村、上海市闵行区浦江镇革新村、江苏省苏州市吴中区东山镇杨湾村、江苏省苏州市吴中区金庭镇东村、江苏省常州市武进区郑陆镇焦溪村、江苏省苏州市吴中区东山镇三山村、江苏省高淳县漆桥镇漆桥村、江苏省南通市通州区二甲镇余西村、江苏省南京市江宁区湖熟街道杨柳村、浙江省苍南县桥墩镇碗窑村、浙江省浦江县白马镇嵩溪村、浙江省缙云县新建镇河阳村、浙江省江山市大陈乡大陈村、浙江省湖州市南浔区和孚镇荻港村、浙江省磐安县盘峰乡榉溪村、浙江省淳安县浪川乡芹川村、浙江省苍南县矾山镇福德湾村、浙江省龙泉市西街街道下樟村、浙江省开化县马金镇霞山村、浙江省遂昌县焦滩乡独山村、浙江省安吉县鄣吴镇鄣吴村、浙江省丽水市莲都区雅溪镇西溪村、浙江省宁海县深甽镇龙宫村、安徽省泾县榔桥镇黄田村、安徽省绩溪县瀛洲镇龙川村、安徽省歙县雄村乡雄村、安徽省天长市铜城镇龙岗村、安徽省黄山市徽州区呈坎镇灵山村、安徽省祁门县闪里镇坑口村、安徽省黟县宏村镇卢村、福建省龙岩市新罗区万安镇竹贯村、福建省长汀县南山镇中复村、福建省泉州市泉港区后龙镇土坑村、福建省龙海市东园镇埭尾村、福建省周宁县浦源镇浦源村、福建省福鼎市磻溪镇仙蒲村、福建省霞浦县溪南镇半月里村、福建省三明市三元区岩前镇忠山村、福建省将乐县万全乡良地村、福建省仙游县石苍乡济川村、福建省漳平市双洋镇东洋村、福建省平和县霞寨镇钟腾村、福建省明溪县夏阳乡御帘村、江西省婺源县思口镇思溪村、江西省宁都县田埠乡东龙村、江西省吉水县金滩镇桑园村、江西省金溪县琉璃乡东源曾家村、江西省安福县洲湖镇塘边村、江西省峡江县水边镇湖洲村、山东省招远市辛庄镇高家庄子村、湖北省利川市谋道镇鱼木村、湖北省麻城市歧亭镇杏花村、湖南省永顺县灵溪镇老司城村、湖南省通道侗族自治县双江镇芋头村、湖南省通道侗族自治县坪坦乡坪坦村、湖南省绥宁县黄桑坪苗族乡上堡村、湖南省绥宁县关峡苗族乡大园村、湖南省江永县兰溪瑶族乡兰溪村、湖南省龙山县苗儿滩镇捞车村、广东省广州市花都区炭步镇塱头村、广东省江门市蓬江区棠下镇良溪村、广东省台山市斗山镇浮石村、广东省遂溪县建新镇苏二村、广东省和平县林寨镇林寨村、广东省蕉岭县南磜镇石寨村、广东省陆丰市大安镇石寨村、广西壮族自治区阳朔县白沙镇旧县村、广西壮族自治区灵川县青狮潭镇江头村、广西壮族自治区富川瑶族自治县朝东镇福溪村、广西壮族自治区兴安县漠川乡榜上村、广西壮族自治区灌阳县文市镇月岭村、重庆市涪陵区青羊镇安镇村、四川省泸县兆雅镇新溪村、四川省泸州市纳溪区天仙镇乐道街村、贵州省江口县太平镇云舍村、贵州省从江县丙妹镇岜沙村、贵州省黎平县茅贡乡地扪村、贵州省榕江县栽麻乡大利村、云南省保山市隆阳区金鸡乡金鸡村、云南省弥渡县密祉乡文盛街村、云南省永平县博南镇曲硐村、云南省永胜县期纳镇清水村、西藏自治区吉隆县吉隆镇帮兴村、西藏自治区尼木县吞巴乡吞达村、西藏自治区工布江达县错高乡错高村、陕西省三原县新兴镇柏社村、甘肃省天水市麦积区麦积镇街亭村、甘肃省天水市麦积区新阳镇胡家大庄村、青海省班玛县灯塔乡班前村、青海省循化撒拉族自治县清水乡大庄村、青海省玉树县安冲乡拉则村。

(7) 第七批（211个，2019年1月30日公布）

河北省井陉县南障城镇吕家村、河北省蔚县南留庄镇南留庄村、河北省蔚县南留庄镇水西堡村、河北省蔚县宋家庄镇宋家庄村、河北省蔚县宋家庄镇大固城村、河北省蔚县涌泉庄乡任家涧村、河北省蔚县涌泉庄乡卜北堡村、河北省怀来县瑞云观乡镇边城村、河北省沙河市册井乡北盆水村、河北省沙河市柴关乡西沟村、河北省沙河市柴关乡绿水池村、河北省邢台县南石门镇崔路村、河北省邢台县路罗镇鱼林沟村、河北省邢台县将军墓镇内阳村、河北省邢台县太子井乡龙化村、河北省武安市午汲镇大贺庄村、河北省武安市石洞乡什里店村、河北省涉县固新镇原曲村、河北省磁县陶泉乡南王庄村、河北省磁县陶泉乡北岔口村、山西省大同市新荣区堡子湾乡得胜堡村、山西省阳高县马家皂乡安家皂村、山西省阳泉市郊区荫营镇辛庄村、山西省平定县冠山镇宋家庄村、山西省平定县张庄镇桃叶坡村、山西省平定县东回镇瓦岭村、山西省平定县娘子关镇上董寨村、山西省平定县娘子关镇下董寨村、山西省平定县巨城镇南庄村、山西省平定县巨城镇上盘石村、山西省平定县石门口乡乱流村、山西省盂县孙家庄镇乌玉村、山西省盂县梁家寨乡大崟村、山西省长治市上党区荫城镇琚寨村、山西省平顺县石城镇东庄村、山西省平顺县石城镇岳家寨村、山西省平顺县虹梯关乡虹霓村、山西省黎城县停河铺乡霞庄村、山西省沁源县王和镇古寨村、山西省高平市河西镇牛村、山西省阳城县凤城镇南安阳村、山西省阳城县北留镇尧沟村、山西省阳城县润城镇上伏村、山西省阳城县固隆乡府底村、山西省阳城县固隆乡泽城村、山西省阳城县固隆乡固隆村、山西省泽州县大东沟镇东沟村、山西省泽州县大东沟镇贾泉村、山西省泽州县周村镇石淙头村、山西省泽州县晋庙铺镇天井关村、山西省泽州县巴公镇渠头村、山西省泽州县山河镇洞八岭村、山西省泽州县大箕镇陟椒村、山西省泽州县南岭乡段河村、山西省陵川县西河底镇积善村、山西省沁水县中村镇上阁村、山西省沁水县嘉峰镇尉迟村、山西省沁水县嘉峰镇武安村、山西省沁水县嘉峰镇嘉峰村、山西省山阴县张家庄乡旧广武村、山西省晋中市榆次区东赵乡后沟村、山西省太谷县范村镇上安村、山西省平遥县段村镇段村、山西省介休市洪山镇洪山村、山西省介休市龙凤镇南庄村、山西省介休市绵山镇大靳村、山西省灵石县南关镇董家岭村、山西省寿阳县宗艾镇下洲村、山西省寿阳县西洛镇南东村、山西省寿阳县西洛镇南河村、山西省寿阳县平舒乡龙门河村、山西省稷山县西社镇马跑泉村、山西省翼城县隆化镇史伯村、山西省翼城县西闫镇曹公村、山西省翼城县西闫镇古桃园村、山西省霍州市退沙街道许村、山西省吕梁市离石区枣林乡彩家庄村、山西省交口县双池镇西庄村、山西省临县三交镇孙家沟村、山西省临县安业乡前青塘村、山西省柳林县三交镇三交村、山西省柳林县陈家湾乡高家垣村、山西省柳林县王家沟乡南洼村、山西省交城县夏家营镇段村、辽宁省沈阳市沈北新区石佛寺街道石佛一村、江苏省常州市武进区前黄镇杨桥村、江苏省溧阳市昆仑街道沙涨村、浙江省建德市大慈岩镇上吴方村、浙江省建德市大慈岩镇李村村、浙江省桐庐县富春江镇芦坪村、浙江省宁波市海曙区章水镇李家坑村、浙江省宁波市鄞州区姜山镇走马塘村、浙江省慈溪市龙山镇方家河头村、浙江省余姚市大岚镇柿林村、浙江省义乌市佛堂镇倍磊村、浙江省磐安县尖山镇管头村、浙江省磐安县双溪乡梓誉村、浙江省江山市凤林镇南坞村、浙江省江山市石门镇清漾村、浙江省龙游县溪口镇灵山村、浙江省龙游县塔石镇泽随村、浙江省临海市东塍镇岭根村、浙江省天台县平桥镇张思村、安徽省歙县北岸镇瞻淇村、安徽省歙县昌溪乡昌溪村、安徽省池州市贵池区棠溪镇石门高村、安徽省绩溪县上庄镇石家村、安徽省绩溪县家朋乡磡头村、福建省福州市仓山区城门镇林浦村、福建省永泰县洑口乡紫山村、福建省永泰县洑口乡山寨村、福建省大田县桃源镇东坂村、福建省宁化县曹坊镇下曹村、福建省泉州市泉港区涂岭镇樟脚村、福建省永春县五里街镇西安村、福建省晋江市龙湖镇福林村、福建省南靖县书洋镇石桥村、福建省南靖县书洋镇塔下村、福建省南靖县书洋镇河坑村、福建省邵武市金坑乡金坑村、福建省政和县岭腰乡锦屏村、福建省龙岩市永定区下洋镇初溪村、福建省长汀县古城镇丁黄村、福建省长汀县濯田镇水头村、福建省长汀县四都镇汤屋村、福建省龙岩市永定区抚市镇社前村、福建省龙岩市永定区洪山乡上山村、福建省连城县莒溪镇壁洲村、福建省福安市社口镇坦洋村、福建省福安市晓阳镇晓阳村、福建省福安市溪柄镇楼下村、福建省福鼎市管阳镇西昆村、福建省古田县城东街道桃溪村、福建省古田县吉巷乡长洋村、福建省古田县卓洋乡前洋村、福建省寿宁县下党乡下党村、江西省浮梁县蛟潭镇礼芳村、江西省浮梁县峙滩镇英溪村、江西省贵溪市耳口乡曾家村、江西省龙南县里仁镇新园村、江西省寻乌县澄江镇周田村、江西省安福县金田乡柘溪村、江西省泰和县螺溪镇爵誉村、江西省金溪县合市镇游垫村、江西省金溪县合市镇全坊村、江西省金溪县琅琚镇疏口村、江西省金溪县陈坊积乡岐山村、江西省乐安县湖坪乡湖坪村、江西省婺源县江湾镇篁岭村、江西省婺源县思口镇西冲村、山东省济南市章丘区相公庄街道梭庄村、山东省淄博市淄川区洪山镇蒲家庄村、山东省招远市张星镇徐家村、山东省昌邑市龙池镇齐西村、山东省邹城市石墙镇上九山村、山东省巨野县核桃园镇前王庄村、河南省宝丰县李庄乡翟集村、河南省郏县薛店镇冢王村、河南省郏县薛店镇下宫村、河南省郏县茨芭镇山头赵村、河南省修武县云台山镇一斗水村、河南省修武县西村乡双庙村、河南省三门峡市陕州区西张村镇庙上村、湖北省大冶市金湖街道上冯村、湖北省阳新县排市镇下容村、湖北省大冶市大箕铺镇柯大兴村、湖北省阳新县大王镇金寨村、湖北省枣阳市新市镇前湾村、湖北省南漳县巡检镇漫云村、湖北省红安县华家河镇祝家楼村、湖北省通山县闯王镇宝石村、湖南省醴陵市沩山镇沩山村、湖南省汝城县文明瑶族乡沙洲瑶族村、湖南省汝城县土桥镇永丰村、湖南省汝城县马桥镇石泉村、湖南省新田县枧头镇龙家大院村、湖南省道县清塘镇楼田村、湖南省蓝山县祠堂圩镇虎溪村、湖南省沅陵县荔溪乡明中村、湖南省中方县中方镇荆坪村、湖南省永顺县灵溪镇双凤村、广东省汕头市澄海区莲下镇程洋冈村、广东省云浮市云城区腰古镇水东村、广东省郁南县大湾镇五星村、广西壮族自治区南宁市江南区江西镇同江村三江坡、广西壮族自治区宾阳县古辣镇蔡村、广西壮族自治区阳朔县高田镇朗梓村、广西壮族自治区岑溪市筋竹镇云龙村、广西壮族自治区灵山县新圩镇萍塘村、广西壮族自治区玉林市福绵区新桥镇大楼村、广西壮族自治区玉林市玉州区南江街道岭塘村（硃砂垌）、广西壮族自治区陆川县平乐镇长旺村、广西壮族自治区兴业县石南镇庞村、广西壮族自治区兴业县石南镇谭良村、广西壮族自治区兴业县葵阳镇榜山村、广西壮族自治区兴业县龙安镇龙安村、广西壮族自治区贺州市平桂区沙田镇龙井村、广西壮族自治区富川瑶族自治县古城镇秀山村、广西壮族自治区钟山县回龙镇龙道村、广西壮族自治区钟山县公安镇荷塘村、广西壮族自治区钟山县公安镇大田村、广西壮族自治区钟山县清塘镇英家村、广西壮族自治区钟山县燕塘镇玉坡村、广西壮族自治区天峨县三堡乡三堡村、贵州省贵阳市花溪区石板镇镇山村、云南省沧源县勐角乡翁丁村、云南省泸西县永宁乡城子村、西藏自治区普兰县普兰镇科迦村、甘肃省兰州市西固区河口镇河口村、甘肃省静宁县界石铺镇继红村、甘肃省正宁县永和镇罗川村。

(三) 熟悉名镇和名村保护规划的内容

(1) 保护原则、保护内容和保护范围；
(2) 保护措施、开发强度和建设控制要求；
(3) 传统格局和历史风貌保护要求；
(4) 历史文化街区、名镇、名村的核心保护范围和建设控制地带；
(5) 保护规划分期实施方案。

历史文化名城、名镇保护规划的规划期限应当与城市、镇总体规划的规划期限相一致；历史文化名村保护规划的规划期限应当与村庄规划的规划期限相一致。

(四) 熟悉名镇和名村保护规划的成果要求

历史文化名镇名村保护规划的成果，一般由规划文本、图纸和附件三部分组成。附件包括规划说明、基础资料和专题报告。

1. 规划文本包括下列内容

（1）总则。规定本次保护规划编制的目的依据、指导思想、基本原则和规划期限等。

（2）保存现状和价值特色评价。分析评价现存的历史街区、街巷格局、历史建筑保存规模、保存完好度和历史价值。

（3）确定保护范围。划定保护等级、保护范围、保护面积，根据保护等级和范围，提出有针对性的保护要求、控制指标。

（4）建（构）筑物的保护。对历史保护区内现存的建筑物和构筑物，根据其价值的不同划分为保护和整治两大类。对保护类建筑，分别提出有针对性的保存、维护、修复等保护方式；对整治类建筑，分别提出有针对性的保留、整饬、拆除等整治方式。

（5）街巷格局的保护。对历史保护区内现存街巷的空间尺度、街巷立面和铺地等，分别提出有针对性保护要求和整治措施。

（6）重点地段的保护。对历史文化名镇名村历史保护区内重点地段和空间节点的现状情况，从空间和建筑分别提出具体的保护整治措施。

（7）重点院落的保护。对历史文化名镇名村保护区内重点院落，分别从院落布局、建（构）筑物等方面，提出有针对性的保护和维修措施。

（8）历史环境的保护。分别对名镇名村内部历史环境和外部自然生态环境，提出有针对性的保护、整治要求和措施。

（9）设施功能的提升。对历史文化名镇名村历史保护区，在保护原有格局、风貌、特色和价值的前提下，提出改善设施、提升功能的规划意见。

（10）历史文化资源的利用。进行旅游资源分析、景区划分、市场定位、线路设计、客源分析、旅游环境容量测定，提出旅游设施配置的意见。

（11）分期规划。提出分期保护和整治的重点，详细列出修缮、整治的街区和建筑，以及需要改造的设施项目，提出分期整治的具体措施。

（12）规划实施的措施。对保护规划的实施，提出具体措施和政策建议。

（13）附则。规定保护规划的成果构成、法律效力、生效时间、规划解释权、强制性内容等。

2. 规划图纸

比例尺一般宜采用1：200～1：500，具体包括下列内容。

（1）区位结构分析图。标注地理位置，分析与周边地区的关系。

（2）土地利用现状图。标注现状各类用地的性质、占地范围，用地性质要达到村镇规划标准中的小类；标注文物古迹、历史建筑、历史街巷、山体河流、古树名木等基本资源的位置。

（3）建筑质量评价图。标注历史保护区内的各个建筑物和构筑物的建造年代、建筑高度和风貌、建筑质量等级等内容；标注保护类和整治类建筑物。

（4）资源景观分析图。标注资源的布局，分析景观风貌、文化特色。

（5）保护规划总平面图。划定历史保护区、建设控制区、风貌协调区等三个保护层次的范围、面积和界线。

（6）建筑高度控制图。标注保护视线、视廊，标注各个区域的建筑物控制高度。

（7）重点地段和院落保护规划图。标注重要节点、街巷和院落的保护范围，提出相应整治措施，规定立面形式、高度、色彩等控制指标。

（8）保护与更新规划图。在历史保护区内标注保护类和整治类建筑，作出保护与更新规划，提出相应的保护和整治方式。

（9）分期保护规划图。标注分期实施保护与整治项目的位置、名称、规模和范围，提出相应的保护与整治措施。

（10）旅游规划图。标注旅游景点位置、景区布局及旅游线路组织。

（11）道路绿化规划图。标注路网结构、交通组织，标注历史保护区内的绿化系统和周边地区的绿化范围，保护自然生态环境。

（12）基础设施规划图。标注历史保护区内的给水排水、供电通信、燃气供热等公用设施的配置等。

（13）保护规划鸟瞰图。

3. 附件

附件应包括下列内容：

（1）规划说明。对保护规划中重要观点进行分析，重要思路进行论证，重要指标进行解释，重要措施进行说明。

（2）基础资料。基础资料汇编，包括历史资料、建筑资料、用地资料、经济资料、社会资料、人口资料和环境资料等。

（3）专题报告。对重要问题通过深入研究，形成的专题论证材料等。

五、特色小镇建设

特色小镇是在几平方公里土地上集聚特色产业、生产生活生态空间相融合、不同于行政建制镇和产业园区的创新创业平台，是拥有几十平方公里以上土地和一定人口经济规模、特色产业鲜明的行政建制镇。

1. 指导思想

坚持以人民为中心，坚持贯彻新发展理念，把特色小镇和小城镇建设作为供给侧结构性改革的重要平台，因地制宜、改革创新，发展产业特色鲜明、服务便捷高效、文化浓郁深厚、环境美丽宜人、体制机制灵活的特色小镇和小城镇，促进新型城镇化建设和经济转型升级。

2. 基本原则

（1）坚持创新探索。创新工作思路、方法和机制，着力培育供给侧小镇经济，努力走出一条特色鲜明、产城融合、惠及群众的新路子，防止"新瓶装旧酒""穿新鞋走老路"。

（2）坚持因地制宜。从各地区实际出发，遵循客观规律，实事求是、量力而行、控制数量、提高质量，体现区域差异性，提倡形态多样性，不搞区域平衡、产业平衡、数量要求和政绩考核，防止盲目发展、一哄而上。

（3）坚持产业建镇。立足各地区要素禀赋和比较优势，挖掘最有基础、最具潜力、最能成长的特色产业，做精做强主导特色产业，打造具有核心竞争力和可持续发展特征的独特产业生态，防止千镇一面和房地产化。

（4）坚持以人为本。围绕人的城镇化，统筹生产生活生态空间布局，提升服务功能、环境质量、文化内涵和发展品质，打造宜居宜业环境，提高人民获得感和幸福感，防止政绩工程和形象工程。

（5）坚持市场主导。按照政府引导、企业主体、市场化运作的要求，创新建设模式、管理方式和服务手段，推动多元化主体同心同向、共建共享，发挥政府制定规划政策、搭建发展平台等作用，防止政府大包大揽和加剧债务风险。

3. 重点任务

（1）准确把握特色小镇内涵；
（2）遵循城镇化发展规律；
（3）注重打造鲜明特色；
（4）有效推进"三生融合"；
（5）厘清政府与市场边界；
（6）实行创建达标制度；
（7）严防政府债务风险；
（8）严控房地产化倾向；
（9）严格节约集约用地；
（10）严守生态保护红线。

第九章 其他主要规划类型

大纲要求：掌握居住区规划的目的与作用，掌握居住区规划的内容与方法。了解风景名胜区规划的任务，了解风景名胜区规划的基本内容。熟悉城市设计在城市规划中的地位与作用，熟悉城市设计的基本理论和方法。

一、居住区规划

（一）基本概念

1. 城市居住区

城市中住宅建筑相对集中布局的地区，简称居住区。泛指不同居住人口规模的居住生活聚居地。居住区依据其居住人口规模主要可分为15分钟生活圈居住区、10分钟生活圈居住区、5分钟生活圈居住区和居住街坊四级。

2. 生活圈居住区

"生活圈"是根据城市居民的出行能力、设施需求频率及其服务半径、服务水平的不同，划分出的不同的居民日常生活空间，并据此进行公共服务、公共资源（包括公共绿地等）的配置。"生活圈"通常不是一个具有明确空间边界的概念，圈内的用地功能是混合的，里面包括与居住功能并不直接相关的其他城市功能。但"生活圈居住区"是指一定空间范围内，由城市道路或用地边界线所围合，住宅建筑相对集中的居住功能区域；通常根据居住人口规模、行政管理分区等情况可以划定明确的居住空间边界，界内与居住功能不直接相关或是服务范围远大于本居住区的各类设施用地不计入居住区用地。采用"生活圈居住区"的概念，既有利于落实或对接国家有关基本公共服务到基层的政策、措施及设施项目的建设，也可以用来评估旧区各项居住区配套设施及公共绿地的配套情况，如校核其服务半径或覆盖情况，并作为旧区改建时"填缺补漏"、逐步完善的依据，北京市对老城区的规划管理就实行了"查漏补缺、先批设施、后批住宅"的管控原则。

3. 15分钟生活圈居住区

以居民步行15分钟可满足其物质与生活文化需求为原则划分的居住区范围；一般由城市干路或用地边界线所围合、居住人口规模为50000～100000人（17000～32000套住宅），配套设施完善的地区。15分钟生活圈居住区的用地面积规模约为130～200hm²。

4. 10分钟生活圈居住区

以居民步行10分钟可满足其基本物质与生活文化需求为原则划分的居住区范围；一般由城市干路、支路或用地边界线所围合、居住人口规模为15000～25000人（5000～8000套住宅），配套设施齐全的地区。10分钟生活圈居住区的用地面积规模为32～50hm²。

5. 5分钟生活圈居住区

以居民步行5分钟可满足其基本生活需求为原则划分的居住区范围；一般由支路及以上级城市道路或用地边界线所围合，居住人口规模为5000~12000人（1500~4000套住宅），配建社区服务设施的地区。5分钟生活圈居住区的用地面积规模约为8~18hm²。

6. 公共绿地

公共绿地是为各级生活圈居住区配建的公园绿地及街头小广场。对应城市用地分类（G）类用地中的公园绿地（G1）及广场绿地（G3），不包括城市级的大型公园绿地及广场用地，也不包括居住街坊内的绿地。

7. 邻里单位

1929年由美国社会学家提出的以控制居住区内部车辆交通、保障居民安全的理论。主要原则有：邻里单位周边为城市道路所包围，城市道路不穿越邻里单位内部；邻里单位内部道路限制外部车辆穿越，一般采用尽端式道路；以小学的合理规模控制邻里单位的人口规模，使小学不必穿过城市道路，一般邻里单位的规模是5000人左右，规模小的3000~4000人；邻里单位的中心是小学，与其他服务设施一起布置在中心广场或绿地中；邻里单位占地约160英亩（约合65hm²），每英亩10户，保证儿童上学距离不超过半英里（0.8km）；邻里单位内小学周边设有商店、教堂、图书馆和公共活动中心。

（二）掌握居住区规划的目的与作用

1. 目的

居住区规划是满足居民在居住、休憩、教育养育、交往、健身甚至工作等活动居住生活方面的需求，进行的科学、合理以及恰当的用地和空间安排。

2. 作用

居住区规划是在一定的规划用地范围内进行，对其各种规划要素的考虑和确定，如日照标准、房屋间距、密度、建筑布局、道路、绿化和空间环境设计及其组成有机整体等，均与所在城市的特点、所处建筑气候分区、规划用地范围内的现状条件及社会经济发展水平密切相关。在规划设计中应充分考虑、利用和强化已有特点和条件，为整体提高居住区规划设计水平创造条件。

（三）居住区规划的基本要求

1. 居住区的规划设计，应遵循下列基本原则

居住区规划设计应坚持以人为本的基本原则，遵循适用、经济、绿色、美观的建筑方针，并应符合下列规定：

（1）应符合城市总体规划及控制性详细规划；
（2）应符合所在地气候特点与环境条件、经济社会发展水平和文化习俗；
（3）应遵循统一规划、合理布局，节约土地、因地制宜，配套建设、综合开发的原则；
（4）应为老年人、儿童、残疾人的生活和社会活动提供便利的条件和场所；
（5）应延续城市的历史文脉、保护历史文化遗产并与传统风貌协调；
（6）应采用低影响开发的建设方式，并应采取有效措施促进雨水的自然积存、自然渗透与自然净化；

（7）应符合城市设计对公共空间、建筑群体、园林景观、市政等环境设施的有关控制要求。

2. 用地、建筑与空间布局

（1）各级生活圈居住区用地控制指标：

① 15分钟生活圈居住区用地控制指标：

建筑气候划区	住宅建筑平均层数类别	人均居住区用地面积（m²/人）	居住区用地容积率	居住区用地构成（%）				
				住宅用地	配套设施用地	公共绿地	城市道路用地	合计
Ⅰ、Ⅶ	多层Ⅰ类 （4层～6层）	40～54	0.8～1.0	58～61	12～16	7～11	15～20	100
Ⅱ、Ⅵ		38～51	0.8～1.0					
Ⅲ、Ⅳ、Ⅴ		37～48	0.9～1.1					
Ⅰ、Ⅶ	多层Ⅱ类 （7层～9层）	35～42	1.0～1.1	52～58	13～20	9～13	15～20	100
Ⅱ、Ⅵ		33～41	1.0～1.2					
Ⅲ、Ⅳ、Ⅴ		31～39	1.1～1.3					
Ⅰ、Ⅶ	高层Ⅰ类 （10层～18层）	28～38	1.1～1.4	48～52	16～23	11～16	15～20	100
Ⅱ、Ⅵ		27～36	1.2～1.4					
Ⅲ、Ⅳ、Ⅴ		26～34	1.2～1.4					

注：居住区用地容积率是生活圈内，住宅建筑及其配套设施地上建筑面积之和与居住用地总面积的比值。

② 10分钟生活圈居住区用地控制指标：

建筑气候划区	住宅建筑平均层数类别	人均居住区用地面积（m²/人）	居住区用地容积率	居住区用地构成（%）				
				住宅用地	配套设施用地	公共绿地	城市道路用地	合计
Ⅰ、Ⅶ	低层 （1层～3层）	49～51	0.8～0.9	71～73	5～8	4～5	15～20	100
Ⅱ、Ⅵ		45～51	0.8～0.9					
Ⅲ、Ⅳ、Ⅴ		42～51	0.8～0.9					
Ⅰ、Ⅶ	多层Ⅰ类 （4层～6层）	35～47	0.8～1.1	68～70	8～9	4～6	15～20	100
Ⅱ、Ⅵ		33～44	0.9～1.1					
Ⅲ、Ⅳ、Ⅴ		32～41	0.9～1.2					
Ⅰ、Ⅶ	多层Ⅱ类 （7层～9层）	30～35	1.1～1.2	64～67	9～12	6～8	15～20	100
Ⅱ、Ⅵ		28～33	1.2～1.3					
Ⅲ、Ⅳ、Ⅴ		26～32	1.2～1.4					
Ⅰ、Ⅶ	高层Ⅰ类 （10层～18层）	23～31	1.2～1.6	60～64	12～14	7～10	15～20	100
Ⅱ、Ⅵ		22～28	1.3～1.7					
Ⅲ、Ⅳ、Ⅴ		21～27	1.4～1.8					

注：居住区用地容积率是生活圈内，住宅建筑及其配套设施地上建筑面积之和与居住用地总面积的比值。

③ 5分钟生活圈居住区用地控制指标：

建筑气候划区	住宅建筑平均层数类别	人均居住区用地面积（m²/人）	居住区用地容积率	居住区用地构成（%）				
				住宅用地	配套设施用地	公共绿地	城市道路用地	合计
Ⅰ、Ⅶ	低层（1层~3层）	46~47	0.7~0.8	76~77	3~4	2~3	15~20	100
Ⅱ、Ⅵ		43~47	0.8~0.9					
Ⅲ、Ⅳ、Ⅴ		39~47	0.8~0.9					
Ⅰ、Ⅶ	多层Ⅰ类（4层~6层）	32~43	0.8~1.1	74~76	4~5	2~3	15~20	100
Ⅱ、Ⅵ		31~40	0.9~1.2					
Ⅲ、Ⅳ、Ⅴ		29~37	1.0~1.2					
Ⅰ、Ⅶ	多层Ⅱ类（7层~9层）	28~31	1.2~1.3	72~74	5~6	3~4	15~20	100
Ⅱ、Ⅵ		25~29	1.2~1.4					
Ⅲ、Ⅳ、Ⅴ		23~28	1.3~1.6					
Ⅰ、Ⅶ	高层Ⅰ类（10层~18层）	20~27	1.4~1.8	69~72	6~8	4~5	15~20	100
Ⅱ、Ⅵ		19~25	1.5~1.9					
Ⅲ、Ⅳ、Ⅴ		18~23	1.6~2.0					

注：居住区用地容积率是生活圈内，住宅建筑及其配套设施地上建筑面积之和与居住用地总面积的比值。

(2) 居住街坊用地与建筑控制指标：

① 居住街坊的用地与建筑控制指标：

建筑气候划区	住宅建筑平均层数类别	住宅用地容积率	建筑密度最大值（%）	绿地率最小值（%）	住宅建筑高度控制最大值（%）	人均住宅用地面积最大值（%/人）
Ⅰ、Ⅶ	低层（1层~3层）	1.0	35	30	18	36
	多层Ⅰ类（4层~6层）	1.1~1.4	28	30	27	32
	多层Ⅱ类（7层~9层）	1.5~1.7	25	30	36	22
	高层Ⅰ类（10层~18层）	1.8~2.4	20	35	54	19
	高层Ⅱ类（19层~26层）	2.5~2.8	20	35	80	13
Ⅱ、Ⅵ	低层（1层~3层）	1.0~1.1	40	28	18	36
	多层Ⅰ类（4层~6层）	1.2~1.5	30	30	27	30
	多层Ⅱ类（7层~9层）	1.6~1.9	28	30	36	21
	高层Ⅰ类（10层~18层）	2.0~2.6	20	35	54	17
	高层Ⅱ类（19层~26层）	2.7~2.9	20	35	80	13
Ⅲ、Ⅳ、Ⅴ	低层（1层~3层）	1.0~1.2	43	25	18	36
	多层Ⅰ类（4层~6层）	1.3~1.6	32	30	27	27
	多层Ⅱ类（7层~9层）	1.7~2.1	30	30	36	20
	高层Ⅰ类（10层~18层）	2.2~2.8	22	35	54	16
	高层Ⅱ类（19层~26层）	2.9~3.1	22	35	80	12

注：居住区用地容积率是生活圈内，住宅建筑及其配套设施地上建筑面积之和与居住用地总面积的比值。

② 居住街坊的用地与建筑控制指标：

建筑气候划区	住宅建筑平均层数类别	住宅用地容积率	建筑密度最大值（%）	绿地率最小值（%）	住宅建筑高度控制最大值（%）	人均住宅用地面积最大值（%/人）
Ⅰ、Ⅶ	低层（1层～3层）	1.0、1.1	42	25	11	32～36
	多层Ⅰ类（4层～6层）	1.4、1.5	32	28	20	24～26
Ⅱ、Ⅵ	低层（1层～3层）	1.1、1.2	47	23	11	30～32
	多层Ⅰ类（4层～6层）	1.5～1.7	38	28	20	21～24
Ⅲ、Ⅳ、Ⅴ	低层（1层～3层）	1.2、1.3	50	20	11	27～30
	多层Ⅰ类（4层～6层）	1.6～1.8	42	25	20	20～22

注：居住区用地容积率是生活圈内，住宅建筑及其配套设施地上建筑面积之和与居住用地总面积的比值。

（3）居住区的用地布局，应综合考虑周边环境、路网结构、公建与住宅布局、群体组合、绿地系统及空间环境等的内在联系，构成一个完善的、相对独立的有机整体，并应遵循下列原则：

① 方便居民生活，有利安全防卫和物业管理；
② 组织与居住人口规模相对应的公共活动中心，方便经营、使用和社会化服务；
③ 合理组织人流、车流和车辆停放，创造安全、安静、方便的居住环境。

（4）居住区的空间与环境设计，应统筹庭院、街道、公园及小广场等公共空间形成连续、完整的公共空间系统，并遵循下列原则：

① 宜通过建筑布局形成适度围合、尺度适宜的庭院空间；
② 应结合配套设施的布局塑造连续、宜人、有活力的街道空间；
③ 应构建动静分区合理、边界清晰连续的小游园、小广场；
④ 宜设置景观小品美化生活环境。

3. 住宅的布置要求

（1）住宅建筑的规划设计，应综合考虑用地条件、选型、朝向、间距、绿地、层数与密度、布置方式、群体组合、空间环境和不同使用者的需要等因素确定。

（2）住宅间距，应以满足日照要求为基础，综合考虑采光、通风、消防、防灾、管线埋设、视觉卫生等要求确定。

（3）住宅日照标准与特定情况的规定。

① 老年人居住建筑不应低于冬至日日照2小时的标准；
② 在原设计建筑外增加任何设施不应使相邻住宅原有日照标准降低；
③ 旧区改建的项目内新建住宅日照标准可酌情降低，但不应低于大寒日日照1小时的标准。

建筑气候区划	Ⅰ、Ⅱ、Ⅲ、Ⅶ气候区		Ⅳ气候区		Ⅴ、Ⅵ气候区
	大城市	中小城市	大城市	中小城市	
日照标准日	大寒日				冬至日
日照时数（h）	≥2		≥3		≥1
有效日照时间带	8时～16时				9时～15时
日照时间计算起点	底层窗台面				

4. 配套设施布置要求

（1）配套设施的设置要求

为促进公共服务均等化，配套设施配置应对应居住区分级控制规模，以居住人口规模和设施服务范围（服务半径）为基础分级提供配套服务，这种方式既有利于满足居民对不同层次公共服务设施的日常使用需求，体现设施配置的均衡性和公平性，也有助于发挥设施使用的规模效益，体现设施规模化配置的经济合理性。配套设施应步行可达，为居住区居民的日常生活提供方便。结合居民对各类设施的使用频率要求和设施运营的合理规模，配套设施分为四级，包括15分钟、10分钟、5分钟三个生活圈居住区层级的配套设施和居住街坊层级的配套设施。

15分钟、10分钟两级生活圈居住区配套设施用地属于城市级设施，主要包括公共管理与公共服务设施用地（A类用地）、商业服务业设施用地（B类用地）、交通场站设施用地（S4类用地）和公用设施用地（U类用地）；5分钟生活圈居住区的配套设施，即社区服务设施属于居住用地中的服务设施用地（R12，R22，R32）；居住街坊的便民服务设施属于住宅用地可兼容的配套设施（R11，R21，R31）。

各层级居住区配套设施的设置为非包含关系。

（2）居住区配套设施建设布局，应符合下列规定：

① 15分钟和10分钟生活圈居住区配套设施，应依照其服务半径相对居中布局。

② 15分钟生活圈居住区配套设施中，文化活动中心、社区服务中心（街道级）、街道办事处等服务设施宜联合建设并形成街道综合服务中心，其用地面积不宜小于1hm²。

③ 5分钟生活圈居住区配套设施中，社区服务站、文化活动站（含青少年、老年活动站）、老年人日间照料中心（托老所）、社区卫生服务站、社区商业网点等服务设施，宜集中布局、联合建设，并形成社区综合服务中心，其用地面积不宜小于0.3hm²。

④ 旧区改建项目应根据所在居住区各级配套设施的承载能力合理确定居住人口规模与住宅建筑容量；当不匹配时，应增补相应的配套设施或对应控制住宅建筑增量。

（3）居住区内人流较多的配套设施配建停车场（库），应符合下列规定：

名称	非机动车	机动车
商场	≥7.5	≥0.45
菜市场	≥7.5	≥0.30
街道综合服务中心	≥7.5	≥0.45
社区卫生服务中心	≥1.5	≥0.45

单位：车位/100m² 建筑面积

5. 绿地规划布置要求

（1）各级生活服务圈居住区公共绿地控制指标：

类别	人均公共绿地面积（m²/人）	居住区公园 最小规模（hm²）	居住区公园 最小宽度（m）	备注
15分钟生活圈居住区	2.0	5.0	80	不含10分钟生活圈及以下级居住区的公共绿地指标

续表

类别	人均公共绿地面积（m²/人）	居住区公园		备注
		最小规模（hm²）	最小宽度（m）	
10分钟生活圈	1.0	1.0	50	不含5分钟生活圈及以下居住区的公共绿地指标
5分钟生活圈居住区	1.0	0.4	30	不含居住街坊的公共绿地指标

当旧区改建确实无法满足上述条件时，可采取多点分布以及立体绿化等方式改善居住环境，但人均公共绿地面积不应低于相应控制指标的70%。

（2）居住街坊内集中绿地的布置要求：

① 新区建设不应低于0.5m²/人，旧区改建不应低于0.35m²/人；

② 宽度不应小于8m；

③ 在标准的建筑日照阴影线范围之外的绿地面积不应少于1/3，其中应设置老年人、儿童活动场地。

（3）居住区内绿地的建设及其绿化应遵循适用、美观、经济、安全的原则，并应符合下列规定：

① 宜保留并利用已有树木和水体；

② 应种植适宜当地气候和土壤条件、对居民无害的植物；

③ 应采用乔、灌、草相结合的复层绿化方式；

④ 应充分考虑场地及住宅建筑冬季日照和夏季遮阴的需求；

⑤ 适宜绿化的用地均应进行绿化，并可采用立体绿化的方式丰富景观层次、增加环境绿量；

⑥ 有活动设施的绿地应符合无障碍设计要求并与居住区的无障碍系统相衔接；

⑦ 绿地应结合场地雨水排放进行设计，并宜采用雨水花园、下凹式绿地、景观水体、干塘、树池、植草沟等具备调蓄雨水功能的绿化方式。

6. 道路规划设计要求

（1）居住区路网系统的规划建设要求

① 居住区道路的规划建设应体现以人为本，提倡绿色出行，综合考虑城市交通系统特征和交通设施发展水平，满足城市交通通行的需要，融入城市交通网络，采取尺度适宜的道路断面形式，优先保证步行和非机动车的出行安全、便利和舒适，形成宜人宜居、步行友好的城市街道；

② 居住区应采取"小街区、密路网"的交通组织方式，路网密度不应小于8km/km²；城市道路间距不应超过300m，宜为150~250m，并应与居住街坊的布局相结合；

③ 居住区内的步行系统应连续、安全、符合无障碍要求，并应便捷连接公共交通站点；

④ 在适宜自行车骑行的地区，应构建连续的非机动车道；

⑤ 旧区改建，应保留和利用有历史文化价值的街道、延续原有的城市肌理；

⑥ 两侧集中布局了配套设施的道路，应形成尺度宜人的生活性街道；道路两侧建筑

退线距离,应与街道尺度相协调。

(2) 各级道路规划建设要求:

① 支路:红线宽度宜为 14~20m;道路断面形式应满足适宜步行及自行车骑行的要求,人行道宽度不应小于 2.5m;应采取交通稳静化措施,适当控制机动车行驶速度。

② 附属道路:主要附属道路至少应有两个车行出入口连接城市道路,其路面宽度不应小于 4.0m;其他附属道路的路面宽度不宜小于 2.5m;人行出口间距不宜超过 200m;最小纵坡不应小于 0.3%。

③ 附属道路最大纵坡控制指标:

道路类别	一般地区（%）	积雪或冰冻地区（%）
机动车道	8.0	6.0
非机动车道	3.0	2.0
步行道	8.0	4.0

7. 各项指标计算的规定

(1) 总用地范围应按下列规定确定:

① 居住区范围内与居住功能不相关的其他用地以及本居住区配套设施以外的其他公共服务设施用地,不应计入居住区用地;

② 当周界为自然分界线时,居住区用地范围应算至用地边界;

③ 当周界为城市快速路或高速路时,居住区用地边界应算至道路红线或其防护绿地边界。快速路或高速路及其防护绿地不应计入居住区用地;

④ 当周界为城市干路或支路时,各级生活圈的居住区用地范围应算至道路中心线;

⑤ 居住街坊用地范围应算至周界道路红线,且不含城市道路;

⑥ 当与其他用地相邻时,居住区用地范围应算至用地边界;

⑦ 当住宅用地与配套设施(不含便民服务设施)用地混合时,其用地面积应按住宅和配套设施的地上建筑面积占该栋建筑总建筑面积的比率分摊计算,并应分别计入住宅用地和配套设施用地。

(2) 居住街坊内绿地面积应按下列规定确定:

① 满足当地植树绿化覆土要求的屋顶绿地可计入绿地。

② 当绿地边界与城市道路临接时,应算至道路红线;当与居住街坊附属道路临接时,应算至路面边缘;当与建筑物临接时,应算至距房屋墙脚 1.0m 处;当与围墙、院墙临接时,应算至墙脚。

③ 当集中绿地与城市道路临接时,应算至道路红线;当与居住街坊附属道路临接时,应算至距路面边缘 1.0m 处;当与建筑物临接时,应算至距房屋墙脚 1.5m 处。

(四) 掌握居住区规划的内容与方法

1. 居住区规划的内容

居住区规划设计的任务根据住区类型的不同,其内容也不同,一般都包括如下一些内容:

(1) 选择和确定规划用地的位置、范围;

(2) 根据用地在城市的区位,研究居住区的定位;

(3) 根据居住区的定位和用地规模确定居住区的人口及户数,估算各类用地的大小;

(4) 拟定应配建的公共设施和允许建设的生产性建筑的项目、规模、数量、分布及布置方式等;

(5) 拟定居住建筑的类型、数量、层数及布置方式等;

(6) 拟定居住区的道路交通系统的构成,各级道路的宽度、断面形式,出入口的位置与数量,机动车与非机动车的停泊数量和停泊方式;

(7) 拟定绿地、户外休憩与活动设施的类型、数量、分布和布置方式等;

(8) 利用居住区的自然、人文等要素,拟定景观环境规划;

(9) 拟定有关市政工程设施规划方案;

(10) 拟定各项技术经济指标和造价估算。

2. 规划的编制方法

(1) 场地调研与资料收集;

(2) 居住对象分析与定性定量分析;

(3) 方案研究与比较;

(4) 成果表达。

二、风景名胜区规划

风景名胜区是我国珍贵的自然和文化遗产资源。国务院于2006年9月19日颁布,并于2006年12月1日实施的《风景名胜区条例》,是我国风景名胜保护、利用和管理的法律依据。

中华人民共和国城乡建设部于2019年3月1日实施的《风景名胜区总体规划标准》GB/T 50298—2018是有效保护风景名胜资源,全面发挥风景名胜区的功能和作用,服务美丽中国建设和风景区可持续发展,提高风景区的规划、管理水平和规范化程度的依据。

(一) 了解风景名胜区的概念

1. 风景名胜区的定义和基本特征

(1) 定义

风景名胜区是指具有观赏、文化或者科学价值,自然景观、人文景观比较集中,环境优美,可供人们游览或者进行科学、文化活动的区域。

(2) 基本特征

① 应当具有区别于其他区域的能够反映独特的自然风貌或具有独特的历史文化特色的比较集中的景观;

② 应当具有观赏、文化或科学价值,是这些价值和功能的综合体;

③ 应当具备游览和进行科学文化活动的多重功能,对风景名胜区的保护,是基于其价值可为人们所利用,可以用来进行旅游开发、游览观光以及科学研究等活动。

(3) 具有的特点

① 风景名胜区是由各级人民政府审核批准后命名的;

② 相对于地质公园、森林公园,风景名胜区管理依据的法律地位较高;

③ 相对于自然保护区,风景名胜区具有提供社会公众的游览、休憩功能,具有较强

的旅游属性。

2. 风景名胜区分类

（1）按用地规模分类

风景名胜区按用地规模可分为：

① 小型风景区（20km² 以下）；

② 中型风景区（21～100km²）；

③ 大型风景区（101～500km²）；

④ 特大型风景区（500km² 以上）。

（2）按资源类别分类

风景名胜区按照其资源的主要特征分为 14 类：

① 历史圣地类：指中华文明始祖遗存集中或重要活动，以及中华文明形成和发展关系密切的风景名胜区，不包括一般的名人或宗教胜迹；

② 山岳类：以山岳地貌为主要特征的风景名胜区，具有较高生态价值和观赏价值；

③ 岩洞类：包括溶蚀、侵蚀、塌陷等成因形成的岩石洞穴；

④ 江河类：含自然河流和人工河流，季节性河流、峡谷、运河等；

⑤ 湖泊类：以宽阔水面为主要特征，天然湖泊、人工湖泊均可；

⑥ 海滨海岛类：以海滨地貌为风景名胜区的主要特征，可以包括海滨基岩、岬角、沙滩、滩涂、潟湖和海岛岩礁等；

⑦ 特殊地貌类：包括火山熔岩、沙漠碛滩、蚀余景观、地质珍迹、草原、戈壁等地貌；

⑧ 城市风景类：位于城市边缘，兼有城市公园绿地、日常休闲、娱乐功能的风景名胜区；

⑨ 生物景观类：指以生物景观为主要特征；

⑩ 壁画石窟类：以古代石窟造像、壁画、岩画为主要特征；

⑪ 纪念地类：名人故居、军事遗址、遗迹为主要特征；

⑫ 陵寝类：以帝王、名人陵寝为主要内容，风景名胜区包括陵区的地上、地下文物和文化遗存，以及陵区环境；

⑬ 民俗风情类：以传统民居、民俗风情和特色物产为主要特征；

⑭ 其他类：未包括在上述类别中的。

（二）了解风景名胜区规划的任务

风景名胜区规划是为了实现风景名胜区的发展目标而制定的一定时期内的系统性的优化行动计划的决策过程。它决定风景区诸如性质、特征、作用、价值、利用目的、开发方针、保护范围、规模容量、景区划分、功能分区、游览组织、工程技术、管理措施和投资效益等重大问题的对策；提出正确处理保护与使用、远期与近期、整体与局部、技术与艺术等关系的方法达到风景区与外界有关的各项事业协调发展的目的。

风景区规划是驾驭整个风景区保护、建设、管理、发展的依据和手段，是在一定空间和时间范围内对各种规划要素的系统分析和安排，这种综合与协调职能，涉及所在地的资源、环境、历史、现状、经济社会发展态势等广泛领域。

风景名胜区规划是切实地保护、合理地开发建设和科学地管理风景名胜区的综合部署，是风景名胜区保护、建设和管理工作的依据。

编制国家级风景名胜区规划，不得在核心景区内安排下列项目、设施或者建筑物：
① 索道、缆车、铁路、水库、高等级公路等重大建设工程项目；
② 宾馆、招待所、培训中心、疗养院等住宿疗养设施；
③ 大型文化、体育和游乐设施；
④ 其他与核心景区资源、生态和景观保护无关的项目、设施或者建筑物。

（三）了解风景名胜区规划的基本内容

1. 风景名胜区总体规划

风景名胜区总体规划应当包括下列内容：
（1）风景资源评价；
（2）生态资源保护措施、重大建设项目布局、开发利用强度；
（3）风景名胜区的功能结构和空间布局；
（4）禁止开发和限制开发的范围；
（5）风景名胜区的游客容量；
（6）有关专项规划，其中包括：
① 保护培育规划；
② 风景游赏规划；
③ 典型景观规划；
④ 游览解说系统规划；
⑤ 旅游服务设施规划；
⑥ 道路交通规划；
⑦ 综合防灾避险规划；
⑧ 基础工程规划；
⑨ 居民社会调控规划；
⑩ 经济发展引导规划；
⑪ 土地利用协调规划；
⑫ 分期发展规划。

风景名胜区总体规划成果包括：
（1）规划文本；
（2）规划说明书；
（3）规划图纸；
（4）基础资料汇编。

2. 风景名胜区详细规划

　　风景名胜区详细规划编制应当依据总体规划确定的要求，对详细规划地段的景观与生态资源进行评价与分析，对风景游览组织、旅游服务设施安排、生态保护和植物景观培育、建设项目控制、土地使用性质与规模、基础工程建设安排等作出明确要求与规定，能够直接用于具体操作与项目实施。

　　详细规划的核心问题是要正确地对总体规划的思路和要求加以具体地体现。其编制工作是总体规划的编制的延续。编制详细规划要直接利用总体规划的各种基础资料，并从中研究和提取与详细规划直接相关的资料内容。另外，除一些基本统一的规划内容要求外，有些风景名胜区涉及防震、防洪、人防、消防、供热、供气等工程项目，可以根据实际需要，补充增加相应的专项规划内容。

风景名胜区详细规划不一定要对整个风景名胜区规划的范围进行全面覆盖，但是风景名胜区总体规划确定的核心景区、重要景区和功能区、重点开发建设地区以及其他需要进行严格保护或需要编制控制性、修建性详细规划的区域，必须依照国家有关规定与要求编制。

（四）风景名胜区规划其他要求

1. 风景名胜区规划编制主体

（1）国家级风景名胜区规划编制的主体是由所在省、自治区人民政府建设主管部门或者直辖市人民政府风景名胜区主管部门组织编制。

（2）省级风景名胜区规划编制主体是由所在地县级人民政府组织编制。

2. 风景名胜区规划编制单位资质

编制风景名胜区规划的编制单位必须具备相应的资质要求，即《国务院对确需保留的行政审批项目设定行政许可的决定（国务院第412号令）》中规定的城市规划编制单位资质，包括甲级、乙级、丙级。

（1）依照原建设部发布的《国家重点风景名胜区规划编制审批管理办法》和《国家重点风景名胜区总体规划编制报批管理规定》，国家级风景名胜区的规划编制要求具备甲级规划编制资质单位承担。

（2）省级风景名胜区的规划编制只要求具备规划设计资质，但并没有明确其资格等级。但一般应由具备乙级以上（甲级或乙级）规划编制资质的单位承担。

3. 风景名胜区规划编制依据

编制风景名胜区的法律、法规和技术规范依据主要有：

（1）《中华人民共和国城乡规划法》；

（2）《中华人民共和国文物保护法》；

（3）《中华人民共和国土地管理法》；

（4）《中华人民共和国环境保护法》；

（5）《中华人民共和国环境影响评价法》；

（6）《中华人民共和国森林法》；

（7）《中华人民共和国海洋环境保护法》；

（8）《中华人民共和国水土保持法》；

（9）《中华人民共和国水污染防治法》；

（10）《风景名胜区条例》；

（11）《自然保护区条例》；

（12）《宗教事务条例》；

（13）《风景名胜区总体规划标准》GB/T 50298—2018；

（14）《国家重点风景名胜区规划编制审批管理办法》；

（15）《国家重点风景名胜区总体规划编制报批管理规定》；

（16）《世界遗产公约》；

(17)《实施世界遗产公约操作指南》；
(18)《生物多样性公约》；
(19)《国际湿地公约》。

4. 风景名胜区规划的审查审批

(1) 国家级风景名胜区规划的审查审批

① 国家级风景名胜区总体规划编制完成后，应征求发展和改革、国土、水利、环保、林业、旅游、文物、宗教等省级有关部门以及专家和公众的意见，作为进一步修改完善的依据。修改完善后，报省、自治区、直辖市人民政府审查。经审查通过后，由省、自治区、直辖市人民政府报国务院审批。

② 国家级风景名胜区详细规划编制完成后，由省、自治区级人民政府建设主管部门或直辖市风景名胜区主管部门组织专家对规划内容进行评审，提出评审意见。修改完善后，再由省、自治区级人民政府建设主管部门或直辖市风景名胜区主管部门报国务院建设主管部门审批。

(2) 省级风景名胜区规划的审查审批

① 省级风景名胜区总体规划编制完成后，应参照国家级风景名胜区总体规划的审查程序进行审查审批，具体办法由各地自行制定。

② 省级风景名胜区详细规划编制完成后，由县级（或县级以上）人民政府组织专家对规划内容进行评审，提出评审意见。修改完善后，再由县级（或县级以上）人民政府报省、自治区级人民政府建设主管部门或直辖市风景名胜区主管部门审批。

5. 风景名胜区规划的修改和修编

(1) 风景名胜区规划修改

经批准的风景名胜区规划具有法律效力、强制性和严肃性，不得擅自改变。

① 风景名胜区总体规划确需修改的，凡涉及范围、性质、保护目标、生态资源保护措施、重大建设项目布局、开发利用强度以及功能结构、空间布局、游客容量等重要内容的，应当将修改后的风景名胜区总体规划报原审批机关批准后，方可实施。

② 风景名胜区详细规划确需修改的，也应当按照有关审批程序，报原审批机关批准。

(2) 风景名胜区规划修编

风景名胜区总体规划期届满两年，规划组织编制单位应组织专家对规划实施情况进行评估。规划修编工作应当在原规划有效期截止之日前完成总体规划的编制报批工作。因特殊情况，原规划期限到期后，新规划未获得批准的，原规划继续有效。

三、城市设计

（一）基本概念

城市设计不同于城市规划和建筑设计，它可以广义地理解为对物质要素，诸如地形、水体、房屋、道路、广场及绿地等进行综合设计。包括使用功能、工程技术及空间环境的艺术处理。

（二）城市设计与城市规划

1. 古代城市设计与城市规划的关系

工业革命以前，城市规划和城市设计基本上是一回事，并附属于建筑学。

2. 现代城市规划与城市设计的形成

18世纪工业革命以后，现代城市规划学科逐渐发展成为一门独立的学科。现代城市规划在发展的初期包含了城市设计的内容，经过多年的努力和探索，现代城市规划逐渐发展成为一个成熟的学科，研究领域进一步扩大，从物质形态发展到了人口、交通、环境、社会、经济等复合性社会问题。

20世纪60年代起，在新的城市问题不断产生的情况下，为了恢复对基本环境问题的重视，美国再次提出了城市设计问题。到了20世纪70年代，城市设计已经作为一个单独的研究领域在世界范围内确立起来。

3. 城市设计在我国城市规划体系中的位置

① 在我国城市规划体系中，城市设计依附于城市规划体制，主要是作为一种技术方法而存在；

② 我国的城市规划界认为，在编制城市规划的各个阶段，都运用城市设计的手法，综合考虑自然环境、人文环境和居民生产、生活的需求，对城市环境作出统一规划，提高城市环境质量、生活质量和城市景观的艺术水平。

（三）熟悉城市设计在城市规划中的位置与作用

1. 城市设计在城市规划中的位置

作为传统城市规划和设计的延伸，现代城市设计经历了与城市规划一起脱离建筑学、现代城市规划学科独立形成、城市设计学科自身发展这一系列过程。城市设计是一门正在完善和发展中的学科，它有其相对独立的基本原理和理论方法。城市设计与城市规划都具有整体性和综合性的特点，而且都是多学科交叉的领域，两者的研究对象、基本目标和指导思想也基本一致。从规划实施的角度出发，城市设计是城市规划的组成部分，从城市规划和开发的一开始就要考虑城市设计问题。在具体的城市设计工作中，建筑师比较注重最终物质形式的结果，而规划师大多从城市发展过程的角度看待问题，城市设计师介乎这双重身份之间，城市设计的实践则介乎建筑设计与城市规划之间。

2. 城市设计在城市规划中的作用

城市建设常常由于在城市规划、建筑设计及其他工程设计之间缺乏衔接环节，导致城市体形空间环境的不良，这个环节就需要做城市设计，它有承上启下的作用，从城市空间总体构图引导项目设计。城市设计的重要作用还表现在为人类创造更亲切美好的人工与自然结合的城市生活空间环境，促进人的居住文明和精神文明的提高。

（四）熟悉城市设计的基本理论和方法

1. 城市设计的基本理论

城市设计主要考虑建筑周围或建筑之间的空间，包括相应的要素如风景或地形条件所形成的三维空间的规划布局和设计。

城市设计关注的范围从内在、先验的审美需求出发，重视建筑实体及相邻建筑围合形成的空间，直到对公共领域（物质和社会文化的）及其如何产生公众所使用的空间的关注。

城市设计主要理论经历了强调建筑与空间的视觉质量—与人、空间和行为的社会特征密切相关—创造场所三个发展阶段。

2. 城市设计的目标

城市设计的主要目标是创造人类活动更有意义的人为环境和自然环境，以改善人的空间环境质量，从而改变人的生活质量。

3. 城市设计的方法

（1）形体分析方法：视觉秩序分析、图形—背景分析、关联耦合分析；

（2）文脉分析方法：场所结构分析、城市活力分析、认知意识分析、文化生态分析、社区空间分析；

（3）相关线—域面分析法；

（4）城市空间分析技艺：基地分析、心智地图、标志性节点空间影响分析、序列视景分析、空间分析、空间分析辅助技术、电脑分析技术。

（五）城市设计的实施

1. 我国《城市设计管理办法》的颁布与实施

我国在经过了多年丰富的城市设计实践，于2017年3月14日颁布，2017年6月1日开始实施了《城市设计管理办法》（以下简称《办法》）。

《办法》明确：城市设计是落实城市规划、指导建筑设计、塑造城市特色风貌的有效手段，贯穿于城市规划建设管理全过程。

要求：通过城市设计，从整体平面和立体空间上统筹城市建筑布局、协调城市景观风貌，体现地域特征、民族特色和时代风貌。

城市设计分为：总体城市设计和重点地区城市设计。

总体城市设计应当确定：城市风貌特色，保护自然山水格局，优化城市形态格局，明确公共空间体系，并可与城市（县人民政府所在地建制镇）总体规划一并报批。

重点地区城市设计要求：应当塑造城市风貌特色，注重与山水自然的共生关系，协调市政工程，组织城市公共空间功能，注重建筑空间尺度，提出建筑高度、体量、风格、色彩等控制要求。

应编制城市设计的重点地区，包括：

① 城市核心区和中心地区；

② 体现城市历史风貌的地区；

③ 新城新区；

④ 重要街道，包括商业街；

⑤ 滨水地区，包括沿河、沿海、沿湖地带；

⑥ 山前地区；

⑦ 其他能够集中体现和塑造城市文化、风貌特色，具有特殊价值的地区。

重点地区的城市设计编制内容：

① 历史文化街区和历史风貌保护相关控制地区开展城市设计，应当根据相关保护规划和要求，整体安排空间格局，保护延续历史文化，明确新建建筑和改扩建建筑的控制要求。

② 重要街道、街区开展城市设计，应当根据居民生活和城市公共活动需要，统筹交通组织，合理布置交通设施、市政设施、街道家具，拓展步行活动和绿化空间，提升街道特色和活力。

③ 城市设计重点地区范围以外地区，可以根据当地实际条件，依据总体城市设计，单独或者结合控制性详细规划等开展城市设计，明确建筑特色、公共空间和景观风貌等方面的要求。

2. 城市设计的落实与实施

重点地区城市设计的内容和要求应当纳入控制性详细规划，并落实到控制性详细规划的相关指标中。重点地区的控制性详细规划未体现城市设计内容和要求的，应当及时修改完善。

单体建筑设计和景观、市政工程方案设计应当符合城市设计要求。以出让方式提供国有土地使用权，以及在城市、县人民政府所在地建制镇规划区内的大型公共建筑项目，应当将城市设计要求纳入规划条件。

城市、县人民政府城乡规划主管部门负责组织编制本行政区域内总体城市设计、重点地区的城市设计，并报本级人民政府审批。

第十章　城乡规划实施

大纲要求：掌握影响城乡规划实施的基本因素，熟悉公共性设施建设与城乡规划实施的关系，熟悉商业性开发与城乡规划实施的关系。

一、城乡规划实施的含义、作用与机制

(一) 城乡规划实施的基本概念

城乡规划实施就是将预先协调好的行动纲领和确定的计划付诸行动，并最终得到实现。

城乡规划实施是一个综合性的概念，从理想的角度讲，城乡规划实施包括了城市发展和建设过程中的所有建设行为。

1. 实施城乡规划的政府行为

政府根据法律授权负责城乡规划实施的组织与管理，其主要的手段包括以下四个方面：

(1) 规划手段。政府根据运用规划编制和实施的行政权力，通过各类规划的编制来推进城乡规划的实施。如近期建设规划、土地出让计划、各项市政公用设施的实施计划等。

(2) 政策手段。政府根据城乡规划的目标和内容，从规划实施的角度制定相关政策来引导城市的发展。例如，可根据城市的性质和职能，制定产业发展政策，促进城市产业结构的调整和完善。也可以通过规划实施的政策，引导城市开发建设。

(3) 财政手段。政府运用公共财政的手段，调节、影响甚至改变城市建设的需要和进程，保证城乡规划目标的实现。这类手段有两种：

① 政府运用公共财政直接参与到建设性活动中，如建设道路、给排水设施、学校等公共设施；

② 政府通过对特定地区或类型的建设活动进行财政奖励，引导私人开发接受城乡规划所确定的目标和内容，其措施如减免税收、提供资金奖励或补偿、信贷保证等。

(4) 管理手段。政府根据法律授权，通过对开发项目的规划管理，保证城乡规划所确立的目标、原则和具体内容在城市开发和建设行为中得到贯彻。

从管理行为来看，是根据城市建设项目的申请来实施管理的，同时通过对建设活动、建设项目的结果及其使用等的监督检查等，保证城市中的各项建设不偏离城乡规划确立的目标。

2. 实施城乡规划的非公共部门行为

(1) 城乡规划实施的组织与管理，主要是由政府来承担，但这并不意味着城乡规划都是由政府部门来实施的。大量的建设活动是城市中的各类组织、机构、团体甚至个人在城

市中的建设性活动，这些都可以看作是对城乡规划的实施行为。

（2）私人部门的建设活动是出于自身利益而进行的，但只要遵守城乡规划的有关规定，符合城乡规划的要求，客观上看就是实施了城乡规划。

（3）除以实质性的投资、开发活动来实施城乡规划外，各类组织、机构、团体或者个人通过对各项建设活动的监督，及时纠正建设活动中的偏差，以保证规划目标的实现，这也是在实施城乡规划。

（二）城乡规划实施的目的与作用

1. 城乡规划实施的目的

城乡规划实施的根本目的是对城市空间资源加以合理配置，是城市经济、社会活动及建设活动能够高效、有序、持续地按照既定规划进行，从而实现城乡规划对城市建设和发展的引导和控制作用。

2. 城乡规划实施的作用

城乡规划就是为了使城市的功能与物质性设施及空间组织之间不断取得平衡与协调。其作用表现为：

（1）使城市发展与社会经济发展相适应。使城市的发展与经济发展的要求相适应，为经济发展服务，与经济发展形成互动的良性循环；适应城市社会的变迁，满足不同人群的需要及平衡不同集团的利益和相互关系。

（2）为城市发展做好物质环境与基础设施的建设的准备。根据城市发展的需要，在空间和时序上有序安排城市各项物质设施的建设，使城市的功能、各项物质性设施的建设在满足各自要求的基础上相互之间能够协调、相辅相成，促进城市协调发展。

（3）依公众利益，提升与优化城市功能。根据城市的公众利益，实施建设满足各类城市活动所需的公共设施，推进城市各项功能的不断优化。

（4）平衡各集团利益，维护社会公平。适应城市社会的变迁，在满足不同人群和不同利益集团的利益需求的基础上，取得相互之间的平衡，同时又不损害城市的公共利益。

（5）维护城市公共安全与环境友好。处理好城市物质性建设与保障城市安全、保护城市的自然和人文环境等关系，全面改善城市和乡村的生产和生活条件，推进城市的可持续发展。

（三）城乡规划实施的机制

1. 城乡规划实施的组织

城乡规划的实施组织和管理是各级人民政府的重要职责。《城乡规划法》规定："地方各级人民政府应当根据当地经济社会发展水平，量力而行，尊重群众意愿，有计划、分步骤地组织实施城乡规划。"

（1）城乡规划实施组织的具体要求

① 城市的建设和发展，应当优先安排基础设施以及公共服务设施的建设，妥善处理新区开发与旧区改建的关系，统筹兼顾进城务工人员生活和周边农村经济社会发展、村民生产与生活的需要。

② 镇的建设和发展，应当结合农村经济社会发展和产业结构调整，优先安排供水、

排水、供电、供气、道路、通信、广播电视等基础设施和学校、卫生院、文化站、幼儿园、福利院等公共服务设施的建设，为周边农村提供服务。

③ 乡、村庄的建设和发展，应当因地制宜、节约用地，发挥村民自治组织的作用，引导村民合理进行建设，改善农村生产、生活条件。

④ 城市新区的开发和建设，应当合理确定建设规模和时序，充分利用现有市政基础设施和公共服务设施，严格保护自然资源和生态环境，体现地方特色。

⑤ 在城市总体规划、镇总体规划确定的建设用地范围以外，不得设立各类开发区和城市新区。

⑥ 旧城区的改建，应当保护历史文化遗产和传统风貌，合理确定拆迁和建设规模，有计划地对危房集中、基础设施落后等地段进行改建。

(2) 建立以规划的编制来推进规划实施的机制

① 近期建设规划和控制性详细规划是总体规划实施的重要手段；

② 近期建设规划能够有序推进总体规划的实施；

③ 控制性详细规划，对于建设项目的管理有着决定性的作用。

2. 城乡规划实施的管理

城乡规划实施的管理主要是指对城市建设项目进行规划管理，即对各项建设活动实行审批或许可、监督检查以及对违法建设行为进行查处等管理工作。

根据《城乡规划法》的有关规定，现行的城乡规划实施管理的手段主要有：

(1) 建设用地管理

① 对于以划拨方式提供国有土地使用权的建设项目，应当先向城乡规划主管部门申请核发选址意见书，并得到许可后，方才能由土地部门划拨土地。

② 对于以出让方式提供国有土地使用权的建设项目，应当将城乡规划管理部门依据控制性详细规划提供的规划条件，作为土地使用权出让合同的组成部分。

③ 在乡、村庄规划区内的建设项目，不得占用农用地，确需占用农地的，应办理相关手续。

(2) 建设工程管理

① 在城市、镇规划区内进行建筑物、构筑物、道路、管线和其他工程建设的，建设单位或个人应当向城市、县人民政府城乡规划主管部门或者省、自治区、直辖市人民政府确定的镇人民政府申办建设工程规划许可证；

② 在乡、村庄规划区内进行建设的，建设单位或者个人应向乡（镇）人民政府提出申请，由乡（镇）人民政府报城市、县人民政府城乡规划主管部门核发村镇建设规划许可证。

(3) 建设项目实施的监督检查

县级以上人民政府城乡规划主管部门对城乡规划的实施情况进行监督检查，有权采取以下措施：

① 要求有关单位和人员提供与监督事项有关的文件、资料，并进行复制；

② 要求有关单位和人员就监督事项涉及的问题作出解释和说明，并根据需要进入现场进行勘测；

③ 责令有关单位和人员停止违反有关城乡规划的法律、法规的行为。

3. 城乡规划实施的监督检查

城乡规划实施监督是对城市规划整个过程的监督检查，其中包括了对城乡规划实施的组织、城乡规划实施的管理以及对法定规划的执行情况等所实行的监督检查。

（1）行政监督检查，是指各级人民政府及城市规划主管部门对城乡规划实施的全过程实行的监督管理。

① 各级人民政府及其城乡规划主管部门对城市规划的编制、审批、实施、修改的监督检查；

② 对各项建设活动的开展及其与城乡规划实施之间的关系进行监督管理。

（2）立法机构的监督检查。《城乡规划法》规定，地方各级人民政府应当向本级人民代表大会常务委员会或者乡、镇人民代表大会报告城乡规划的实施情况，并接受监督。

（3）社会监督，是指社会各界对城乡规划实施的组织和管理行为的监督。

二、掌握城乡规划实施的基本因素

城乡规划的实施涉及城市中的各个方面，甚至可以说，组成城市的各项要素的变化都会给城乡规划的实施带来影响。

就影响城乡规划实施最为直接的要素来看，大致可以将这些因素分为以下几个方面。

1. 政府组织管理

城乡规划是各级政府的重要职责，而各级政府的机构组织、管理行为的方式方法以及政府间的相互关系等都会对城乡规划的实施产生影响。

2. 城市发展状况

城乡规划的实施都是需要通过一定的社会经济手段才能进行的，因此，城市发展的状况就决定了城乡规划实施的基本途径和可能。

城市社会经济发展的状况会对政府的财政状况产生影响，政府运用于城市建设的投资就会具有不同的特征，这将直接关系到公共设施、城市基础设施方面的投资。当然，这还不仅仅涉及经济的因素，同时也与政府的政策导向有着极大的关联。

3. 社会意愿与公众参与

城乡规划是一项全社会的事业，城乡规划的实施是由城市社会整体共同进行的，因此，城市社会中各个方面的参与及其态度、意愿等，是城乡规划能否得到有效实施的关键。

4. 法律保障

城乡规划既是政府行为的重要组成部分，同时又与社会各个方面的利益有直接关系，而社会利益又具有多样性，在这样的条件下，只有通过法律制度的建设和保障，才有可能更好地调节社会利益关系，从而保证城乡规划的实施。

5. 城乡规划的体制

城乡规划的体制直接关系到规划实施的开展，同样关系到规划实施过程中出现的问题的处理方式，因此，不同的规划体制就有可能导致不同的规划实施的成效。

城乡规划实施管理中的规划许可是否与经法定程序批准的规划相符合，或者即使法定规划成为城市建设的依据，也需要有体制上的保证，只有这样才能更好地实施规划。

三、熟悉公共性设施建设与城乡规划实施的关系

（一）公共性设施开发及其特征

（1）概念

公共性设施是指社会公众所共享的设施，主要包括公共绿地、公立的学校和医院等，也包括城市道路和各项市政基础设施。这些设施的开发建设通常是由政府或公共投资进行的。

（2）特质

一般来说，公共性设施主要是由政府公共部门进行开发的，因为公共性设施是最为典型的公共物品，具有非排他性和非竞争性。

（3）作用

在城市建成环境中，公共性设施开发起着主导性作用，既为社会公众提供必要的设施条件，同时也为非公共领域或商业性的开发提供了可能性和规定性。

（4）投资渠道

公共设施的开发主要是由政府使用公共资金进行投资和建设的，因此，其投资是政府财政安排的结果。

（二）公共性设施开发建设的过程

公共设施的开发建设，通常分为以下几个阶段：

（1）项目设想阶段。公共设施项目的提出，大致分为弥补型和发展型两种类型。就政府行为而言，前者是被动的，是出现问题之后的应对；后者是主动的，是在问题产生之前的有意识引导。

（2）可行性研究阶段。在确定了所要建设的项目内容的基础上，对项目本身的实施需要进行可行性研究。可行性研究是项目决策的关键性步骤。

（3）项目决策阶段。在可行性研究成果的基础上，政府部门需要对是否投资建设、何时投资建设等作出决策。一旦作出建设的决策，就需要将项目列入政府的财政预算，预算确定后即付诸实施。

（4）项目实施阶段。项目实施就是根据预算所确定的投资额和相应的财政安排，从对项目的初步构想开始一步一步地付诸实施，直到最后建成。在一般情况下，项目实施至少可以分为两个阶段，即项目设计阶段和项目施工阶段。

（5）项目投入使用阶段。项目施工完成后，经验收通过即可投入使用，并发挥其效用。

（三）公共性设施开发建设与城乡规划实施

公共性设施开发建设是典型的政府行为，是政府运用公共资金来满足社会公众的使用需求。

就城乡规划而言，一方面，公共性设施的开发建设是政府有目的地、积极地实施城乡

规划的重要内容和手段；另一方面，公共性设施的开发建设对私人的商业性开发具有引导作用。

就公共性设施的开发建设过程而言，以上划分的每一个阶段与城乡规划的过程也有非常密切的关系。

（1）项目设想阶段。政府部门应当根据城乡规划中所确定的各项公共设施分步骤地纳入到各自的建设计划之中，并予以实施，尤其是对于发展性公共设施开发。

（2）在项目可行性研究阶段。城乡规划必须为这些项目的开发建设进行选址，确定项目建设用地的位置和范围，提出在特定地点进行建设的规划设计条件。只有这样，项目的可行性研究才能开展下去，所得出的结论才是可靠的。《城乡规划法》规定"建设项目选址意见书"是项目决策的依据之一。

（3）在项目决策阶段。城乡规划不仅是项目本身决策的一项重要依据，而且，对于不同公共设施项目之间的抉择以及它们之间的配合等也提供了基础。

（4）在项目实施阶段。公共设施项目的设计必须符合相应的规划条件，这些条件既是保证设施将来使用和运营的需要，同时也是为了避免产生不利的外部性，避免对他人利益的不利影响。也就是在此基础上，《城乡规划法》规定了公共设施的开发必须办理"建设用地规划许可证"和"建设工程规划许可证"。只有获得"建设用地规划许可证"后方可向土地管理部门办理土地权属手续，只有获得"建设工程规划许可证"后方可办理建设项目施工的开工手续。

在项目施工阶段，城乡规划管理部门有权对实施中的项目进行监督管理，此外，项目建设单位在未经规划主管部门核实建设项目是否符合规划条件或者经核实不符合规划条件的情况下，不得组织竣工验收。

（5）在项目投入使用后，必须按照项目本身的使用功能使用，不能随意改变用途。

四、熟悉商业性开发与城乡规划实施的关系

（一）商业性开发及其特征

商业性开发是指以营利为目的的开发建设活动。除了政府投资的公共设施开发之外的所有开发都可以称为商业性开发。因此，所有的商业性开发的决策都是在对项目的经济效益和相关风险进行评估的基础上作出的。

（二）商业性开发的过程

（1）项目构想与策划阶段。项目的构想与策划是投资人在对是否要从事开发、从事怎样的开发、在什么地方进行开发以及做出什么样的产品等进行分析、研究和思考的过程。

（2）建设用地的获得。前一个阶段还仅仅是一种构想，要想进入到操作层面，则需要视其获得相应的建设用地的可能性来作出更为具体的决定。商业性开发通常都是通过市场的方法获得土地的，只有能够获得相应的符合开发愿望的土地，开发商的开发活动才能进行下去。

(3) 项目融资阶段。开发商进行的商业性开发，大多需要通过各种途径的投（融）资来获得开发建设的资金，因此，只有获得了土地和相应的资金，开发活动方能开展。

(4) 项目实施阶段。项目实施阶段同样划分为两个方面的内容，即项目设计与项目施工阶段。

(5) 销售与经营。在施工展开或建设完成后如果是以销售为目的的，开发商就会进行销售的相关工作；如果是自己经营为主的则需要为经营作准备。

（三）商业性开发与城乡规划实施

商业性开发以私人利益为出发点，城乡规划关注的核心是公共利益。商业性开发对私人利益的过度追求有可能侵害到他人利益和公共利益，这就需要政府的干预。

就商业性开发过程的各个阶段而言，它们与城乡规划之间都存在着密切的关联。

(1) 项目构想与策划阶段，为保证商业性开发能够有效展开，必须对项目所在地城市的城乡规划有充分的认识，城乡规划要充分引导商业性开发。

(2) 建设用地获得阶段，土地使用的规划条件必须成为土地（使用权）交易的重要基础，并且在此后的实施过程中得到全面的贯彻，这是保证商业性开发活动能够为城乡规划实施作出贡献的重要条件。

(3) 项目实施阶段，城乡规划部门通过对项目设计的成果进行控制，保证规划意图在项目的设计阶段能够得到体现，避免项目的实施造成对社会公共利益以及周边地区他人利益的损害。

(4) 项目建成后的销售和经营阶段，销售的合同应当执行和延续规划条件，即应杜绝不符合规划条件的使用。因为一旦使用功能发生变化，周边的配套条件等都会发生变化，进而影响到整体效益的变化。

第二部分 模拟试题

模 拟 试 题 一 ①

(一) 单项选择题 (共80题，每题1分。每题的备选项中，只有1个最符合题意)

1. 中国的市制实行的是哪种行政区划建制模式？（　　）
  A. 广域型
  B. 集聚型
  C. 市带县型
  D. 城乡混合型

2. 农业社会城市的主要职能是（　　）。
  A. 经济中心
  B. 政治、军事或者宗教中心
  C. 手工业和商业中心
  D. 技术革新新中心

3. 下列关于中心城市与所在区域关系的表述，错误的是（　　）。
  A. 区域是城市发展的基础
  B. 中心城市是区域发展的核心
  C. 区域一体化制约中心城市的聚集作用
  D. 大都市区是区域与城市共同构成的空间单元类型

4. 下列关于霍华德田园城市理论的表述，正确的是（　　）。
  A. 田园城市倡导低密度的城市建设
  B. 田园城市中每户都有花园
  C. 田园城市中联系各城市的铁路从城市中心通过
  D. 中心城市与各田园城市组成一个城市群

5. 勒·柯布西耶于1922年提出了"明天城市"的设想，下列表述中错误的是（　　）。
  A. 城市中心区的摩天大楼群中，除安排商业、办公和公共服务外，还可居住将近40万人
  B. 城市中心区域的交通干路由地下、地面和高架快速路三层组成
  C. 在城市外围的花园住宅区中可居住200万人
  D. 城市最外围是由铁路相连接的工业区

6. 影响城市用地发展方向选择的主要原因一般不包括（　　）。
  A. 与城市中心的距离
  B. 城市主导风向
  C. 交通的便捷程度
  D. 与周边用地的竞争与依赖关系

7. 下列关于欧洲古典时期城市的表述，正确的是（　　）。
  A. 古希腊城邦国家城市布局上出现了以放射状的道路系统为骨架，以城市广场为中心的希波丹姆（Hippodamus）

---

① 模拟试题一有部分2019年全国注册城乡规划师城乡规划原理科目考试题

B. 希波丹姆模式充分体现了民主和平等的城邦精神和市民民主文化的要求
C. 雅典城最为完整地体现了希波丹姆模式
D. 广场群是希波丹姆模式城市中市民集聚的空间和城市生活的核心

8. 下列关于现代城市规划形成基础的表述，错误的是（　　）。
A. 空想社会主义是现代城市规划形成的思想基础
B. 现代城市规划是在解决工业城市问题的基础上形成的
C. 公司城是现代城市规划形成的行政实践
D. 英国关于城市卫生和工人住房的立法是现代城市规划形成的法律实践

9. 下列关于格迪斯学说的表述，错误的是（　　）。
A. 人类居住地与特定地点之间存在着一种由地方经济性质所决定的内在联系
B. 他在《进化中的城市》中提出把自然地区作为规划研究的基本范围
C. 他提出的城市规划过程是"调查——分析——规划"
D. 他发扬光大了芒福德（Lexis Mumford）等人的思想，创立了区域规划

10. 下列关于勒·柯布西耶（Le Corbusier）现代城市设想的表述，错误的是（　　）。
A. 他主张通过对大城市的内部改造，以适应社会发展的需要
B. 他提出了广场、街道、建筑、小品之间建立宜人关系的基本原则
C. 他提出的"明天城市"是一个300万人口规模的城市规划方案
D. 他主持撰写的《雅典宪章》集中体现了理性功能主义的城市规划思想

11. 城市分散发展理论不包括（　　）。
A. 卫星城理论　　　　　　　　　　B. 新城理论
C. 大都市带理论　　　　　　　　　D. 广亩城理论

12. 下列表述中，错误的是（　　）。
A. 汉长安城内各宫殿之间的一般居住地段为闾里
B. 唐长安城每个里坊四周设置坊墙，坊里实行严格管制，坊门朝开夕闭
C. 北宋中叶开封城已建立较为完善的街巷制，坊里制逐渐被废除
D. 元大都城内划有50个坊，恢复了绵延千年的坊里制度

13. 下列关于城市规划师角度的表述，错误的是（　　）。
A. 政府部门的规划师担当行政管理、专业技术管理和仲裁三个基本职责
B. 规划编制部门的规划师主要角色是专业技术人员和专家
C. 研究与咨询机构的规划师可能成为某些社会利益的代言人
D. 私人部门的规划师是特定利益的代言人

14. 下列关于城乡规划行政主管部门在实施规划管理中与本级政府的其他部门关系的表述，错误的是（　　）。
A. 决策之前需要与相关部门进行协商
B. 工作相互协同
C. 统筹部门利益关系
D. 共同作为一个整体执行有关决策

15. 下列关于城乡规划编制体系的表述，正确的是（　　）。
A. 城镇体系规划包括全国、省域和市域三个层次

B. 国务院负责审批的总体规划包括直辖市和省会城市、自治区首府城市三种类型

C. 村庄规划由村委会组织编制，报乡政府审批

D. 城市、镇修建性详细规划可以结合建设项目由建设单位组织编制

16. 城镇体系具有层次性的特征是指(　　)。

A. 城镇之间的社会经济联系是有层次的

B. 城镇的职能分工是有层次的

C. 区域基础设施的等级和规模是有层次的

D. 中心城市的辐射范围是有层次的

17. 城镇体系规划的必要图纸一般不包括(　　)。

A. 城镇体系规划图

B. 旅游设施规划图

C. 区域基础设施规划图

D. 重点地区城镇发展规划示意图

18. 下列表述中，正确的是(　　)。

A. 城镇体系规划体现各级政府事权

B. 城镇体系规划应划分城市（镇）经济区

C. 城镇体系规划需要单独编制并报批

D. 城镇体系规划的对象只涉及城镇

19. 下列关于城市总体规划的作用和任务的表述，错误的是(　　)。

A. 城市总体规划是参与城市综合性战略部署的工作平台

B. 城市总体规划应该以各种上层次法定规划为依据

C. 各类行业发展规划都要依据城市总体规划

D. 中心城区规划要确定保障性住房的用地布局和标准

20. 下列不属于评价城市社会状况指标的是(　　)。

A. 人口预期寿命　　　　B. 万人拥有医生数量

C. 人均公共绿地面积　　D. 城市犯罪率

21. 两个城市的第一、二、三次产业结构分别为：A城市15∶35∶50，B城市15∶45∶40，下列表述正确的是(　　)。

A. A城市的产业结构要比B城市更高级

B. B城市的产业结构要比A城市更高级

C. A城市与B城市在产业结构上有同构性

D. A城市与B城市在产业结构上无法比较

22. 下列哪项是确定城市性质的最主要依据？(　　)

A. 城市在全国或区域内的地位和作用　　B. 城市优势和制约因素

C. 城市产业性质　　　　　　　　　　　D. 城市经济社会发展前景

23. 人口机械增长是由(　　)所导致的。

A. 人口构成差异　　　　　　　　　　　B. 人口死亡因素

C. 人口出生因素　　　　　　　　　　　D. 人口迁移因素

24. 下列哪项与城市人口规模预测直接有关？(　　)

A. 城市的社会经济发展　　　　　　　　B. 人口的年龄构成
C. 人口的性别构成　　　　　　　　　　D. 老龄人口比重

25. 城市总体规划纲要应(　　)。
A. 作为总体规划成果审批的依据
B. 确定市域综合交通体系规划，引导城市空间布局
C. 确定各项建设用地的空间布局
D. 研究中心城区空间增长边界

26. 市域城镇体系规划内容不包括(　　)。
A. 规定城市规划区
B. 制定中心城市与相邻行政区域在空间发展布局方面的协调策略
C. 提出空间管制原则与措施
D. 明确重点城镇的建设用地控制范围

27. 下列关于市域城镇空间组合基本类型的表述，正确的是(　　)。
A. 均衡式的市域城镇空间，其中心城区与其他城镇分布比较均衡，首位度相对低
B. 单中心集核式的市域城镇空间，其他城镇是中心城区的卫星城镇
C. 轴带式的市域城镇空间，市域内城镇沿一条发展轴带状连绵布局
D. 分片组群式的市域城镇空间，中心城区的辐射能力比较薄弱

28. 城市用地经济性评价的因素不包括(　　)。
A. 用地的交通通达度
B. 用地的社会服务设施供给
C. 用地周边的房地产价格
D. 用地的环境质量

29. 分散式城市布局的优点一般不包括(　　)。
A. 接近自然、环境优美
B. 城市布局灵活
C. 节省建设投资
D. 城市用地发展和城市容量具有弹性

30. 下列关于公共设施布局规划的表述，不准确的是(　　)。
A. 公共设施布局要按照与居民生活的密切程度规划合理的服务半径
B. 公共设施布局要结合城市道路与交通规划考虑
C. 公共设施布局要选择在城市或片区的几何中心
D. 公共设施布局要考虑合理的建设时序，并留有发展余地

31. 下列不属于城市综合交通发展战略研究内容的是(　　)。
A. 研究城市交通发展模式
B. 预估城市交通总体发展水平
C. 提出市级公路骨架的发展战略和调整意见
D. 优化配置城市干路网结构

32. 下列关于铁路在城市中布局的表述，错误的是(　　)。
A. 铁路客运站布局要考虑旅客中转换乘的便捷

B. 铁路客运站应布局在城市外围，用轨道交通与城市中心区相连
C. 在城市的铁路布局中，站场位置起着主导作用
D. 铁路站场的位置和城市规模、自然地形等因素有关

33. 下列关于城市道路系统规划的表述，错误的是(　　)。

A. 城市的不同区位、不同地段均要采用"小街坊、密路网"
B. 不同等级的道路有不同的交叉口间距要求
C. 城市道路系统是组织城市各种功能用地的骨架
D. 城市道路系统应有利于组织城市景观

34. 下列关于城市机场布局的表述，错误的是(　　)。

A. 城市密集区域可设置共用的机场
B. 一个超大城市周围，可布置若干个机场
C. 机场选址要满足飞机起降的自然地理和气象条件
D. 机场选址要尽可能使跑道轴线方向与城市主导风向垂直

35. 下列表述中准确的是(　　)。

A. 各种类型的专业市场应集中布置，以发挥联动效应
B. 工业用地应与对外交通设施相结合，以利运输
C. 公交线路应避开居住区，以减少噪声干扰
D. 公共停车场应均匀分布，以保证服务均衡

36. 某城市规划人口35万，其新规划的铁路客运站应布置在(　　)。

A. 城市中心区　　　　　　　　B. 城区边缘
C. 远离中心城区　　　　　　　D. 中心城区边缘

37. 下列表述中不准确的是(　　)。

A. 在商务中心区内安排居住功能，可以防止夜晚的"空城"化
B. 设置步行商业街区，有利于减少小汽车的使用
C. 城市中心的功能分解有可能引发城市副中心的形成
D. 在城市中心安排文化设施，可以增强公共中心的吸引力

38. 下列关于城市道路系统与城市用地关系的表述，错误的是(　　)。

A. 城市由小城市发展到大城市、特大城市，城市的道路系统也会随之发生根本性的变化
B. 单中心集中式布局的小城市，城市道路宽度较窄、密度较高，较适用于步行和非机动化交通
C. 单中心集中式布局的大城市，一般不会出现出行距离过长、交通过于集中的现象，生产生活较为方便
D. 呈"组合型城市"布局的特大城市，城市道路一般会发展成混合型路网，会出现对城市交通性干路网、快速路网的需求

39. 下列关于城市用地布局形态与道路网络形式关系的表述，错误的是(　　)。

A. 规模较大的组团式用地布局的城市中，不能简单地套用方格路网
B. 沿河谷呈带状组团式布局的城市，往往不需要联系也呈中心放射形态
C. 中心城市对周围的城镇具有辐射作用，其交通联系也呈中心放射形态
D. 公共交通干线的形态应与城市用地形态相协调

40. 下列关于大城市用地布局与城市道路网功能关系的表述，错误的是（   ）。
   A. 快速路网主要为城市组团间的中、长距离交通服务，宜布置在城市组团间
   B. 城市主干路网主要为城市组团内和组团间的中、长距离交通服务，是疏通城市及与快速路相连接的主要通道
   C. 城市次干路网是城市组团内的路网，主要为组团内的中、短距离服务，与城市主干路网一起构成城市道路的基本骨架
   D. 城市支路是城市地段内根据用地细部安排产生的交通需求而划定的道路，在城市组团内应形成完整的网络

41. 下列关于城市综合交通规划的表述，不准确的是（   ）。
   A. 城市综合交通规划应从城市层面进行研究
   B. 城市综合交通规划应把城市交通和城市对外交通结合起来综合研究
   C. 城市综合交通规划应协调城市道路交通系统与城市用地布局的关系
   D. 城市综合交通规划应确定合理的城市交通结构，促进城市交通系统的协调发展

42. 下列关于历史文化名城保护规划的表述，不准确的是（   ）。
   A. 应划定历史城区和环境协调区的范围
   B. 应划定历史文化街区的保护范围界限
   C. 文物保护单位保护范围界限应以各级人民政府公布的具体界限为基本依据
   D. 历史城区应明确延续历史风貌的要求

43. 历史文化名城保护规划应坚持整体保护的理念，建立（   ）三个层次的保护体系。
   A. 中心城区、历史城区、历史文化街区
   B. 历史文化名城、历史文化街区、文物保护单位
   C. 历史城区、历史文化街区、历史地段
   D. 历史文化名城、历史地段、文物保护单位

44. 下列关于历史文化名城保护规划的表述，错误的是（   ）。
   A. 历史城区应采取集中化的停车布局方式
   B. 历史城区内不应新设置区域性大型市政基础设施站点
   C. 历史城区内不得保留或设置二、三类工业用地
   D. 历史城区的市政基础设施要充分发挥历史遗留设施的作用

45. 下列关于历史文化街区的表述，错误的是（   ）。
   A. 历史文化街区是历史文化名城保护工作的法定保护概念
   B. 历史文化街区保护范围包括核心保护区域与建设控制地带
   C. 历史文化街区概念是由历史文化保护区演变而来
   D. 历史文化街区由市、县人民政府核定公布

46. 区域地下水位的大幅下降会引起地质环境不良后果和危害，下列表述中不准确的是（   ）。
   A. 引起地面沉降等地质灾害   B. 造成地下水水质污染
   C. 导致天然自流泉干枯   D. 导致河流断流

47. 新建一座处理能力 15 万 m³/日污水处理厂，其卫生防护距离不宜小于（   ）。
   A. 100m   B. 200m   C. 300m   D. 500m

48. 下列关于综合管廊布局的表述，不准确的是（　　）。

A. 宜布置在城市高强度开发地区　　B. 宜布置在不宜开挖路面的路段

C. 宜布置在地下管线较多的道路　　D. 宜布置在交通繁忙的过境公路

49. 详细规划阶段供热工程规划的主要内容，不包括（　　）。

A. 分析供热设施现状、特点及存在问题

B. 计算热负荷和年供热量

C. 确定城市供热热源种类、热源发展原则、供热方式和供热分区

D. 确定热网布局、管径

50. 下列关于城市微波通道的表述，不准确的是（　　）。

A. 城市微波通道分为三个等级实施分级保护

B. 特大城市微波通道原则上由通道建设部门自我保护

C. 严格控制进入大城市中心城区的微波通道数量

D. 公用网和专用网微波宜纳入公用通道

51. 纳入城市黄线管理的设施不包括（　　）。

A. 高压电力线走廊

B. 微波通道

C. 热力线走廊

D. 城市轨道交通线

52. 下列关于城镇消防站选址的表述，不准确的是（　　）。

A. 消防站应设置在主次干路的临街地段

B. 消防站执勤车辆的出入口与学校、医院等人员密集场所的主要疏散口的距离不应小于50m

C. 消防站与加油站、加气站的距离不应小于50m

D. 消防站用地边界距离生产贮存危险化学品的危险部位不宜小于50m

53. 下列不属于城市抗震防灾规划强制性内容的是（　　）。

A. 规划目标　　B. 抗震设防标准

C. 建设用地评价及要求　　D. 抗震防灾措施

54. 依据国务院发布的《关于实行最严格水资源管理制度的意见》，下列关于"三条红线"的表述，不准确的是（　　）。

A. 确立水资源开发利用控制红线

B. 确立用水效率控制红线

C. 确立水功能区限制纳污红线

D. 确立水源地保护区控制红线

55. 下列关于饮用水水源保护区的表述，不准确的是（　　）。

A. 饮用水源保护区分为一级保护区、二级保护区和准保护区

B. 地表水饮用水源保护区包括一定的水域和陆域

C. 地下水饮用水源保护区指地下水饮用水源地的地表区域

D. 备用水源地一般不需要划定水源保护区

56. 下列关于控制性详细规划编制中用地性质的表述，错误的是（　　）。

A. 居住用地中不包括小学用地
B. 已作其他用途的文物古迹用地应当按照文物古迹用地归类
C. 企业管理机构用地应划为其他商务用地
D. 教育科研用地包括附属院校的实习工厂

57. 下列关于控制性详细规划的表述，不准确的是（　　）。
A. 控制性详细规划是伴随着城市土地有偿使用制度实施，在全国范围内逐渐展开的
B. 控制性详细规划的发展趋势是结合城市设计进行编制
C. 控制性详细规划是在城乡规划法规体系不断完善的过程中产生的
D. 控制性详细规划是借鉴了美国区划的经验逐步形成的具有中国特色的规划类型

58. 下列关于国土空间规划体系中详细规划的表述，正确的是（　　）。
A. 详细规划的主要内容要纳入相关专项规划
B. 详细规划要统筹和综合平衡各相关专项领域的空间要求
C. 详细规划要依据批准的国土空间总体规划进行编制和修改
D. 详细规划要发挥统领作用

59. 下列关于详细规划在国土空间规划实施与监管中作用的表述，不准确的是（　　）。
A. 详细规划是所有国土空间分区分类实施用途管制的依据
B. 在城镇开发边界内的建设，实行"详细规划＋规划许可"的管制方式
C. 在城镇开发边界外的建设，实行"详细规划＋规划许可"和"约束指标＋分区准入"的管制方式
D. 详细规划的执行情况应纳入自然资源执法督查的内容

60. 下列关于控制性详细规划的表述，不准确的是（　　）。
A. 用地性质应以其地面使用的主导设施性质作为归类依据
B. 用地面积指的是规划地块边界内的平面投影面积
C. 使用强度控制要素包括容积率、建筑形式等
D. 指导性要素包括城市轮廓线等

61. 下列不属于控制性详细规划规定性指标的是（　　）。
A. 用地性质　　　　　　　　B. 需要配置的公共设施
C. 建筑体量要求　　　　　　D. 停车泊位

62. 下列关于控制性详细规划编制的表述，不准确的是（　　）。
A. 应当充分听取政府有关部门的意见，保证有关专项规划的空间落实
B. 应当采取公示的方式征求广大公众的意见
C. 应当充分听取并落实规划所涉及单位的意见
D. 报送审批的材料中应附具公示征求意见的采纳情况及理由

63. 根据《国家乡村振兴战略规划（2018－2020年）》下列关于乡村振兴目标的表述，不准确的是（　　）。
A. 产业兴旺是重点　　　　　B. 生态宜居是关键
C. 乡风文明是保障　　　　　D. 生活温饱是根本

64. 根据自然资源部办公厅印发的《关于加强村庄规划促进乡村振兴的通知》，对村庄规划的表述，错误的是（　　）。

A. 村庄规划是国土空间规划体系中的详细规划
B. 村庄规划是"多规合一"的实用性规划
C. 村庄规划可以一个或几个行政村为单元编制
D. 所有行政村均需编制村庄规划

65. 中国历史文化名村现存历史传统建筑的最小规模是(　　)。

A. 建筑总面积 500m² 　　　　　　　　B. 建筑总面积 1500m²
C. 建筑总面积 2500m² 　　　　　　　　D. 建筑总面积 5000m²

66. 下列关于现代居住区理论的表述,正确的是(　　)。

A. 邻里单位与居民小区在 1920 至 1930 年代被大量应用于实践
B. 屈普(Tripp)最早提出了"居住小区"理论
C. "扩大街坊"也称"居住综合体"
D. 佩里(C. A. Perry)提出了"邻里单位"理论

67. 下列关于条式住宅布局的表述,正确的是(　　)。

A. 南北朝向平行布局的主要优点是室内物理环境较好
B. 周边式布局的采光条件较好
C. 条式住宅不适合山地居住区
D. 平行布局的条式住宅主要利用太阳方位角获得日照

68. 下列关于居住区配套服务设施布局的表述,正确的是(　　)。

A. 宜分散布局,使服务更加均衡
B. 居住区周边已有的设施,该居住区不得配建
C. 人防设施可用作车库等配套服务设施使用
D. 宜避开公交站点以免人流过于集中

69. 下列关于居住区道路的表述,正确的是(　　)。

A. 居住区内的道路不能承担城市交通功能
B. 居住区道路等级越高越适合采用人车混行模式
C. 人车分流的目的是确保机动车交通不受干扰
D. 人行系统可以不考虑消防车通行要求

70. 居住街坊绿地不包括(　　)。

A. 居住街坊所属道路行道树树冠投影面积
B. 底层住户的自用小院
C. 宽度小于 8m 的绿地
D. 停车场中的绿地

71. 下列关于居住区综合技术指标的表述,正确的是(　　)。

A. 居住总人口是指实际入住人口数
B. 容积率=住宅建筑及其配套设施地上建筑面积之和/居住区用地面积
C. 容积率=建筑密度×建筑高度
D. 绿地率+建筑密度=100%

72. 《中国大百科全书》中城市设计的定义,不包括(　　)。

A. 城市设计是对城市体型环境所进行的设计

B. 城市设计是一系列建筑设计的组合
C. 城市设计的任务是为人们各种活动创造出具有一定空间形式的物质环境
D. 城市设计也称为综合环境设计

73. 扬·盖尔把公共空间的活动分为三种类型，不包括（　　）。
A. 必要性活动　　　　　　　　　　　　　B. 选择性活动
C. 社会性活动　　　　　　　　　　　　　D. 经济性活动

74. 室外空间可分为积极空间和消极空间，积极的城市空间主要有（　　）。
A. 封闭空间和开敞空间　　　　　　　　　B. 序列空间和特色空间
C. 场所空间和围合空间　　　　　　　　　D. 街道空间和广场空间

75. 城市设计策略通过（　　）的方式实施。
A. 空间模式和三维意向表达　　　　　　　B. 研究和指引
C. 控制和引导　　　　　　　　　　　　　D. 评价与参与

76. 下列表述中，错误的是（　　）。
A. 工业革命以前，城市规划与城市设计没有严格区别
B. 工业革命后，现代城市规划发展的初期包含了城市设计的内容
C. 西方城市美化运动是现代城市设计概念的渊源之一
D. 城市设计是包含了建筑学、城市规划、风景园林的学科

77. 下列选项属于凯文·林奇认为城市意象构成要素的是（　　）。
A. 天际线　　　　　　　　　　　　　　　B. 节点
C. 第五立面　　　　　　　　　　　　　　D. 夜景观

78. 下列关于城市规划实施的表述，错误的是（　　）。
A. 城市社会经济发展状况，决定规划实施的基本路径与可能性
B. 规划实施需要社会共同遵守与参与，必然涉及法律保障与社会运作机制等内容
C. 社会公众对规划的认知与参与程度，影响其是否愿意遵守与执行规划
D. 下层次规划的编制、实施不会对上层次规划的实施结果产生影响

79. 下列关于城市公共性设施开发的表述，不准确的是（　　）。
A. 公共性设施开发建设是政府有目的地、积极地实施城市规划的重要内容和手段
B. 公共性设施开发建设是政府运用公共资金，主要满足市政基础设施的使用需求
C. 对于不同公共性设施项目之间的抉择及其配合，城市规划是项目决策的重要依据与基础
D. 各项公共性设施应在城市规划中分步骤纳入相关建设计划，予以实施

80. 下列关于规划实施的表述，错误的是（　　）。
A. 优先安排产业项目，逐步配套基础设施
B. 旧城区的改建，应合理确定拆迁和建设规模
C. 城市地下空间的开发和利用，应充分考虑防灾减灾、人民防空和通信等需要
D. 城乡建设和发展，应当依法保护和合理利用自然资源

(二)选择题(共20题,每题1分。每题的备选项中,有2~4个选项符合题意,少选、错选都不得分)

81. 下列关于城市与区域发展的表述,正确的有( )。
A. 城市始终都不能脱离区域孤立发展
B. 非基本经济种类是促进城市发展的动力
C. 城市是区域增长的核心
D. 区域已经成为现代经济发展过程中重要的空间载体
E. 影响城市发展的各种区域性因素包括区域发展条件、自然条件与生态承载力等

82. 下列关于区位理论的表述,正确的有( )。
A. 克里斯塔勒(W.Christaller)提出了中心地理论
B. 农业区位理论认为农作物的种植区域划分是根据其运输成本以及与市场的距离决定的
C. 区位是指为某种活动所占据的场所在城市中所处的空间位置
D. 韦伯(A.Webber)工业区位论认为影响区位的因素有区域因素和聚集因素
E. 廖什(A.Losch)区位理论提出了市场五边形的概念

83. 下列关于《周礼·考工记》的表述,正确的有( )。
A. 书中记述了关于周代王城建设空间布局:"匠人营国,方九里,旁三门;国中九经九纬,经涂九轨。左祖右社,前朝后市,市朝一夫"
B. 书中记述了按照封建等级,不同级别的城市在用地面积、道路宽度、城门数目、城墙高度等方面的级别差异
C. 书中记载了城市的郊、田、林、牧地的相关关系的规则
D. 书中所述城市建设的空间布局制度为此后中国封建社会城市建设的基本制度
E. 对安阳殷墟、曹魏邺城、北宋东京等城市规划布局产生了影响

84. 下列哪些策略有助于提升城市竞争力?( )
A. 在城市郊区和中心城区外围建设"边缘城市"
B. 复兴城市的滨水区和历史地段
C. 建造大型博物馆和文化娱乐设施
D. 推进衰败地区人口向外转移
E. 举办奥运会、博览会等城市大事件

85. 下列关于《马丘比丘宪章》的表述,正确的有( )。
A. 《马丘比丘宪章》是国际建协在古罗马文化遗址地召开的国际会议上所签署的文件
B. 《马丘比丘宪章》的出台标志着《雅典宪章》彻底过时
C. 《马丘比丘宪章》认为,人的相互作用与交往是城市存在的基础
D. 《马丘比丘宪章》倡导把城市看作是连续发展与变化过程的结构体系
E. 《马丘比丘宪章》强调城市规划的专业性,反对政治因素的介入

86. 国土空间规划体系包括( )。
A. 规划编制审批体系
B. 规划实施监督体系
C. 规划法规政策体系
D. 规划科研教育体系
E. 规划技术标准体系

87. 编制国土空间规划应( )。

A. 体现战略性 B. 提高科学性
C. 加强协调性 D. 强化指引性
E. 注重操作性

88. 报国务院审批的市级国土空间总体规划审查要点,包括( )。

A. 资源环境承载能力和国土空间开发适宜性评价
B. 用水总量指标
C. 中心城区商业服务业设施布局
D. 城市邻避设施布局
E. 城镇开发边界内通风廊道的格局和控制要求

89. 居住用地选择需考虑( )。

A. 自然环境条件 B. 与城市对外交通枢纽的距离
C. 用地周边的环境污染影响 D. 房产市场的需求趋向
E. 大面积平坦的土地

90. 下列关于城市轨道交通线网规划的表述,正确的有( )。

A. 线路应沿主客流方向选择,便于乘客直达目的地,减少换乘
B. 线路起始点宜设在市区内大客流断面位置
C. 支线与主线的衔接点宜选在客流断面较大的位置
D. 线路应考虑全日客流效益,通勤客流规模
E. 车站布置应与主要客流集散点和各种交通枢纽相结合

91. 下列关于城市道路系统规划的表述,正确的有( )。

A. 道路功能应与比邻道路用地的性质相协调
B. 道路路线转折角较大时,转折点宜放在交叉口上
C. 道路要有适当的路网密度和道路面积率
D. 公路兼有过境和出入城交通功能时,宜与城市内部道路功能混合布置
E. 道路一般不应形成多路交叉口

92. 下列表述中,正确的有( )。

A. 历史文化名城保护规划应当划定历史建筑的保护范围界限
B. 当历史文化街区的保护范围与文物保护单位的保护范围及建设控制地带出现重叠时,应以历史文化街区的保护范围要求为准
C. 对于已经不存在的文物古迹,在确保其原址的情况下,鼓励通过重建等方式加以展示
D. 历史城区应保持或延续原有的道路格局,保护有价值的街巷系统,保持特色街巷的原有空间尺度和界面
E. 历史文化街区保护规划应包括改善居民生活环境、保持街区活力、延续传统文化的内容

93. 城市水系岸线按功能可划分为( )。

A. 自然性岸线 B. 生态性岸线
C. 港口性岸线 D. 生活性岸线
E. 生产性岸线

94. 根据《生活垃圾分类制度实施方案》，下列属于有害垃圾的有( )。

A. 废电池
B. 废药品包装物
C. 废弃电子产品
D. 废塑料
E. 废相纸

95. 下列关于控制性详细规划的表述，正确的有( )。

A. 控制性详细规划通过图纸控制的方式落实规划意图
B. 控制性详细规划具有法定效力
C. 控制性详细规划采用刚性与弹性相结合的控制方式
D. 控制性详细规划是纵向综合性的规划控制汇总
E. 控制性详细规划是协调各方利益的公共政策平台

96. 下列属于控制性详细规划图纸内容有( )。

A. 供水管网的平面位置、管径
B. 燃气调压站、贮存站位置
C. 防洪堤坝断面尺寸
D. 公共设施附属绿地边界
E. 主、次干路主要控制点坐标、标高

97. 下列关于村庄整治的表述，正确的有( )。

A. 村庄整治应因地制宜、量力而行、循序渐进、分期分批次进行
B. 村庄整治应坚持以现有设施的整治改造维护为主
C. 各类设施的整治应做到安全、经济、方便使用与管理，注重实效
D. 村庄整治应优先选用当地原材料，保护、节约和合理利用资源
E. 村庄整治项目应根据实际需要和经济条件，由乡镇统筹确定

98. 属于历史文化名镇（村）保护规划成果基本内容的有( )。

A. 村镇历史文化价值概述，保护原则和工作重点
B. 村镇文化旅游资源评价及保护利用要求
C. 各级文保单位保护范围、建设控制地带
D. 村镇全域产业发展策略研究
E. 重点保护、整治地区的详细规划意向方案

99. "邻里单位"理论的提出，其目的有( )。

A. 满足家庭生活所需的基本公共服务
B. 解决汽车交通与居住环境的矛盾
C. 使住宅建设更加集中，集约使用土地
D. 提高居住区街道的安全性
E. 推动居民组织的形成

100. 下列城市设计相关著作与作者搭配正确的有( )。

A. 凯文·林奇——《城市意象》
B. 埃利尔·沙里宁——《形式合成纲要》
C. 威廉·H·怀特——《小城市空间的社会生活》
D. 埃德蒙·N·培根——《城市设计新理论》
E. 扬·盖尔——《交往与空间》

模 拟 试 题 二[①]

(一) 单项选择题（共 80 题，每题 1 分。每题的备选项中，只有 1 个最符合题意）

1. 下列关于城市概念的表述，准确的是(　　)。
A. 城市是人类第一次社会大分工的产物
B. 城市的本质特点是分散
C. 城市是"城"与"市"叠加的实体
D. 城市最早是政治统治、军事防御和商品交换的产物

2. 下列关于城市发展的表述，错误的是(　　)。
A. 集聚效益是城市发展的根本动力
B. 城市与乡村的划分越来越清晰
C. 城市与周围广大区域规划保持着密切联系
D. 信息技术的发展将改变城市的未来

3. 下列关于大都市区的表述，错误的是(　　)。
A. 英国最早采用大都市区概念
B. 大都市区是为了城市统计而划定的地域单元
C. 大都市区是城镇化发展到较高阶段的产物
D. 日本的都市圈与大都市区内涵基本相同

4. 下列不属于城市空间环境演进基本规律的是(　　)。
A. 从封闭的单中心到开放的多中心空间环境
B. 从平面空间环境到立体空间环境
C. 从生产性空间环境到生活性空间环境
D. 从分离的均质城市空间到整合的单一城市空间

5. 下列关于城镇化进程按时间顺序排列的四个阶段的表述，准确的是(　　)。
A. 城镇集聚化阶段、逆城镇化阶段、郊区化阶段、再城镇化阶段
B. 城镇集聚化阶段、郊区化阶段、再城镇化阶段、逆城镇化阶段
C. 城镇集聚化阶段、郊区化阶段、逆城镇化阶段、再城镇化阶段
D. 城镇集聚化阶段、逆城镇化阶段、再城镇化阶段、郊区化阶段

6. 下列关于古希腊希波丹姆（Hippodamus）城市布局模式的表述，正确的是(　　)。
A. 该模式在雅典城市布局中得到了最为完整的体现
B. 该模式的城市空间中，一系列公共建筑围绕广场建设，成为城市生活的中心
C. 皇宫是城市空间组织的关键性节点

---
① 模拟试题二为 2018 年全国注册城乡规划师城乡规划原理科目考试题

D. 城市的道路系统是城市空间组织的关键

7. 下列关于绝对君权时期欧洲城市改建的表述，准确的是(　　)。

A. 这一时期欧洲国家的首都，均发展成为封建统治与割据的中心大城市

B. 这一时期的城市改建，以伦敦市的改建影响最为巨大

C. 这一时期的城市改建，受到古典主义思潮的影响

D. 这一时期的教堂是城市空间的中心和塑造城市空间的主导因素

8. 下列关于近代空间社会主义理想和实践的表述，错误的是(　　)。

A. 莫尔（T. More）的"乌托邦"（Utopia）概念除了提出理想社会组织结构改革的设想之外，也描述了他理想中的建筑、社区和城市

B. 欧文提出了"协和村"（Village of New Harmony）的方案，并进行了实践

C. 傅里叶提出了以"法郎吉"（Phalanges）为单位建设5000人左右规模的社区

D. 戈定（J. P. Godin）在法国古斯（Guise）的工厂相邻处按照傅里叶的"法郎吉"（Phalanges）设想进行了实践

9. 下列关于法国近代"工业城市"设想的表述，错误的是(　　)。

A. 建筑师戈涅是"工业城市"设想的提出者

B. "工业城市"是一个城市的实际规划方案，位于平原地区的河岸附近，便于交通运输

C. "工业城市"的规模假定为35000人

D. "工业城市"中提出了功能分区思想

10. 从城市土地使用形态出发的空间组织理论不包括(　　)。

A. 同心圆理论　　　　　　　　B. 功能分区理论

C. 扇形理论　　　　　　　　　D. 多核心理论

11. 按照伊萨德的观点，下列关于决定城市土地租金的各类要素的表达，准确的是(　　)。

A. 与城市几何中心的距离

B. 顾客到达该地址的可达性

C. 距城市公园的远近

D. 竞争者的类型

12. 下列关于中国古代城市的表述，错误的是(　　)。

A. 夏代的城市建设已使用陶质的排水管及采用夯打土坯筑台技术等

B. 西周洛邑所确立的城市形制已基本具备了此后都城建设的特征

C. "象天法地"的理念在咸阳的规划建设中得到了运用

D. 汉长安城的布局按照《周礼·考工记》的形制形成了贯穿全城的中轴线

13. 下列表述中，正确的是(　　)。

A. 《大上海计划》代表着近代中国城市规划的最高成就

B. 重庆《陪都十年建设计划》将城区划分为中央政治区、市行政区、工业区、商业区、文教区、住宅区等六大功能区

C. 《大上海都市计划》的整个中心区路网采用小方格和放射路相结合的形式，中心建筑群采用中国传统的中轴线对称的手法

D. 1929年南京《首都规划》的部分地区采用美国当时最为流行的方格网加对角线方式，

并将古城墙改造为环城大道

14. 下列关于 1956 年《城市规划编制暂行方法》的表述，错误的是(　　)。

A. 这是新中国第一部最重要的城市规划法规性文件
B. 内容包括设计文件及协议的编订办法
C. 包括城市规划基础资料、规划设计阶段、总体规划和控制性详细规划等方面的内容
D. 由国家建委颁布

15. 下列关于企业集群的表述，正确的是(　　)。

A. 新兴产业之间具有较强的依赖性，因此要比成熟产业更容易形成企业集群
B. 临近大学并具有便利的交通条件，有利于企业集群的形成
C. 以非标准化或为顾客定制产品为主的制造业，有比较强的地方联系，容易形成企业集群
D. 设立高科技园区是形成企业集群的基本条件

16. 影响居民社区归属感的因素是(　　)。

A. 社区居民收入水平　　　　　　　　B. 社区内有较多的购物、娱乐设施
C. 社区内有较多的教育、医疗设施　　D. 居民对社区环境的满意度

17. 下列哪个选项无助于实现人居环境可持续发展的目标是(　　)。

A. 为所有人提供足够的住房　　　　　B. 完善供水、排水、废物处理等基础设施
C. 控制地区人口数量和建设区扩张　　D. 推广可循环的新能源系统

18. 下列关于城镇体系概念的表述，不准确的是(　　)。

A. 城镇体系是以一个相对完整区域内的城镇群体为研究对象，而不是把一座城市当作一个区域系统来研究
B. 城镇体系是由一定数量的城镇所组成的，这些城镇是通过客观的和非人为的作用而形成的区域分工产物
C. 城镇体系最本质的特点是城镇之间是相互联系的，构成了一个有机整体
D. 城镇体系的核心是中心城市

19. "城镇体系"一词的首次提出是出自(　　)。

A. 1915 年的格迪斯《进化中的城市》
B. 1933 年克里斯塔勒《德国南部中心地》
C. 1960 年邓肯《大都市与区域》
D. 1970 年贝里和霍顿《城镇体系的地理学透视》

20. 下列不属于我国城镇体系规划主要基础理论的是(　　)。

A. 核心—边缘理论　　　　　　　　　B. 点—轴开发理论
C. 扇形理论　　　　　　　　　　　　D. 圈层结构理论

21. 下列不属于城市总体规划的主要作用的是(　　)。

A. 战略引领作用　　　　　　　　　　B. 刚性控制作用
C. 风貌提升作用　　　　　　　　　　D. 协同平台作用

22. 下列不属于城市总体规划主要任务的是(　　)。

A. 合理确定城市分阶段发展方向、目标、重点和时序
B. 控制土地批租、出让、正确引导开发行为

C. 综合确定土地、水、能源等各类资源的使用标准和控制指标
D. 合理配置城乡基础设施和公共服务设施

23. 下列关于城乡规划实施评估的表述，错误的是（　　）。
A. 城市总体规划实施评估的唯一目的就是监督规划的执行情况
B. 省域城镇体系规划、城市总体规划、镇总体规划都应进行实施评估
C. 对城乡规划实施进行评估，是修改城乡规划的前置条件
D. 城市总体规划实施评估应全面总结现行城市总体规划各项内容的执行

24. 下列哪一项不是城市总体规划中城市发展目标的内容（　　）。
A. 城市性质
B. 用地规模
C. 人口规模
D. 基础设施和公共设施配套水平

25. 下列不属于城市总体规划中人口构成研究关注重点的是（　　）。
A. 消费构成
B. 年龄构成
C. 职业构成
D. 劳动构成

26. 下列哪一项不是合理控制超大、特大城市人口和用地规模的举措？（　　）
A. 在城市中心组团内推广"小街区、密路网"的街区制模式
B. 在城市中心组团外围划定绿化隔离地区
C. 在城市中心组团之外，合适距离的位置建立新区，疏解非核心功能
D. 通过城市群内各城镇间的合理分工，实现核心城市的功能和人口疏解

27. 下列不属于影响城市发展方向主要因素的是（　　）。
A. 地形地貌
B. 高速公路
C. 城市商业中心
D. 农田保护政策

28. 下列不属于城市用地条件评价内容的是（　　）。
A. 自然条件评价
B. 社会条件评价
C. 建设条件评价
D. 用地经济性评价

29. 下列关于城市建设用地分类的表述，正确的是（　　）。
A. 小学用地属于居住用地
B. 宾馆用地属于公共管理与公共服务用地
C. 居住小区内的停车场属于道路与交通设施用地
D. 革命纪念建筑用地属于文物古迹用地

30. 下列不属于城市总体规划阶段公共设施布局需要研究内容的是（　　）。
A. 公共设施的总量
B. 公共设施的服务半径
C. 公共设施的投资预算
D. 公共设施与道路交通设施的统筹安排

31. 下列关于城市道路系统与城市用地协调发展关系的表述，错误的是（　　）。
A. 水网发达地区的城市可能出现河路融合，不规则的方格网形态路网
B. 位于交通要道的小城镇，可能出现外围放射路与城内路网衔接的形态
C. 大城市按照多中心组团式布局，必然出现出行距离过长，交通过于集中的通病
D. 不同类型的城市干路网是与不同的城市用地布局形式密切相关的

32. 下列铁路客运站在城市中的布置方式，错误的是( )。
A. 通过式　　　　　　　　　B. 尽端式
C. 混合式　　　　　　　　　D. 集中式

33. 下列关于城市交通调查与分析的表述，不正确的是( )。
A. 居民出行调查对象应包括暂住人口和流动人口
B. 居民出行调查常采用随机调查方法进行
C. 货运调查的对象是工业企业、仓库、货运交通枢纽
D. 货运调查常采用深入单位访问的方法进行

34. 下列关于城市综合交通发展战略研究内容的表述，错误的是( )。
A. 确定城市综合交通体系总体发展方向和目标
B. 确定各交通子系统发展定位和发展目标
C. 确定航空港功能、等级规模和规划布局
D. 确定城市交通方式结构

35. 下列关于城市机场选址的表述，正确的是( )。
A. 跑道轴线方向尽可能避免穿过市区，且与城市主导风向垂直
B. 跑道轴线方向最好与城市侧面相切，且与城市主导风向垂直
C. 跑道轴线方向最好与城市侧面相切，且与城市主导风向一致
D. 跑道轴向方向尽可能穿过市区，且与城市主导风向一致

36. 下列关于城市道路系统的表述，错误的是( )。
A. 方格网式道路系统适用于地形平坦城市
B. 方格网式道路系统非直线系数小
C. 自由式道路系统适用于地形起伏变化较大的城市
D. 放射形干路容易把外围交通迅速引入市中心

37. 下列关于缓解城市中心区停车矛盾措施的表述，错误的是( )。
A. 设置独立的地下停车库
B. 结合公共交通枢纽设置停车设施
C. 利用城市中心区的小街巷划定自行车停车位
D. 在商业中心的步行街或广场上设置机动车停车位

38. 下列关于城市公共交通系统的表述，错误的是( )。
A. 减少居民到公交站点的步行距离可以提高公交的吸引力
B. 减少公交线网的密度可以提高公交的便捷性
C. 公交换乘枢纽是城市公共交通系统的核心设施
D. 公共交通方式的客运站能力应与客流需求相适应

39. 下列不属于历史文化名城、名镇、名村申报条件的是( )。
A. 保存文物特别丰富
B. 历史建筑集中成片
C. 城市风貌体现传统特色
D. 历史上建设的重大工程对本地区的发展产生过重要影响

40. 符合历史文化名城条件的没有申报的城市，国务院建设主管部门会同国务院文物主管

部门可以向( )提出申报建议。

A. 该城市所在地的城市人民政府

B. 该城市所在地的省、自治区人民政府

C. 该城市所在地的建设主管部门

D. 该城市所在地的建设主管部门及文物主管部门

41. 下列关于历史文化名城保护的表述，错误的是( )。

A. 对于格局和风貌完整的名城，要进行整体保护

B. 对于格局和风貌犹存的名城，除保护文物古迹，历史文化街区外，要对尚存的古城格局和风貌采取综合保护措施

C. 对于整体格局和风貌不存但是还保存有若干历史文化街区的名城，要用这些局部地段来反映城市文化延续和文化特色，用它来代表古城的传统风貌

D. 对于难以找到一处历史上文化街区的少数名城，要结合文物古迹和历史建筑，在周边复建一些古建筑，保持和延续历史地段的完整性和整体风貌

42. 下列关于历史文化名城保护规划内容的表述，错误的是( )。

A. 必须分析城市的历史、社会、经济背景和现状

B. 应建立历史城区、历史文化街区与文物保护单位三个层次的保护体系

C. 提出继承和弘扬传统文化，保护非物质文化遗产的内容和措施

D. 应合理调整历史城区的职能，控制人口容量，疏解城区交通，改善市政设施

43. 关于历史文化街区应当具备的条件，下列说法错误的是( )。

A. 有比较完整的历史风貌

B. 构成历史风貌的历史建筑和历史环境要素基本是历史存留的原物

C. 历史文化街区用地面积不小于1hm²

D. 历史文化街区内文物古迹和历史建筑的用地面积宜达到保护区内总用地面积的60%以上

44. 历史文化街区保护相关的内容的表述，错误的是( )。

A. 历史文化街区是指保存一定数量和规模的历史建筑、构筑物且传统风貌完整的生活地域

B. 编制城市规划时应当划定历史文化街区、文物古迹和历史建筑的紫线

C. 2002年修改颁布的《文物法》中提出了"历史文化街区"的法定概念

D. 单看历史文化街区内的每一栋建筑，其价值尚不足以作为文物加以保护，但它们加在一起形成的整体风貌却能反映出城镇历史风貌的特点

45. 下列关于历史文化街区保护界限划定要求的表述，错误的是( )。

A. 要考虑文物古迹或历史建筑的现状用地边界

B. 要考虑构成历史风貌的自然景观边界

C. 历史文化街区内在街道、广场、河流等处视线所及范围内的建筑物用地边界或外界面可以划入保护界限

D. 历史文化街区的外围必须划定建设控制地带及环境协调区的边界

46. 2016年《中共中央国务院关于进一步加强城市规划建设管理工作的若干意见》提出，要用5年左右的时间，完成( )划定和历史建筑确定工作。

A. 国家历史文化名城
B. 国家历史文化名城、省级历史文化名城
C. 历史城镇
D. 历史文化街区

47. 根据《城市黄线管理办法》，不纳入黄线管理的是（　　）。
A. 取水构筑物　　　　　　　　　B. 取水点
C. 水厂　　　　　　　　　　　　D. 加压泵站

48. 下列不属于能源规划内容的是（　　）。
A. 石油化工　　　　　　　　　　B. 电力
C. 煤炭　　　　　　　　　　　　D. 燃气

49. 下列不属于城市总体规划阶段供热工程规划内容的是（　　）。
A. 预测城市热负荷　　　　　　　B. 选择城市热源和供热方式
C. 确定热源的供热能力、数量和布局　　D. 计算供热管道管径

50. 下列不属于城市生活垃圾无害化处理方式的是（　　）。
A. 卫生填埋　　　　　　　　　　B. 堆肥
C. 密闭运输　　　　　　　　　　D. 焚烧

51. 下列与海绵城市相关的表述，不准确的是（　　）。
A. 通过加强城市规划建设管理，有效控制雨水径流，实现自然积存、自然渗透、自然净化的城市发展方式
B. 编制供水专项规划时，要将雨水年径流总量空置率作为其刚性控制指标
C. 全国各城市新区、各类园区、成片开发区要全面落实海绵城市建设要求
D. 在建设工程施工图审查，施工许可等环节，要将海绵城市相关工程措施作为重点审查内容

52. 下列属于城市总体规划强制性内容的是（　　）。
A. 用水量标准　　　　　　　　　B. 城市防洪标准
C. 环境卫生设施布置标准　　　　D. 用气量标准

53. 下列不属于地震后易引发次生灾害的是（　　）。
A. 水灾　　　　　　　　　　　　B. 火灾
C. 风灾　　　　　　　　　　　　D. 爆炸

54. 下列不属于城市抗震防灾规划基本目标的是（　　）。
A. 当遭遇多遇地震时，城市一般功能正常
B. 抗震设防区城市的各项建设必须符合城市抗震防灾规划的要求
C. 当遭受相当于抗震设防烈度的地震时，城市一般功能及生命线工程基本正常，重要工矿企业能正常或者很快恢复生产
D. 当遭遇罕见地震时，城市功能不瘫痪，要害系统和生命线不遭受严重破坏，不发生严重的次生灾害

55. 下列不属于地质灾害的是（　　）。
A. 地震　　　　　　　　　　　　B. 泥石流
C. 沙土液化　　　　　　　　　　D. 活动断裂

247

56. 下列关于城市总体规划文本的表述，错误的是（   ）。

A. 具有法律效力的文件

B. 包括对上版城市总体规划实施的评价

C. 文本的编制性内容要对下位规划的编制提出要求

D. 文本的文字要规范、准确、利于具体操作

57. 下列不属于城市总体规划强制性内容的是（   ）。

A. 水域内水源保护区的地域范围

B. 城市人口规模

C. 城市燃气储气罐站位置

D. 重要地下文物埋藏区的保护范围和界限

58. 下列关于详细规划的表述，错误的是（   ）。

A. 法定的详细规划分为控制性详细规划和修建性详细规划

B. 详细规划的规划年限与城市总体规划保持一致

C. 控制性详细规划是1990年代初才正式采用的详细规划类型

D. 修建性详细规划属于开发建设蓝图型详细规划

59. 下列关于控制性详细规划用地细分的表述，不准确的是（   ）。

A. 用地细分一般细分到地块，地块是控制性详细规划实施具体控制的基本单位

B. 各类用地细分应采用一致的标准

C. 细分后的地块可进行弹性合并

D. 细分后的地块不允许无限细分

60. 下列关于控制性详细规划建筑后退指标的表述，不准确的是（   ）。

A. 指建筑控制线与规划地块边界之间的距离

B. 应综合考虑不同道路等级的后退红线要求

C. 日照、防灾、建筑设计规范的相关要求一般为建筑后退的直接依据

D. 与美国区域划分中的建筑后退（setback）含义一致

61. 下列关于绿地率指标的表述，不准确的是（   ）。

A. 绿化覆盖率大于绿地率

B. 绿地率与建筑密度之和不大于1

C. 绿地率是衡量地块环境的重要指标

D. 绿地率是地块内各类绿地面积占地块面积的百分比

62. 修建性详细规划策划投资效益分析和综合技术经济论证的内容不包括（   ）。

A. 资本估算与工程成本估算

B. 相关税费估算

C. 投资方式与资金峰值估算

D. 总造价估算

63. 修建性详细规划基本图纸的比例是（   ）。

A. 1:3000～1:5000　　　　　　　　B. 1:2000～1:10000

C. 1:500～1:2000　　　　　　　　　D. 1:100～1:1000

64. 下列不属于镇规划强制性内容的是（   ）。

A. 确定镇规划区的范围

B. 明确规划区建设用地规模

C. 确定自然与历史文化遗产保护、防灾减灾等内容

D. 预测一、二、三产业的发展前景以及劳动力与人口流动趋势

65. 镇规划中用于计算人均建设用地指标的人口口径，正确的是(　　)。

A. 户籍人口

B. 户籍人口和暂住人口之和

C. 户籍人口和通勤人口之和

D. 户籍人口和流动人口之和

66. 下列不能单独用来预测城市总体规划阶段人口规模的是(　　)。

A. 时间序列法　　　　　　　　　B. 间接推算法

C. 综合平衡法　　　　　　　　　D. 比例分配法

67. 下列关于一般镇镇区规划各类用地比例的表述，不准确的是(　　)。

A. 居住用地比例为28%～38%

B. 公共服务设施用地比例为10%～18%

C. 道路广场用地比例为10%～17%

D. 公共绿地比例为6%～10%

68. 下列关于村庄规划用地分类的表述，不正确的是(　　)。

A. 具有小卖铺、小超市、农家乐功能的村民住宅用地仍然属于村民住宅用地

B. 长期闲置不用的宅基地属于村庄其他建设用地

C. 村庄公共服务设施用地包括兽医站、农机站等农业生产服务设施用地

D. 田间道路（含机耕道）、林道等农用道路不属于村庄建设用地

69. 佩里提出的"邻里单位"用地规模约为65hm²，主要目的是(　　)。

A. 为了降低建筑密度，保证良好的居住环境

B. 为了社区更加多样化

C. 为了保证上小学不穿越城市道路

D. 可以形成规模适宜的社区

70. 下列表述中正确的是(　　)。

A. 居住区内部可以不再划分居住小区　　B. 居住区不应被城市干道穿越

C. 居住小区需要较大的开发地块　　　　D. 开放社区要求减小小区的规模

71. 下列关于居住区公共服务设施的表述，正确的是(　　)。

A. 邻近的城市公共服务设施不能代替居住区的配套设施

B. 配建公共服务设施属于公益性设施

C. 居住小区规模越大，配套设施的服务半径也越大

D. 停车楼属于配建公共服务设施

72. 我国早期小区的周边式布局没有继续采用的主要原因不包括(　　)。

A. 存在日照通风死角　　　　　　B. 受交通噪声影响的沿街住宅数量较多

C. 难以解决停车问题　　　　　　D. 难以适应地形变化

73. 下列关于居住区道路的表述，错误的是(　　)。

A. 居住区级道路可以是城市支路
B. 小区级道路是划分居住组团的道路
C. 宅间路要满足消防、救护、搬家、垃圾清运等汽车的通行
D. 小区步行路必须满足消防车通行的要求

74. 下列关于风景名胜区的表述，不准确的是（　　）。
A. 风景名胜区应当具备游览和科学文化活动的多重功能
B. 《风景名胜区条例》规定，国家对风景名胜区实行科学规划、统一管理、合理利用的工作原则
C. 风景名胜区按照资源的主要特征分为历史圣地类、滨海海岛类、民俗风情类、城市风景类等14个类型
D. 110km² 的风景名胜区属于大型风景名胜区

75. 下列不属于风景名胜区详细规划编制内容的是（　　）。
A. 环境保护   B. 建设项目控制
C. 土地使用性质与规模   D. 基础工程建设安排

76. "城市设计（Urban Design）"一词首先出现于（　　）。
A. 19世纪中期   B. 19世纪末期
C. 20世纪初期   D. 20世纪中期

77. 根据比尔·希利尔的研究，在城市中步行活动的三元素是（　　）。
A. 出发点、目的地、路径上所经历的一系列空间
B. 个性、结构、意义
C. 通达性、连续性、多样性
D. 图底、场所、链接

78. 根据住房和城乡建设部《城市设计管理办法》，下列表述中不准确的是（　　）。
A. 重点地区城市设计应当塑造城市风貌特色，提出建筑高度、体量、风格、色彩等控制要求
B. 重点地区城市设计的内容和要求应当纳入控制性详细规划，详细控制要点应纳入修建性详细规划
C. 城市、县人民政府城乡规划主管部门负责组织编制本行政区域内重点地区的城市设计
D. 城市设计重点地区范围以外地区，可依据总体城市设计，单独或者结合控制性详细规划等开展城市设计

79. 下列关于城乡规划实施的表述，错误的是（　　）。
A. 各级政府根据法律授权负责城乡规划实施的组织和管理
B. 政府部门通过对具体建设项目开发建设进行管制才能达到规划实施的目的
C. 城乡规划实施包括了城乡发展和建设过程中的公共部门和私人部门的建设性活动
D. 政府运用公共财政建设基础设施和公益性设施，直接参与城乡规划的实施

80. 下列哪一项建设对周边地区的住宅开发具有较强的带动作用（　　）。
A. 城市公园   B. 变电站
C. 污水厂   D. 政府办公楼

(二) 多项选择题（共 20 题，每题 1 分。每题的备选项中，有 2~4 个符合题意，少选、错选都不得分）

81． 下列关于我国城镇化现状特征与发展趋势的表述，准确的有（   ）。
A. 城镇化过程经历了大起大落阶段以后，已经开始进入了持续、健康的发展阶段
B. 以大城市为主体的多元城镇化道路将成为我国城镇化战略的主要选择
C. 城镇化发展总体上东部快于西部，南方快于北方
D. 东部沿海地区城镇化进程总体快于中西部内陆地区，但中西部地区将不断加速
E. 城市群、都市圈等将成为城镇化的重要空间单位

82． 下列关于多核心理论的表述，正确的有（   ）。
A. 是关于区域城镇体系分布的理论
B. 通过对美国大部分大城市的研究，提出了影响城市中活动分布的四项原则
C. 城市空间通过相互协调的功能在特定地点的彼此强化等，形成了地域的分化
D. 分化的城市地区形成了各自的核心，构成了整个城市的多中心
E. 城市中有些活动对其他活动容易产生对抗或者消极影响，这些活动应该在空间上彼此分离布置

83． 下列关于邻里单位的表述，正确的有（   ）。
A. 是一个组织家庭生活的社区计划
B. 一个邻里单位的开发应当提供满足一所小学的服务人口所需要的住房
C. 应该避免各类交通的穿越
D. 邻里单位的开发空间应当提供小公园和娱乐空间的系统
E. 邻里单位的地方商业应当布置在其中心位置，便于邻里单位内部使用

84． 下列表述中，正确的有（   ）。
A. 1980 年，全国城市规划工作会议之后，各城市全面开展了城市规划的编制工作
B. 1982 年，国务院批准了第一批共 24 个国家历史文化名城
C. 1984 年，《城市规划法》是新中国成立以来第一次关于城市规划的法律
D. 1984 年，为适应全国国土规划纲要的编制需要，城乡建设环境保护部组织编制了全国城镇布局规划纲要
E. 1984 年至 1988 年间，国家城市规划行政主管部门实行国家计委、城乡建设环境保护双重领导，以城乡建设环境保护部为主的行政体制

85． 下列关于全球化下城市发展的表述，正确的有（   ）。
A. 中小城市的发展必须依附于地区中心城市与全球网络相联系
B. 不同国家的城市在经济上的依存程度更为加强
C. 疏通大城市人口和产业成为提升城市发展竞争力的重要措施
D. 制造业城市出现了较大规模的衰败
E. 城市间的职能分工越来越受到全球产业地域分工体系的影响

86． 下列表述中，正确的有（   ）。
A. 土地资源，水资源和森林资源是城市赖以生存和发展的三大资源
B. 土地在城乡经济，社会发展与人民生活中的作用主要变现为土地的承载功能、生产功

能和生态功能
C. 城市土地使用的环境效益和社会效益，主要与城市用地性质有关，与城市的区位无关
D. 城市水资源开发利用的用途包含城市生产用水、生活用水等
E. 正确评价水资源承载能力是城市规划必须做的基础工作

87. 按照《城市用地分类与规划建设用地标准》GB 50137—2011 符合规划人均建设用地指标要求的有（　　）。

A. Ⅱ气候区，现状人均建设用地规划 70m²，规划人口规模 55 万人，规划人均建设用地指标 93m²
B. Ⅲ气候区。现状人均建设用地规模 106m²，规划人口规模 70 万人，规划人均建设用地指标 103m²
C. Ⅳ气候区，现状人均建设用地规模 92m²，规划人口规模 45 万人，规划人均建设用地指标 107m²
D. Ⅴ气候区，现状人均建设用地规模 106m²，规划人口规模 45 万人，规划人均建设用地指标 105m²
E. Ⅵ气候区，现状人均建设用地规模 120m²，规划人口规模 30 万人，规划人均建设用地指标 115m²

88. 下列表述中，正确的有（　　）。

A. 城市与周围乡镇地区有密切联系，城乡总体布局应进行统筹安排
B. 城市规划应建立清晰的空间结构，合理划分功能分区
C. 超大、特大城市的旧区应重点通过完善快速路、主干路网系统及停车场的方式，解决交通拥堵问题
D. 设区城市应分别在各区设立开发区，满足各区经济发展的需要
E. 城市规划应在划定城市开发边界的前提下，为城市新增建设活动

89. 下列关于道路系统规划的表述，正确的有（　　）。

A. 城市道路的走向应有利于通风，一般平行于夏季主导风向
B. 城市道路路线转折角较大时，转折点宜放在交叉口上
C. 城市道路应为管线的铺设留有足够的空间
D. 公路兼有为过境和出入城市交通功能时，应与城市内部道路功能混合布置
E. 城市干路系统应有利于组织交叉口交通

90. 下列关于城市公共交通规划的表述，正确的有（　　）。

A. 城市公共交通系统的形式要根据出行特征进行分析确定
B. 城市公共线路规划首先考虑满足通勤出行的需要
C. 城市公共交通线路的走向应于主要客流流向一致
D. 城市公共交通线网规划应尽可能增加换乘次数
E. 城市公共汽（电）车线网规划应考虑与城市轨道交通线网之间的便捷换乘

91. 下列属于历史文化名城类型的有（　　）。

A. 古都型　　　　　　　　　　B. 传统名胜型
C. 风景名胜型　　　　　　　　D. 特殊史迹型
E. 一般史迹型

92. 下列哪些层次的城市规划中，应明确城市基础设施的用地位置，并划定城市黄线（　　）。
   A. 城镇体系规划   B. 城市总体规划
   C. 控制性详细规划   D. 修建性详细规划
   E. 历史文化名城保护规划

93. 下列应划定蓝线的有（　　）。
   A. 湿地   B. 河湖
   C. 水源地   D. 水渠
   E. 水库

94. 下列属于可再生能源的有（　　）。
   A. 太阳能   B. 天然气
   C. 风能   D. 水能
   E. 核能

95. 控制性详细规划编制内容一般包括（　　）。
   A. 土地使用控制   B. 城市设计引导
   C. 建筑建造控制   D. 市政设施配套
   E. 造价与投资控制

96. 下列关于修建性详细规划的表述，正确的有（　　）。
   A. 修建性详细规划属于法定规划
   B. 修建性详细规划是一种城市设计类型
   C. 修建性详细规划的任务对所在地块的建设提出具体的安排和设计
   D. 修建性详细规划用以指导建筑设计和各项工程施工图设计
   E. 修建性详细规划侧重对土地出让的管理和控制

97. "十九大"报告对乡村振兴战略的总要求包括（　　）。
   A. 产业兴旺   B. 生活富裕
   C. 村容整洁   D. 治理有效
   E. 生态宜居

98. 历史文化名镇、名村保护条例应当包括的内容有（　　）。
   A. 传统格局和历史风貌的保护要求
   B. 名镇、名村的发展定位
   C. 核心保护区内重要文物保护单位及历史建筑的修缮设计方案
   D. 保护措施、开发强度和建设控制要求
   E. 保护规划分期实施方案

99. 下列关于居住绿地率计算的表述，正确的有（　　）。
   A. 绿地率是居住区内所有绿地面积与用地面积的比值
   B. 计算中不包括宽度小于8m的宅旁绿地
   C. 计算中不包括行道树
   D. 计算中不包括屋顶绿化
   E. 水面可以计入绿地率

100. 下列关于城市设计理论与其代表人物的表述，正确的是(　　)。

A. 简·雅各布斯在《美国大城市的死与生》中研究怎样的建筑和环境设计能够更好地支持社会交往和公共生活，提升户外空间规划设计的有效途径

B. 西谛在《城市建筑艺术》一书中提出了现代城市空间组织和艺术原则

C. 凯文·林奇在《城市意象》一书中提出了关于城市意象的构成要素是地标、节点、路径、边界和地区

D. 第十小组尊重城市的有机生长，出版了《模式语言》一书，其设计思想的基本出发点是对人的关怀和对社会的关注

E. 埃德蒙·N·培根在《小城市空间的社会生活》中，描述了城市空间质量与城市活动之间的密切关系，证明物质环境的一些小改观，往往能显著地改善城市空间的使用情况

模 拟 试 题 三

(一) 单项选择题（共80题，每题1分。每题的备选项中，只有1个最符合题意）

1. 下列关于城市形成的表述，正确的是(　　)。
 A. 城市最早是军事防御和宗教活动的产物
 B. 城市是由社会剩余物资的交换和争夺而产生的，也是社会分工和产业分工的产物
 C. 城市是人类第一次社会大分工的产物
 D. "城市"是在"城"与"市"功能叠加的基础上，以贸易活动为基础职能形成复杂化、多样化的客观实体

2. 下列关于城市区域的表述，准确的是(　　)。
 A. 全球城市区域由全球城市与具有密切经济联系的二级城市扩展联合形成
 B. 全球城市区域是多核心的城市区域
 C. 全球城市区域内部城市之间相互合作，与外部城市相互竞争
 D. 全球城市区域目前在发展中国家尚未出现

3. 下列关于新中国成立以来我国城镇化发展历程的表述，错误的是(　　)。
 A. 1949~1957年是我国城镇化的启动阶段
 B. 1958~1965年是我国城镇化的倒退阶段
 C. 1966~1978年是我国城镇化的停滞阶段
 D. 1979年以来是我国城镇化的快速发展阶段

4. 下列关于古罗马时期城市状况的表述，错误的是(　　)。
 A. 古罗马城市以方格网道路系统为骨架，以城市广场为中心
 B. 古罗马城市以广场、凯旋门和纪功柱等作为城市空间的核心和焦点
 C. 古罗马城市中散布着大量的公共浴池和斗兽场
 D. 罗马帝国时建设的营寨城多为方形或长方形，中间为十字形街道

5. 下列关于"有机疏散"理论的表述，正确的是(　　)。
 A. 在中心城市外围建设一系列的小镇，将中心城市的人口疏散到这些小镇中
 B. 中心城市进行结构性的重组，形成若干个小镇，彼此间以绿地进行隔离
 C. 中心城市之外的小镇应当强化与中心城市的有机联系，并承担中心城市的某方面功能
 D. 整个城市地区应当保持低密度，城市建设用地与农业用地应当有机地组合在一起

6. 下列关于柯布西耶现代城市设想的表述，错误的是(　　)。
 A. 现代城市规划应当提供充足的绿地、空间和阳光，建设"垂直的花园城市"

---

① 模拟试题三为2017年全国注册城乡规划师城乡规划原理科目考试试题

B. 城市的平面应该是严格的几何形构图，矩形和对角线的道路交织在一起
C. 高密度的城市才是有活力的，大多数居民应当居住在高层住宅内
D. 中心区应当至少由三层交通干道组成：地下走重型车，地面用于市内交通，高架道路用于快速交通

7. 下列关于城市发展的表述，不准确的是(　　)。
A. 农业劳动生产率的提高有助于推动城市化的发展
B. 城市中心作用强大，有助于带动周围区域社会经济的均衡发展
C. 交通通信技术的发展有助于城市中心效应的发挥
D. 城市群内各城市间的互相合作，有助于提高城市群的竞争能力

8. 下列关于城市空间布局的表述，正确的是(　　)。
A. 城市轨道交通线、地面公交干线应当与城市主干路组合，形成城市交通走廊
B. 城市街区内应当有多种不同功能，保证居民能够就近就业
C. 城市居住地的布局应充分考虑小学的服务范围，避免学生穿越城市主干路
D. 城市中心区土地价格昂贵，应当鼓励各地进行高强度开发

9. 中国古代城市的基本形制在哪个时期就已形成了雏形？(　　)
A. 夏　　　　　　　　　　　　B. 商
C. 周　　　　　　　　　　　　D. 秦

10.《国家新型城镇化规划（2014－2020年）》明确了新型城镇化的核心是(　　)。
A. 优先发展中小城市与城镇
B. 人的城镇化
C. 改革户籍制度
D. 优化城镇体系

11. 下列关于城市可持续发展的表述，不准确的是(　　)。
A. 提高居民在城市发展决策中的参与程度
B. 通过车辆限行减少通勤和日常生活的出行
C. 居住、工作地点和生活环境应免遭环境危害
D. 以财政转移方式，在城市不同功能地区建立财政共享机制

12. 下列关于城市规划作用的表述，正确的是(　　)。
A. 城市规划通过对各类开发进行管制，尽量减少新开发建设对周边地区带来负面影响
B. 城市规划对城市建设进行管理的实质是对土地产权的控制
C. 城市规划安排城市各类公共服务设施与公共服务保障体系等"公共物品"
D. 城市规划通过预先安排的方式，按照预期经济收益最大化原则，协调各种社会需求

13. 下列关于我国城乡规划法律法规体系的表述，错误的是(　　)。
A.《中华人民共和国城乡规划法》是城乡规划法律法规体系的基本法
B. 省会城市人大及其常委会可以制定该市的城乡规划地方法规
C. 地级市人民政府可以制定本行政区的城乡规划地方法规
D. 城乡规划标准规范中的强制性条文是政府对规划执行情况实施监督的依据

14. 下列关于我国城乡规划实施管理体系的表述，准确的是(　　)。
A. 城乡规划的实施完全是由政府及其部门来承担的

B. 政府及其部门针对重点地区和领域制定各项政策的行为，属于对城市规划的实施组织
C. 城市建设用地的规划管理按照土地所有权属性的不同进行分类管理
D. 省级人民政府可以确定镇人民政府是否有权办理建设工程规划许可证

15. 下列城镇体系规划制定程序的表述，错误的是（　　）。
A. 城镇体系规划修编前，必须对现有规划的实施进行评估
B. 城镇体系规划草案必须公告30日以上，规划编制单位必须组织征求专家与公众的意见
C. 规划需经过本级人大常委会审议
D. 规划审批机关组织专家和有关部门进行审查

16. 下列关于我国城乡规划编制体系的表述，正确的是（　　）。
A. 我国城乡规划编制体系由城镇体系规划、城市规划、镇规划、乡规划和村庄规划构成，并分为总体规划和详细规划
B. 乡的详细规划可以分为控制性详细规划和修建性详细规划
C. 城镇体系规划包括全国和省域两个层面，还可以依据实际需要编制跨行政区域的城镇体系规划
D. 镇的控制性详细规划由其上一级人民政府城乡规划行政主管部门审批

17. 下列关于城镇体系概念和演化规律的表述，不准确的是（　　）。
A. 没有中心城市就不可能形成现代意义的城镇体系
B. 区域城镇体系一般经历"点－轴－网"的演化过程
C. 全球化时代的城市职能结构应以城市在经济活动组织中的地位分工为依据
D. 城市连绵区无法形成城镇体系

18. 下列关于全国城镇体系规划内容的表述，不准确的是（　　）。
A. 确定国家城镇化的总体战略和分期目标
B. 规划全国城镇体系的总体空间格局
C. 构架全国重大基础设施支撑系统
D. 编制跨省界城镇发展协调地区的城镇发展协调规划

19. 下列关于省域城镇体系规划的表述，不准确的是（　　）。
A. 符合全国城镇体系规划
B. 与全国城市发展政策相符，与土地利用总体规划等相关法定规划相协调
C. 确定区域城镇发展用地规模的控制目标
D. 确定产业园区的布局

20. 下列不属于市域城镇体系规划内容的是（　　）。
A. 提出与相邻行政区在空间发展布局，重大基础设施等方面协调建议
B. 在城市行政管辖范围内划定城市规划区
C. 确定农村居民点布局
D. 原则确定交通、通信、能源等重大基础设施布局

21. 下列属于市域城镇体系规划强制性内容的是（　　）。
A. 市域城乡统筹的发展战略
B. 市域城镇体系空间布局
C. 区域水利枢纽工程的布局

D. 中心城市与相邻地域的协调发展问题

22. 下列关于市域城镇体系规划的表述,错误的是( )。
A. 市域城镇聚落体系应分为中心城市—县城—镇区和乡集镇—行政村四级体系
B. 市域城镇体系规划应划定城市规划区
C. 市域城镇体系规划应专门对重点镇的建设规模进行研究
D. 市域城镇体系规划应对市域交通与基础设施的布局进行协调

23. 按照《城市规划编制办法》,下列不属于城市总体规划编制内容的是( )。
A. 原则确定市域重要社会服务设施的布局
B. 确定中心城区满足中低收入人群住房需求的居住用地布局及标准
C. 确定中心城区的交通发展战略
D. 划定中心城区规划控制单元

24. 下列关于城市总体规划实施评估的表述,不准确的是( )。
A. 城市总体规划组织编制机关,应当组织有关部门和专家不定期对规划实施情况进行评估
B. 地方人民政府应当就规划实施情况向本级人民代表大会及其常务委员会报告
C. 规划实施评估是修改城市总体规划的前置条件
D. 规划实施评估应总结城市的发展方向和空间布局等规划目标落实情况

25. 下列哪项不是影响城市空间发展方向的因素?( )
A. 地形地貌　　　　　　　　　B. 经济规模
C. 铁路建设情况　　　　　　　D. 文物分布情况

26. 下列关于城市性质的表述,错误的是( )。
A. 城市性质是对城市基本职能的表述
B. 城市性质是确定城市发展方向的重要依据
C. 城市性质采用定性分析与定量分析相结合,以定性分析为主的方法确定
D. 城市性质要从城市在国民经济中所承担职能,及其形成与发展的基本因素中去认识

27. 下列关于规划人均城市建设用地面积指标的表述,错误的是( )。
A. 规划人均城市建设用地面积指标通常控制在65～115m^2/人范围内
B. 规划人均城市建设用地指标应根据现状人均城市建设用地面积指标、所在气候区以及规划人口规模综合确定
C. 新建城市的规划人均城市建设用地指标宜在85.1～105m^2/人内确定
D. 首都的规划建设用地指标应在95.1～105m^2/人内确定

28. 下列关于规划区的表述,错误的是( )。
A. 在城市、镇、乡、村的规划过程中,应首先划定规划区
B. 规划区划定的主体是当地人民政府
C. 水源地、生态廊道、区域重大基础设施廊道等应划入规划区
D. 已划入所属城市规划区的镇,在镇总体规划中不再划定规划区

29. 下列关于城市形态的表述,错误的是( )。
A. 集中型城市形态一般适合于平原
B. 带型城市形态一般适合于沿河地区

C. 放射型城市形态一般适合于山区
D. 星座型城市形态一般适合特大型城市

30. 下列关于信息社会城市空间形态演变的表述，不准确的是（　　）。
A. 城乡界线变得模糊
B. 城市各功能的距离约束变弱，空间出现网络化的特征
C. 由于用地出现兼容化的特点，功能聚集体逐渐消失
D. 网络的"同时"效应使不同地段的空间区位差异缩小

31. 不宜与文化馆毗邻布置的设施是（　　）。
A. 科技馆　　　　　　　　　　B. 广播电视中心
C. 档案馆　　　　　　　　　　D. 小学

32. 下列关于水厂厂址选择的表述，不准确的是（　　）。
A. 应有较好的废水排除条件
B. 应设在水源附近
C. 有远期发展的用地条件
D. 便于设立防护绿带

33. 下列表述中，错误的是（　　）。
A. 在静风频率高的地区不应布置排放有害废气的工业
B. 铁路编组站应布置在城市郊区
C. 城市道路走向应尽量平行于城市夏季主导风向
D. 各类专业市场应尽可能统一集聚布置，以发挥联动效应

34. 下列关于液化石油气储备站规划布局的表述，错误的是（　　）。
A. 应选择在所在地区全年最大频率风向的下风侧
B. 应远离居住区
C. 应远离影剧院、体育场等公共活动场所
D. 生产区和辅助区至少应各设置一个对外出入口

35. 城市固定避震疏散场所一般不包括（　　）。
A. 广场　　　　　　　　　　　B. 大型人防工程
C. 绿化隔离带　　　　　　　　D. 高层建筑中的避难层

36. 为了改善特大城市人口与产业过于集中布局在中心城区带来的环境恶化状况，最有效的途径是（　　）。
A. 产业向城市近郊区转移
B. 在市域甚至更大的区域范围布置生产力
C. 在中心城区周边建立绿化隔离带
D. 城市布局采用组团式结构

37. 风向频率是指（　　）。
A. 各个风向发生次数占同时期内不同风向的总次数的百分比
B. 各个风向发生的天数占所有风向发生的总天数的百分比
C. 某个风向发生的次数占同时期内不同风向的总次数的百分比
D. 某个风向发生的天数占所有风向发生的总天数的百分比

38. 下列关于民用机场选址原则的表述，错误的是(　　)。

A. 一个特大城市可以布置多个机场

B. 高速公路的发展有利于多座城市共用一个机场

C. 机场与城区的距离应尽可能远

D. 机场跑道轴向方向尽量避免穿越城市区

39. 下列关于城市交通系统子系统构成的表述，正确的是(　　)。

A. 城市道路、铁路、公路

B. 自行车、公共汽车、轨道交通

C. 城市道路、城市运输、交通枢纽

D. 城市运输、城市道路、城市交通管理

40. 下列不属于交通政策范畴的是(　　)。

A. 优先发展公共交通

B. 限制私人小汽车数量盲目膨胀

C. 开辟公共汽车专用道

D. 建立渠化交通体系

41. 下列不属于城市道路系统布局的主要影响因素的是(　　)。

A. 城市交通规划

B. 城市在区域中的位置

C. 城市用地布局结构与形态

D. 城市交通运输系统

42. 下列属于城市道路的功能分类的是(　　)。

A. 机动车路　　　　　　　　B. 混合性路

C. 自行车路　　　　　　　　D. 交通性路

43. 下列关于城市道路系统规划基本要求的表述，不准确的是(　　)。

A. 城市道路应成为划分城市各组团的分界线

B. 城市道路的功能应当与毗邻道路的用地性质相协调

C. 城市道路系统要有适当的道路网密度

D. 城市道路系统应当有利于实现交通分流

44. 下列关于大城市铁路客运站选址的表述，正确的是(　　)。

A. 城市中心　　　　　　　　B. 城市中心区边缘

C. 市区边缘　　　　　　　　D. 市区高速公路入口处

45. 我国历史文化名城申报、批准、规划、保护的直接依据是(　　)。

A.《保护世界文化和自然遗产公约》

B.《历史文化名城名村保护条例》

C.《历史文化名城保护规划规范》

D.《北京宪章》

46. 历史文化名城保护规划的规划期限应(　　)。

A. 不设置

B. 与城市总体规划的规划期限一致

C. 与城市近期规划的规划期限一致
D. 与旅游规划的规划期限一致

47. 下列属于城市紫线的是(　　)。
A. 历史文化街区中文物保护单位的范围界线
B. 历史文化街区的保护范围界线
C. 历史文化街区建设控制地带的界线
D. 历史文化街区环境协调区的界线

48. 下列关于历史文化街区的表述，不准确的是(　　)。
A. 总用地面积一般不小于 $1hm^2$
B. 历史建筑和历史环境要素可以是不同时代的
C. 需要保护的文物古迹和历史建筑的建筑用地面积占保护区用地总面积的比例应在70%以上
D. 一个城市可以有多处历史文化街区

49. 城市绿地系统规划的任务不包括(　　)。
A. 调查与评价城市发展的自然条件
B. 参与研究城市的发展规模和布局结构
C. 研究、协调城市绿地与其他各项建设用地的关系
D. 基于绿色生态职能确定城市禁止建设区范围

50. 下列不属于城乡规划中城市市政公用设施规划内容的是(　　)。
A. 水资源、给水、排水、再生水
B. 能源、电力、燃气、供热
C. 通信
D. 环卫、环保

51. 高压送电网和高压走廊的布局，属于下列哪个阶段城市电力工程规划的任务？(　　)
A. 城市总体规划　　　　　　　　　　B. 城市分区规划
C. 控制性详细规划　　　　　　　　　D. 修建性详细规划

52. 下列不属于城市综合防灾减灾规划主要任务的是(　　)。
A. 确定灾害区划
B. 确定城市各项防灾标准
C. 合理确定各项防灾设施的布局
D. 制定防灾设施的统筹建设、综合利用、防护管理等对策与措施

53. 城市防洪规划一般不包括(　　)。
A. 河道综合治理规划
B. 城市景观水体规划
C. 蓄滞洪区规划
D. 非工程的防洪措施

54. 下列不属于城市环境保护专项规划主要组成内容的是(　　)。
A. 大气环境保护规划　　　　　　　　B. 水环境保护规划
C. 垃圾废弃物控制规划　　　　　　　D. 噪声污染控制规划

55. 城市各类固体废弃物的综合利用与处理、处置的原则不包括( )。

A. 资源化 B. 减量化
C. 生态化 D. 无害化

56. 城市用地竖向规划工作的基本内容不包括( )。

A. 综合解决城市规划用地的各项控制标高问题
B. 使城市道路的纵坡度既能配合地形，又能满足交通上的要求
C. 结合机场、通信等控制高度要求，制定城市限高规划
D. 考虑配合地形，注意城市环境的立体空间的美观要求

57. 地下空间资源一般不包括( )。

A. 依附于土地而存在的资源蕴藏量
B. 依据一定的技术经济条件可合理开发利用的资源总量
C. 采用一定工程技术措施进行地形改造后可利用的地下、半地下空间
D. 一定的社会发展时期内有效开发利用的地下空间总量

58. 下列不属于城市总体规划成果图纸内容的是( )。

A. 市域空间管制
B. 居住小区级绿地布局
C. 主要城市道路横断面示意
D. 近期主要改建项目的位置和范围

59. 下列关于城市近期建设规划编制的表述，错误的是( )。

A. 编制近期建设规划应对总体规划实施绩效进行全面检讨与评价
B. 编制近期建设规划不仅要调查城市建设现状，还要了解形成现状的条件和原因
C. 编制总体规划实施后的第二个近期建设规划，不需调整城市发展目标，仅需进行局部的微调和细化
D. 要处理好近期建设与长远发展、经济发展与资源环境条件的关系

60. 城市规划编制办法中，不属于近期建设规划内容的是( )。

A. 确定空间发展时序，提出规划实施步骤
B. 确定近期交通发展策略
C. 确定近期居住用地安排和布局
D. 确定历史文化名城、历史文化街区的保护措施

61. 下列关于控制性详细规划中地块的表述，错误的是( )。

A. 在规划方案的基础上进行用地细分，细分到地块
B. 经过划分后的地块是控制性详细规划具体控制的基本单位
C. 地块划分需要考虑用地现状、产权、开发模式、土地价值级差，行政管辖界限等因素
D. 细分后的用地作为城市开发建设的控制地块，不得再次细分

62. 下列关于控制性详细规划指标确定的表述，正确的是( )。

A. 按照规划编制办法，采取综合指标体系，并根据上位规划分别赋值
B. 综合指标体系必须包括编制办法中规定的强制性内容
C. 指标确定必须采用经济容积率的计算方法进行确定
D. 指标的确定必须采用多种方法进行确定

63. 下列关于控制性详细规划编制的表述，不准确的是（ ）。
A. 编制控制性详细规划要以总体规划为依据
B. 编制控制性详细规划要以规划的综合性研究为基础
C. 编制控制性详细规划要以数据控制和图纸控制为手段
D. 编制控制性详细规划要以规划设计与空间形象相结合的方案为形式

64. 下列关于控制性详细规划的表述，正确的是（ ）。
A. 控制性详细规划为修建性详细规划提供了准确的规划依据
B. 控制性详细规划的基本特点是"地域性"和"数据化管理"
C. 控制性详细规划提出控制性的城市设计和建筑环境的空间设计法定要求
D. 控制性详细规划通过量化指标对所有建设行为严格控制

65. 下列关于修建性详细规划的表述，正确的是（ ）。
A. 修建性详细规划的成果应当包括规划说明书、文本和图纸
B. 修建性详细规划的成果不能直接指导建设项目的方案设计
C. 修建性详细规划中的日照分析是针对住宅进行的
D. 修建性详细规划的成果必须包括效果图

66. 下列关于修建性详细规划中室外空间的环境设计的表述，错误的是（ ）。
A. 绿化设计需要通过对乔、灌、草等绿化元素的合理设计，达到改善环境、美化空间景观形象的作用
B. 植物配置要提出植物配置建议并应具有地方特色
C. 室外活动场地平面设计需要规划组织广场空间，包括休息硬地、步行道等人流活动空间
D. 夜景及灯光设计需要对照明灯具进行选择

67. 下列表述中不准确的是（ ）。
A. 县以上地方人民政府确定应当制定乡规划、村规划的区域
B. 在应当制定乡、村规划的区域外也可以制定和实施乡规划和村庄规划
C. 非农人口很少的乡不需要制定和实施乡规划
D. 历史文化名村应制定村庄规划

68. 下列属于村庄规划内容的是（ ）。
A. 制定村庄发展战略　　　　　　B. 确定基本农田保护区
C. 村庄的地质灾害评估　　　　　D. 村民住宅的布局

69. 下列表述正确的是（ ）
A. 村庄规划确定村庄供、排水设施的用地布局
B. 乡规划确定乡域农田水利设施用地
C. 县（市）城市总体规划确定县域小流域综合治理方案
D. 镇规划确定镇区防洪标准

70. 在历史文化名镇中，下列行为不需要由城市、县人民政府城乡规划行政主管部门会同同级文物主管部门批准的是（ ）。
A. 对历史建筑实施原址保护的措施
B. 对历史建筑进行外部修缮装饰、添加设施

263

C. 改变历史建筑的结构或者使用性质

D. 在核心保护范围内，新建、扩建必要的基础设施和公共服务设施

71. 当历史文化名镇因保护需要，无法按照标准和规范设置消防设施和消防通道时，应采用的措施是（   ）。

A. 由城市、县人民政府公安机关消防机构会同同级城乡规划主管部门制定相应的防火安全保障方案

B. 对已经或可能对消防安全造成威胁的历史建筑提出搬迁或改造措施

C. 适当拓宽街道，使其宽度和转弯半径满足消防车通行的基本要求

D. 将木结构或砖木结构的建筑逐步更新为耐火等级较高的建筑

72. 下列关于邻里单位理论的表述，错误的是（   ）。

A. 外部交通不穿越邻里单位内部

B. 以小学的合理规模为基础控制邻里单位的人口规模

C. 邻里单位的中心是小学，并与其他机构的服务设施一起布置

D. 邻里单位占地约 25hm²

73. 下列关于居住区规划的表述，错误的是（   ）。

A. 居住区由住宅、道路、绿地和配套公共服务设施等组成

B. 居住区的人口规模为 3 万～5 万人

C. 过小的地块难以满足居住区组织形式的需要

D. 居住区空间布局应结合用地条件和功能的需要

74. 在确定住宅间距时，不需要考虑的因素是（   ）。

A. 管线埋设　　　　　　　　B. 防火

C. 人防　　　　　　　　　　D. 视线干扰

75. 下列关于居住区道路的表述，错误的是（   ）。

A. 居住区级道路一般是城市的次干路或城市支路

B. 在开放的街坊式居住区中，城市支路即是小区级道路

C. 宅间小路要满足消防、救护、搬家、垃圾清运等车辆的通行

D. 在人车分流的小区中，车行道不必到达所有住宅单元

76. 下列关于住宅布局的表述，错误的是（   ）。

A. 我国东部地区城市的住宅日照标准是冬至日 1 小时

B. 室外风环境包括夏季通风、冬季防风

C. 行列式可以保证所有住宅的物理性能，但是空间较呆板

D. 周边式布置领域感强，但存在局部日照不佳和视线干扰等问题

77. 下列关于风景名胜区规划的表述，错误的是（   ）。

A. 我国已经基本建立起了具有中国特色的国家风景名胜区管理体系

B. 风景名胜区总体规划要对风景名胜资源的保护做出强制性的规定，对资源的合理利用做出引导和控制性的规定

C. 国家级风景名胜区总体规划由省、自治区建设主管部门组织编制

D. 省级风景名胜区详细规划由风景名胜区管理机构组织编制

78. 舒尔茨《场所精神》研究的核心主题是(   )。
A. 城市不是艺术品,而是生动、复杂的生活本身
B. 行为与建筑环境之间应有的内在联系
C. 批评《雅典宪章》束缚了城市设计的实践
D. 怎样的建筑和环境设计能够更好地支持社会交往和公共生活

79. 下列关于规划实施的表述,错误的是(   )。
A. 规划实施包括了城市所有建设性行为
B. 规划实施的作用是保证城市功能和物质设施建设之间的协调
C. 规划实施的组织应当包括促进、鼓励某类项目在某些地区的集中建设
D. 规划实施管理是对各项建设活动实行审批或许可以及监督检查的综合

80. 下列关于规划实施管理的表述,错误的是(   )。
A. 对于以划拨方式提供国有土地使用权的建设项目,建设单位在报送有关部门批准或核准前,应当向城乡规划主管部门申请核发选址意见书
B. 以出让方式提供国有土地使用权的建设项目,城乡规划主管部门应当依据控制性详细规划提出规划条件
C. 在乡村规划区内进行建设确需占用农用地的,应当先办理乡村建设规划许可证再办理农用地转用手续
D. 在城市规划区内进行建设的,必须先办理建设用地规划许可证,再办理土地审批手续

(二) 多项选择题(共20题,每题1分。每题的备选项中,有两至四个符合题意,少选、错选都不得分)

81. 下列关于城市形成和发展的表述,正确的有(   )
A. 依据考古发现,人类历史上最早的城市大约出现在公元前3000年左右
B. 城市形成和发展的推动力量包括自然条件、经济作用、政治因素、社会结构、技术条件等
C. 资源型城市随着资源枯竭,不可避免地要走向衰退
D. 城市虽然是一个动态的地域空间形式,但是不同历史时期的城市其形成和发展的主要动因基本相同
E. 全球化是现代城市发展的重要动因力

82. 下列有关欧洲古代城市的表述,正确的有(   )
A. 古希腊时期的米利都城在布局上以方格网的道路系统为骨架,以城市广场为中心
B. 中世纪城市中,教堂往往占据着城市的中心位置,是天际轮廓的主导因素
C. 中世纪城市商业成为主导性的功能,关税厅、行业会所等成为城市活动的重要场所
D. 文艺复兴时期的城市,大部分地区是狭小、不规则的道路网结构
E. 文艺复兴时期的建筑师提出了大量不规则形状的理想城市方案

83. 下列关于当代城市的表述,正确的有(   )。
A. 制造业城市出现衰退,服务业城市快速发展
B. 城市分散化发展趋势明显,中心城市功能向郊区及周边地区疏散
C. 全球城市中的社会分化加剧,贫富差距扩大

D. 电子商务成为全球城市发展的推动力量
E. 不同地理区域的城市间联系加强

84. 下列关于现代城市规划体系的表述,正确的有( )。

A. 现代城市规划融社会实践、政府职能、专门技术于一体
B. 城市规划体系包括法律法规体系、行政体系、编制体系
C. 城市规划法律法规体系是城市规划体系的核心
D. 城市规划的行政体系不仅仅限于城市规划行政主管部门之间的关系,而且还涉及各级政府以及政府其他部门之间的关系
E. 城市规划的文本体系是城市规划法律法规体系的重要组成部分,是城市规划法律权威性的体现

85. 城市总体规划中的城市住房调查涉及的内容包括( )。

A. 城市现状居住水平
B. 中低收入家庭住房状况
C. 居民住房意愿
D. 当地住房政策
E. 居民受教育程度

86. 下列不宜单独作为城市人口规模预测方法,但可以用来校核的是( )。

A. 综合平衡法
B. 环境容量法
C. 比例分配法
D. 类比法
E. 职工带眷系数法

87. 按照《城市规划编制办法》的规定,下列关于城市总体规划纲要成果的表达,准确的是( )。

A. 城市总体规划纲要成果包括纲要文本、说明和基础资料汇编
B. 纲要文字说明必须简要说明城市的自然、历史和现状特点
C. 纲要阶段必须确定城市各项建设用地指标,为成果制定提供依据
D. 区域城镇关系分析是纲要成果的组成部分
E. 城市总体规划方案图必须标注各类主要建设用地

88. 下列关于信息化时期城市形态变化的表述,错误的有( )。

A. 在区域层面上看,城市发展更加分散
B. 城市中心与边缘的聚集效应差别减小
C. 城市各部分之间的联系减弱
D. 位于郊区的居住社区功能变得更加纯粹
E. 电子商务蓬勃发展,导致城市中心商务区衰落

89. 城市建设用地平衡表的主要作用包括( )。

A. 评价城市各项建设用地配置的合理水平
B. 衡量城市土地使用的经济性
C. 比较不同城市之间建设用地的情况
D. 规划管理部门审定城市建设用地规模的依据
E. 控制规划人均城市建设用地面积指标

90. 下列是城市道路与公路衔接的原则的是( )。

A. 有利于把城市对外交通迅速引出城市

B. 有利于把入城交通方便地引入城市中心
C. 有利于过境交通方便地绕过城市
D. 规划环城公路成为公路与城市道路的衔接路
E. 不同等级的公路与相应等级的城市道路衔接

91. 下列关于停车设施布置的表述，正确的有（   ）。
A. 城市商业中心的机动车停车场一般应布置在商业中心的外围
B. 城市商业中心的机动车公共停车场一般应布置在商业中心地核心
C. 城市主干路上可布置路边临时停车带
D. 城市次干路上可布置路边永久停车带
E. 在城市主要出入口附近应布置停车设施

92. 历史文化名城保护体系的层次主要包括（   ）。
A. 历史文化名城　　　　　　　B. 历史文化街区
C. 文物保护单位　　　　　　　D. 历史建筑
E. 非物质文化遗产

93. 历史文化名城保护规划的编制内容包括（   ）。
A. 合理调整历史城区的职能　　B. 控制历史城区内的建筑高度
C. 确定历史城区的保护界线　　D. 保护或延续历史城区原有的道路格局
E. 保留必要的二、三类工业

94. 城市绿地系统的功能包括（   ）。
A. 改善空气质量　　　　　　　B. 改善地形条件
C. 承载游憩活动　　　　　　　D. 降低城市能耗
E. 减少地表径流

95. 城市水资源规划的主要内容包括（   ）。
A. 水资源开发与利用现状分析　B. 供用水现状分析
C. 供需水量预测及平衡分析　　D. 水资源保障战略
E. 给水分区平衡

96. 近期建设规划发挥对城市建设活动的综合协调功能体现在（   ）。
A. 将规划成果转化为法定性的政府文件
B. 建立城市建设的项目库并完善规划跟踪机制
C. 建立项目审批的协调机制
D. 建立规划执行的监督检查机制
E. 组织编制城市建设的年度计划或规划年度报告

97. 下列表述中准确的有（   ）。
A. 在编制城市总体规划时应同步编制规划区内地乡、镇总体规划
B. 在编制城市总体规划时可同期编制与中心城区关系密切地镇总体规划
C. 城市规划区内地镇建设用地指标与中心城区建设用地指标一致
D. 城市规划区内地乡和村庄生活服务设施和公益事业由中心城区提供
E. 中心城区地市政公用设施规划也要考虑相邻镇、乡、村的需要

98. 下列关于居住区竖向规划的表述，正确的有（   ）。

A. 当平原地区道路纵坡大于0.2%时，应采用锯齿形街沟
B. 非机动车道纵坡宜小于2.5%
C. 车道和人行道的横坡应为0.1%～0.2%
D. 草皮土质护坡的坡比值为1∶0.5～1∶1.0
E. 挡土墙高度超过6m时宜作退台处理

99. 风景名胜区总体规划包括(　　)。

A. 风景资源评价
B. 生态资源保护措施、重大建设项目布局、开发利用强度
C. 风景游览组织、旅游服务设施安排
D. 游客容量预测
E. 生态保护和植物景观培养

100. 《新都市主义宪章》倡导的原则包括(　　)。

A. 应根据人的活动需求进行功能分区
B. 邻里在土地使用与人口构成上的多样性
C. 社区应该对步行和机动车交通同样重视
D. 城市必须由形态明确和易达的公共场所和社区设施所形成
E. 城市场所应当由反映地方历史、气候、生态和建筑传统的建筑设计、景观设计所构成

模 拟 试 题 四

(一) 单项选择题（共 80 题，每题 1 分。每题的备选项中，只有一个最符合题意）

1. 不属于全球或区域性经济中心城市基本特征的是（　　）。
   A. 作为跨国公司总部或区域总部的集中地
   B. 具有完善的城市服务功能
   C. 是知识创新的基地和市场
   D. 具有雄厚的制造业基础

2. 在快速城镇化阶段，影响城市发展的关键因素是（　　）。
   A. 城市用地的快速扩展
   B. 人口向城市的有序集中
   C. 产业化进程
   D. 城市的基础设施建设

3. 在国家统计局的指标体系中，（　　）属于第三产业。
   A. 采掘业　　　　B. 物流业　　　　C. 建筑安装业　　　　D. 农产品加工业

4. 在"核心—边缘"理论中，核心与边缘的关系是指（　　）。
   A. 城市与乡村的关系
   B. 城市与区域的关系
   C. 具有创新变革能力的核心区与周围区域的关系
   D. 中心城市与非中心城市的关系

5. 城市与区域的良性关系取决于（　　）。
   A. 城市规模的大小
   B. 城市与区域的二元状态
   C. 城市与区域的功能互补
   D. 城市在区域中的地位

6. 与城市群、城市带的形成直接相关的因素是（　　）。
   A. 区域内城市的密度
   B. 中心城市的高首位度
   C. 区域的城乡结构
   D. 区域内资源利用的状态

7. （　　）不是欧洲绝对君权时期的城市建设特征。
   A. 轴线放射的街道
   B. 宏伟壮观的宫殿花园
   C. 规整对称的公共广场
   D. 有机组合的城市形态

---

① 模拟试题四为 2014 年全国注册城乡规划师城乡规划原理科目考试题

8. 关于点轴理论与发展极理论，表述更准确的是(　　)。

A. 点轴理论与发展极理论是指导空间规划的核心理论

B. 点轴理论强调空间沿着交通线以及枢纽性交通站集中发展

C. 发展极核通过极化与扩散机制实现区域的平衡增长

D. 发展极理论的核心是主张中心城市与区域的不均衡发展和增长

9. 关于我国古代城市的表述，不准确的是(　　)。

A. 唐长安城宫城的外围被皇城环绕

B. 商都殷城以宫廷区为中心，其外围是若干居住聚落

C. 曹魏邺城的北半部为贵族专用，只有南半部才有一般居住区

D. 我国古代城市的城墙是按防御要求修建的

10. 下列城市中，在近代发展中受铁路影响最小的是(　　)。

A. 蚌埠　　　　　B. 九江　　　　　C. 石家庄　　　　　D. 郑州

11. 最早比较完整地体现了功能分区思想的是(　　)。

A. 柯布西耶的"明日城市"　　　　　B. 《马丘比丘宪章》

C. 戈涅的"工业城市"　　　　　D. 马塔的"带形城市"

12. 下列工作中，难以体现城市规划政策性的是(　　)。

A. 确定相邻建筑的间距

B. 确定居住小区的空间形态

C. 确定居住区各类公共服务设施的配置规模和标准

D. 确定地块开发的容积率和绿地率

13. 下列内容中，不属于城市规划调控手段的是(　　)。

A. 通过土地使用的安排，保证不同土地使用之间的均衡

B. 通过规划许可限定开发类型

C. 通过土地供应控制开发总量

D. 通过公共物品的提供推动地区开发建设

14. 下列表述中，错误的是(　　)。

A. 城乡规划编制的成果是城乡规划实施的依据

B. 各级政府的城乡规划主管部门之间的关系构成了城乡规划体系的一部分

C. 城乡规划的组织实施由地方各级人民政府承担

D. 村庄规划区内使用原有宅基地进行村民住宅建设的规划管理办法由各省制定

15. 关于制定镇总体规划的表述，不准确的是(　　)。

A. 由镇人民政府组织编制，报上级人民政府审批

B. 由镇人民政府组织编制的，在报上一级人民政府审批前，应当先经镇人民代表大会审议

C. 规划报送审批前，组织编制机关应当依法将草案公告 30 日以上

D. 镇总体规划批准前，审批机关应当组织专家和有关部门进行审查

16. 关于城镇体系规划和镇村体系规划的表述，错误的是(　　)。

A. 国务院城乡规划主管部门会同国务院有关部门组织编制全国城镇体系规划

B. 省、自治区城乡规划主管部门会同省、自治区有关部门组织编制省域城镇体系规划

C. 市域城镇体系规划纲要需预测市域总人口及城镇化水平

D. 镇域镇村体系规划应确定中心村和基层村，提出村庄的建设调整设想

17. 关于省域城镇体系规划主要内容的表述，不准确的是（   ）。

A. 制定全省、自治区城镇化目标和战略

B. 分析评价现行省域城镇体系规划实施情况

C. 提出限制建设区、禁止建设区的管制要求和实现空间管制的措施

D. 制定省域综合交通、环境保护、水资源利用、旅游、历史文化遗产保护等专项规划

18. 根据《城市规划编制办法》，在城市总体规划纲要编制阶段，不属于市域城镇体系规划纲要内容的是（   ）。

A. 提出市域城乡统筹发展战略

B. 确定各城镇人口规模、职能分工

C. 原则确定市域交通发展战略

D. 确定重点城镇的用地规模和用地控制范围

19. 关于城市总体规划主要作用的表述，不准确的是（   ）。

A. 带动市域经济发展　　　　　　　B. 指导城市有序发展

C. 调控城市空间资源　　　　　　　D. 保障公共安全和公共利益

20. 在城市总体规划的历史环境调查中，不属于社会环境方面内容的是（   ）。

A. 独特的节庆习俗　　　　　　　　B. 国家级文物保护单位

C. 地方戏　　　　　　　　　　　　D. 少数民族聚居区

21. 关于城市总体规划现状调查的表述，不准确的是（   ）。

A. 调查研究是对城市从感性认识上升到理性认识的必要过程

B. 自然环境的调查内容包括市域范围的野生动物种类与活动规律

C. 调查内容包括了解城市现状水资源利用、能源供应状况

D. 上位规划和相关规划的调查，一般包括省域城镇体系规划和相关的国土规划、区域规划、国民经济与社会发展规划等

22. 下列数据类型中，不属于城市环境质量监测数据的是（   ）。

A. 大气监测数据

B. 水质监测数据

C. 噪声监测数据

D. 主要工业污染源的污染物排放监测数据

23. 下列表述中，不准确的是（   ）。

A. 城市的特色与风貌主要体现在社会环境和物质环境两方面

B. 城市历史文化环境的调查包括对城市形成和发展过程的调查

C. 城市经济、社会和政治状况的发展演变是城市发展重要的决定因素之一

D. 城市历史文化环境中有形物质形态的调查主要针对文物保护单位进行

24. 我国不少城市在采掘矿产资源基础上形成的工业城市。下列表述不准确的是（   ）。

A. 大庆是石油工业城市　　　　　　B. 鞍山是钢铁工业城市

C. 景德镇是陶瓷工业城市　　　　　D. 唐山是有色金属工业城市

25. 城市总体规划区域环境调查的主要目的是（   ）。

A. 分析城市在区域中的地位与作用

B. 揭示区域环境质量的状况

C. 分析区域环境要素对城市的影响

D. 揭示城市对周围地区的影响范围

26. 根据《城市规划编制办法》，不属于城市总体规划纲要主要内容的是（　　）。

A. 提出城市规划区范围

B. 研究中心城区空间增长边界

C. 提出绿地系统的发展目标

D. 提出主要对外交通设施布局原则

27. 根据《城市规划编制办法》，不属于市域城镇体系规划内容的是（　　）。

A. 分析确定城市性质、职能和发展目标

B. 预测市域总人口及城镇化水平

C. 确定市域交通发展策略

D. 划定城市规划区

28. 关于城市规划区的表述，不准确的是（　　）。

A. 城市规划区应根据经济社会发展水平划定

B. 划定城市规划区时应考虑统筹城乡发展的需要

C. 划定城市规划区时应考虑机场的影响

D. 某城市的水源地必须划入该城市的规划区

29. 关于城市用地布局的表述，不准确的是（　　）。

A. 仓储用地宜布置在地势较高、地形有一定坡度的地区

B. 港口建杂货作业区一般应设在离城市较远、具备深水条件的岸线段

C. 具有生产技术协作关系的企业应尽可能布置在同一工业区内

D. 不宜把有大量人流的公共服务设施布置在交通量大的交叉口附近

30. 关于组团式城市总体布局的表述，不准确的是（　　）。

A. 组团与组团之间应有两条及以上的城市干路相连

B. 组团与组团之间应有河流、山体等自然地形分隔

C. 每个组团内应有相应数量的就业岗位

D. 每个组团内的道路网应尽量自成系统

31. 下列表述中，不准确的是（　　）。

A. 大城市的市级中心和各区级中心之间应有便捷的交通联系

B. 大城市商业中心应充分利用城市的主干路形成商业大街

C. 大城市中心地区应配置适当的停车设施

D. 大城市中心地区应配置完善的公共交通

32. 关于城市道路横断面选择与组合的表述，不准确的是（　　）。

A. 交通性主干路宜布置为分向通行的两块板横断面

B. 机非分行的三块板横断面常用于生活性主干路

C. 次干路宜布置为一块板横断面

D. 支路宜布置为一块板横断面

33. 根据《城市水系规划规范》GB 50513—2009 关于水域控制线划定的相关规定，下列表述中错误的是（　　）。
   A. 有堤防的水体，宜以堤顶不临水一侧边线为基准划定
   B. 无堤防的水体，宜按防洪、排涝设计标准所对应的（高）水位划定
   C. 对水位变化较大而形成较宽涨落带的水体，可按多年平均洪（高）水位划定
   D. 规划的新建水体，其水域控制线应按规划的水域范围划定

34. 在郊区布置单一大型居住区，最易产生的问题是（　　）。
   A. 居住区配套设施不足，居民使用不方便
   B. 增大居民上下班出行距离，高峰时易形成钟摆式交通
   C. 缺少城市公共绿地，影响居住生态质量
   D. 市政设施配套规模大，工程建设成本高

35. 关于城市中心的表述，不准确的是（　　）。
   A. 在全市性公共中心的规划中，首先应集中安排好各类商务办公设施
   B. 以商业设施为主体的公共中心应尽量建设商业步行街、区
   C. 因公共设施的性能与服务对象不同，城市公共中心应按等级布置
   D. 在一些大城市，可以通过建设副中心来完善城市中心的整体功能

36. 在盆地地区的城市布置工业用地时，应重点考虑（　　）的影响。
   A. 静风频率   B. 最小风频风向
   C. 温度   D. 太阳辐射

37. 分散式城市布局的优点是（　　）。
   A. 城市土地使用效率较高
   B. 有利于生态廊道的形成
   C. 易于统一配置建设基础设施
   D. 出行成本较低

38. （　　）不属于城市综合交通规划的目的。
   A. 合理确定城市交通结构
   B. 有效控制交通拥挤程度
   C. 有效提高城市交通的可达性
   D. 拓宽道路并提高通行能力

39. 关于城市综合交通规划的表述，不准确的是（　　）。
   A. 规划应紧密结合城市主要交通问题和发展需求进行编制
   B. 规划应与城市空间结构和功能布局相协调
   C. 城市综合交通体系构成应按照城市近期规模加以确定
   D. 规划应科学配置交通资源

40. 下列属于居民出行调查对象的是（　　）。
   A. 所有的暂住人口   B. 6岁以上流动人口
   C. 所有的城市居民   D. 学龄前儿童

41. 关于铁路客运站规划原则与要求的表述，不准确的是（　　）。
   A. 应当和城市公共交通系统紧密结合

B. 特大城市可设置多个铁路客运站

C. 特大城市的铁路客运站应当深入城市中心区边缘

D. 中、小城市的铁路客运站应当深入城市中心区

42. 道路设计车速大于( )km/h，必须设置中央分隔带。

A. 40　　　　　　B. 50　　　　　　C. 60　　　　　　D. 70

43. 关于城市快速路的表述，正确的是( )。

A. 主要为城市组团间的长距离服务

B. 应当优先设置常规公交线路

C. 两侧可以设置大量商业设施

D. 尽可能穿过城市中心区

44. 关于四块板道路横断面的表述，正确的是( )。

A. 增强了路口通行能力

B. 能解决对向机动车的相互干扰

C. 适合在高峰时间调节车道使用宽度

D. 适合机动车流量大，但自行车流量小的道路

45. 关于公路规划的表述，错误的是( )。

A. 国道等主要过境公路应以切线或环线绕城而过

B. 经过小城镇的公路，应当尽量直接穿过小城镇

C. 大城市、特大城市可布置多个公路客运站

D. 中小城市可布置一个公路客运站

46. ( )不是申报历史文化名城的条件。

A. 历史建筑集中成片

B. 在所申报的历史文化名城保护范围内有两个以上的历史文化街区

C. 历史上曾经作为政治、经济、文化、交通中心或者军事要地

D. 保存有大量的省级以上文物保护单位

47. 关于历史文化名城保护规划的表述，错误的是( )。

A. 历史文化名城应当整体保护，保持传统格局、历史风貌和空间尺度

B. 历史文化名城保护不得改变与其相互依存的自然景观和环境

C. 在历史文化名城内禁止建设生产、储存易燃易爆物品的工厂、仓库等

D. 在历史文化名城保护范围内不得进行公共设施的新建、扩建活动

48. 关于历史文化遗产保护的表述，不准确的是( )。

A. 物质文化遗产包括不可移动文物、可移动文物以及历史文化名城（街区、村镇）

B. 物质文化遗产保护要贯彻"保护为主、抢救第一、合理利用、传承发展"的方针

C. 实施保护工程必须确保文物的真实性，坚决禁止借保护文物之名行造假古董之实

D. 应把保护优秀的乡土建筑等文化遗产作为城镇化发展战略的重要内容，把历史文化名城（街区、村镇）保护纳入城乡规划

49. 关于历史文化名城保护规划的表述，错误的是( )。

A. 历史城区中不应新建污水处理厂

B. 历史城区中不宜设置取水构筑物

C. 历史城区中不宜设置大型市政基础设施
D. 历史城区应划定保护区和建设控制区，并根据实际需要划定环境协调区

50. 在风景名胜区规划中，不属于游人容量统计常用口径的是（　　）。
A. 一次性游人容量　　　　　　　　B. 日游人容量
C. 月游人容量　　　　　　　　　　D. 年游人容量

51. （　　）不属于城市河湖水系规划的基本内容。
A. 确定城市河湖水系水环境质量标准
B. 预测规划期内河湖可供水资源总量
C. 提出河道两侧绿化带宽度
D. 确定城市防洪标准

52. 不属于城市污水处理厂选址基本要求的是（　　）。
A. 接近用水量最大的区域
B. 设在地势较低处便于城市污水收集
C. 不宜接近居住区
D. 有良好的电力供应

53. 关于城市防洪标准的表述，不准确的是（　　）。
A. 确定防洪标准是防洪规划的首要问题
B. 应根据城市的重要性确定防洪标准
C. 城市防洪标高应高于河道流域规划的总要求
D. 防洪堤顶标高应考虑江河水面的浪高

54. 关于固体废弃物与防治规划指标的对应关系，正确的是（　　）。
A. 工业固体废弃物——安全处置率
B. 生活垃圾——资源化利用率
C. 危险废物——无害化处理率
D. 废旧电子电器——综合利用率

55. 关于城市竖向规划的表述，不准确的是（　　）。
A. 竖向规划的重点是进行地形改造和土地平整
B. 铁路和城市干路交叉点的控制标高应在总体规划阶段确定
C. 详细规划阶段可采用高程箭头法、纵横断面法或设计等高线法
D. 大型集会广场应有平缓的坡度

56. 不属于液化气储配站选址要求的是（　　）。
A. 位于全年主导风向的上风向
B. 选择地势开阔的地带
C. 避开地基沉陷的地带
D. 避开城市居民区

57. 城市总体规划文本是对各项规划目标和内容提出的（　　）。
A. 详细说明
B. 具体解释
C. 规定性要求

D. 法律依据

58. 关于近期建设规划的表述，正确的是（   ）。

A. 城市增长稳定后不需要继续编制近期建设规划

B. 近期建设规划应与土地利用总体规划相协调

C. 近期内出现计划外重大建设项目，应在下轮近期建设规划中落实

D. 近期建设规划应发挥其调控作用，使城市在总体规划期限内均匀增长

59. 近期建设规划现状用地规模的统计，应采用（   ）。

A. 该城市总体规划的基准年用地数据

B. 近期建设规划期限起始年的前一年用地数据

C. 上一个近期规划的规划建设用地数据

D. 上一个近期规划实施期间城市新增建设用地数据

60. 下列工作中，不属于住房建设规划任务的是（   ）。

A. 确定住房供应总量

B. 确定住房供应类型及比例

C. 确定保障性住房供应对象

D. 确定保障性住房的空间分布

61. 在实际的城市建设中，不可能出现的情况是（   ）。

A. 建筑密度＋绿地率＝1

B. 建筑密度＋绿地率＜1

C. 建筑密度×建筑平均层数＝1

D. 建筑密度×建筑平均层数＜1

62. 某城市总体规划中确定了一个燃气储气罐站的位置，在控制性详细规划的编制中予以落实并获得批准，但是在实施中需要对其进行调整，下列做法中正确的是（   ）。

A. 调整到附近的地块中，保证其各项控制指标不变即可

B. 根据需要进行调整，但是必须进行专题论证

C. 根据需要进行调整，但是必须进行专题论证，并征求相关利害人意见

D. 修改城市总体规划后，再对控制性详细规划进行调整

63. 控制性详细规划的成果可以不包括（   ）。

A. 位置图　　　　　　　　　　B. 用地现状图

C. 建筑总平面图　　　　　　　D. 工程管线规划图

64. 不属于控制性详细规划编制内容的是（   ）。

A. 划定禁建区、限建区、适建区

B. 规定各级道路的红线、断面、交叉口形式及渠化措施，控制点坐标和标高

C. 确定地下空间开发利用具体要求

D. 提出各地块的建筑体量、体型、色彩等城市设计指导原则

65. 在修建性详细规划中，对建筑、道路和绿地等的空间布局和景观规划设计的主要目的是（   ）。

A. 对所在地块的建设提出具体的安排和设计，指导建筑设计和各项工程施工设计

B. 校核控制性详细规划中的各项指标是否合理

C. 确定合理的建筑设计方案，指导各项室外工程施工设计
D. 制作效果图与模型，有利于招商引资

66. 编制某居住小区的修建性详细规划，其容积率控制指标为 3.5，为妥善处理其较大的容积率和住宅日照要求的关系，正确的技术方法应为(　　)。
A. 根据间距系数确定建筑间距
B. 通过日照分析合理布局
C. 局部提高控制性详细规划确定的建筑高度
D. 提高控制性详细规划确定的建筑密度

67. 修建性详细规划采用的图纸比例一般不包括(　　)。
A. 1∶250　　　　B. 1∶500　　　　C. 1∶1000　　　　D. 1∶2000

68. 关于"城镇"和"乡村"概念的表述，准确的是(　　)。
A. 非农业人口工作和生活的地域即为"城镇"，农业人口工作和生活的地域即为"乡村"
B. 在国有土地上建设的区域为"城镇"，在集体所有土地上建设的地区和集体所有土地上的非建设区为"乡村"
C. "城镇"是指我国市镇建制和行政区域的基础区域，包括城区和镇区。"乡村"是指城镇以外的其他区域
D. 从事二、三产业的地域即为"城镇"，从事第一产业的地域即为"乡村"

69. (　　)不能作为村庄规划的上位规划。
A. 镇域规划
B. 乡域规划
C. 村域规划
D. 县域总体规划

70. 关于乡规划的表述，不准确的是(　　)。
A. 乡驻地规划主要针对其现有和将转为国有土地的部分
B. 乡规划区在乡规划中划定
C. 可按《镇规划标准》执行
D. 不是所有乡必须编制乡规划

71. (　　)不是申报国家历史文化名镇、名村必须具备的条件。
A. 历史传统建筑原貌基本保存完好
B. 存有清末以前或有重大影响的历史传统建筑群
C. 历史传统建筑集中成片
D. 历史传统建筑总面积在 5000m² 以上（镇）或 2500m² 以上（村）

72. 历史文化名镇名村保护规划文本一般不包括(　　)。
A. 城镇历史文化价值概述
B. 各级文物保护单位范围
C. 重点整治地区的城市设计意图
D. 重要历史文化遗存修整的规划意见

73. 计算居住区的绿地率时，其绿地面积是指(　　)。
A. 居住区内所有绿化面积之和

B. 符合标准的各级公共绿地面积之和
C. 符合标准的各类绿地面积之和
D. 满足1/3面积在标准建筑日照阴影之外条件的绿地面积之和

74. 居住区规划用地平衡表的作用不包括(　　)。
A. 与现状用地做比较分析
B. 检验用地分配的经济合理性
C. 作为审批规划方案的依据
D. 分析居住区空间形态的合理性

75. 关于居住区公共服务设施规划要求的表述，不准确的是(　　)。
A. 居住区配套公建的设置水平应与居住人口规模相适应
B. 居住区配套公建应与住宅同步规划、同步建设、同时交付
C. 可根据区位条件，适当调整居住区配套公建的项目和面积
D. 配套公建应按照市场效益最大化的原则进行配置

76. 经过审批后用于规划管理的风景名胜区规划包括(　　)。
A. 风景旅游体系规划和风景区总体规划
B. 风景区总体规划、风景区详细规划和景点规划
C. 风景区总体规划和风景区详细规划
D. 风景区详细规划和景点规划

77. (　　)不是城市设计现状调查或分析的方法。
A. 简·雅各布斯的"街道眼"
B. 戈登·库仑的"景观序列"
C. 凯文·林奇的"认知地图"
D. 詹巴蒂斯塔·诺利的"图底理论"

78. 关于城市设计的表述，正确的是(　　)。
A. 城市总体规划编制中应当运用城市设计的方法
B. 由政府组织编制的城市设计项目具有法律效力
C. 我国的城市设计和城市规划是两个相对独立的管理系统
D. 城市设计与城市规划是两个独立发展起来的学科

79. 关于城市规划实施的表述，不准确的是(　　)。
A. 城市发展和建设中的所有建设行为都应该成为城市规划实施的行为
B. 政府通过控制性详细规划来引导城市建设活动，从而保证总体规划的实施
C. 近期建设规划是城市总体规划的组成部分，不属于城市规划实施的手段
D. 私人部门的建设活动是出于自身利益而进行的，但只要符合城市规划的要求，也同样是城市规划实施行为

80. 关于公共性设施的表述，错误的是(　　)。
A. 公共性设施是指社会公众所共享的设施
B. 公共性设施都是由政府部门进行开发的
C. 公共性设施的开发可引导和带动商业性的开发
D. 公共性设施未经规划主管部门核实是否符合规划条件，不得组织竣工验收

(二) 多项选择题（共20题，每题1分。每题的备选项中，有两个以上符合题意，少选、错选都不得分）

81. 关于经济全球化对城市发展影响的表述，正确的是（　　）。
A. 全球性和区域性的经济中心城市正在逐步形成
B. 城市的发展更加受到国际资本的影响
C. 城市之间水平性的地域分工体系成为主导
D. 城市之间的相互竞争将不断加剧
E. 中小城市与周边大城市的联系有可能会削弱

82. 城市可持续发展战略的实施措施是（　　）。
A. 在城市发展中，坚决限制城市用地的进一步扩展
B. 保护城市的文脉和自然生态环境
C. 优先使用城市中的弃置地
D. 鼓励建设低密度的居住区
E. 提高公众参与的程度

83. 下列表述中，正确的是（　　）。
A. 规模经济理论认为，随着城市规模的扩大，产品和服务的供给成本就会上升
B. 经济基础理论认为，基本经济部类是城市发展的动力
C. 增长极核理论认为，区域经济发展首先集中在一些条件比较优越的城市
D. 集聚经济理论认为，城市不同产业之间的互补关系使城市的集聚效应得以发挥
E. 梯度发展理论认为，产业的梯度扩散将产生累进效应

84. 下列规划类型中，属于法律规定的是（　　）。
A. 省域城镇体系规划
B. 乡域村庄体系规划
C. 镇修建性详细规划
D. 村庄规划
E. 村庄修建性详细规划

85. 关于城市建设项目规划管理的表述，正确的是（　　）。
A. 以划拨方式取得国有土地使用权的建设项目，规划行政主管部门应依据城市总体规划核定建设用地的位置、面积和允许建设的范围
B. 在国有土地使用权出让前，规划行政主管部门依据控制性详细规划，提出出让地块的规划条件，作为国有土地使用权出让合同的组成部分
C. 规划行政主管部门不得在建设用地规划许可证中，擅自改变作为国有土地使用权出让合同组成部分的规划条件
D. 建设单位申请办理建设工程许可证，应当提交使用土地的有关证明文件、修建性详细规划以及建设工程设计方案等材料
E. 建设单位申请变更规划条件，变更内容不符合控制性详细规划的，规划行政主管部门不得批准

86. 关于居住区规划的表述，正确的是（　　）。

A. 公共绿地至少应有一个边与相应级别的道路相邻
B. 公共绿地中，绿化面积（含水面）不宜小于70%
C. 宽度小于8m、面积小于400m²的绿地不计入公共绿地
D. 机动车与非机动车混行的道路，其纵坡宜符合机动车道的要求
E. 居住区内尽端式道路的长度不宜大于80m

87. 调查城市用地的自然条件时，经常采用的方法包括（　　）。

A. 专项座谈　　　　　　　　　　B. 现场踏勘
C. 问卷调查　　　　　　　　　　D. 地图判读
E. 文献检索

88. 根据《历史文化名城保护规划规范》，历史文化名城保护规划必须遵循的原则包括（　　）。

A. 保护历史真实载体
B. 提高土地利用率
C. 合理利用、永续利用
D. 保护历史环境
E. 谁投资谁受益

89. 关于确定城市公共设施指标的表述，错误的是（　　）。

A. 体育设施用地指标应根据城市人口规模确定
B. 医疗卫生用地指标应根据有关部门的规定确定
C. 金融设施用地指标应根据城市产业特点确定
D. 商业设施用地指标应根据城市形态确定
E. 文化娱乐用地指标应根据城市风貌确定

90. 在工业区与居住区之间的防护带中，不宜设置（　　）。

A. 消防车库　　　　　　　　　　B. 市政工程构筑物
C. 职业病医院　　　　　　　　　D. 仓库
E. 运动场

91. 关于城市空间布局的表述，错误的是（　　）。

A. 大型体育场馆应避开城市主干路，减少对交通的干扰
B. 分散布局的专业化公共中心有利于更均衡的公共服务
C. 沿公交干线应降低开发强度，避免人流的影响
D. 居住用地相对集中布置，有利于提供公共服务
E. 公园应布置在城市边缘，以提高城市土地收益

92. 城市能源规划应包括（　　）。

A. 预测城市能源需求　　　　　　B. 优化能源结构
C. 确定变电站数量　　　　　　　D. 制定节能对策
E. 制定能源保障措施

93. 城市火电厂选址应该考虑的因素包括（　　）。

A. 接近负荷中心　　　　　　　　B. 水源条件
C. 毗邻城市干路　　　　　　　　D. 地质构造稳定

E. 地表有一定的坡度

94. 关于城市工程管线综合规划的表述,错误的是( )。

A. 城市总体规划阶段管线综合规划应确定各种工程管线的干管走向
B. 城市详细规划阶段管线综合规划应确定规划范围内道路横断面下的管线排列位置
C. 热力管不应与电力和通信电缆、煤气管共沟布置
D. 当给水管与雨水管相矛盾时,雨水管应该避让给水管
E. 在管线共同沟里,排水管应始终布置在底部

95. 关于城市环境保护规划的表述,正确的是( )。

A. 环境保护规划的基本任务是保护生态环境和环境污染综合防治
B. 城市环境保护规划是城市规划和环境规划的重要组成部分
C. 按环境要素划分,城市环境保护规划可分为大气环境保护规划、水环境保护规划、土壤污染控制规划和噪声污染控制规划
D. 水环境保护规划主要内容包括饮用水源保护和水污染控制
E. 水污染控制包括主要污染物的浓度控制和总量控制

96. 关于城市总体规划强制性内容的表述,正确的是( )。

A. 城市性质属于城市总体规划强制性内容
B. 城市总体规划强制性内容必须落实上位规划的强制性要求
C. 城市总体规划中的强制性内容和指导性内容,可以根据实际需要进行必要的互换和取舍
D. 调整城市总体规划强制性内容,必须提出专题报告,报原规划审批机关审查批准
E. 城市总体规划强制性内容可作为规划行政主管部门审查建设项目的参考

97. 在控制性详细规划的各项指标中,不用百分比表示的是( )。

A. 绿地率
B. 容积率
C. 建筑密度
D. 停车位
E. 建筑体量

98. 根据《镇规划标准》,我国的镇村体系包括( )。

A. 小城镇
B. 中心镇
C. 一般镇
D. 中心村
E. 基层村

99. 关于居住区的表述,正确的有( )。

A. 居住区按照人口规模可分为居住小区、住宅组团两级
B. 居住区的人口规模一般是 20000～30000 人
C. 居住区一般被城市干路或自然分界线所围合
D. 居住区的规划应做到各项功能相对独立、完整
E. 在居住区内布置其他建筑应满足无污染和不扰民的要求

100. 下列项目中,不得在风景名胜区内建设的是( )。

A. 公路
B. 陵墓
C. 缆车
D. 宾馆
E. 煤矿

模 拟 试 题 五

(一)单项选择题(共80题,每题1分。每题的备选项中,只有一个最符合题意)

1. 以下关于城市发展演化的表述,错误的是(   )。

A. 农业社会后期,市民社会在中外城市中显现雏形,为后来的城市快速发展奠定了基础

B. 18世纪后期开始的工业革命开启了世界性城镇化浪潮

C. 进入后工业社会,城市的制造业地位逐步下降

D. 后工业社会的城市建设思想走向生态觉醒

2. 城市空间环境演进的基本规律不包括(   )。

A. 从封闭的城市空间向开放的城市空间发展

B. 从平面延展向立体利用发展

C. 从生活性城市空间向生产性城市空间转化

D. 从均质城市空间向多样城市空间转化

3. 下列表述,错误的是(   )。

A. 城市人口密集,因此社会问题集中发生在城市里

B. 不同的经济发展阶段产生不同的社会问题

C. 城市规划理论和实践的发展在关注经济问题之后,开始逐步关注城市社会问题

D. 健康的社会环境有助于城市各项社会资源的效益最大化

4. 下列关于古希腊时期城市布局的表述,错误的是(   )。

A. 雅典城的布局完整地体现了希波丹姆布局模式

B. 米利都城是以城市广场为中心、以方格网道路系统为骨架的布局模式

C. 广场或市场周边建设有一系列的公共建筑,是城市生活的核心

D. 雅典卫城具有非常典型的不规则布局特征

5. 下列哪项不是霍华德田园城市的内容?(   )

A. 每个田园城市的规模控制在3.2万人,超过此规模就需要建设另一个新城市

B. 每个田园城市的城区用地占总用地的1/6

C. 田园城市城区的最外围设有工厂、仓库等用地

D. 田园城市应当是低密度的,保证每家每户有花园

6. 下列关于英国第三代新城建设的表述,错误的是(   )。

A. 新城通常是一定区域范围内的中心

B. 新城通常作为某一中心城市功能的疏解地和接纳地

---

① 模拟试题五为2013年全国注册城乡规划师城乡规划原理科目考试题

C. 新城相比较卫星城更强调独立性

D. 新城能作为城镇体系中的一个组成部分

7. 下列关于功能分区的表述，错误的是（　　）。

A. 功能分区是依据城市基本活动对城市用地进行分区组织

B. 功能分区最早是由《雅典宪章》提出并予以确定的

C. 功能分区对解决工业城市中的工业和居住混杂、卫生等问题具有现实意义

D. 《马丘比丘宪章》对城市布局中的功能分区绝对化倾向进行了批判

8. 下列关于城市布局理论的表述，不准确的是（　　）。

A. 柯布西耶的现代城市规划方案提出应结合高层建筑建立地下、地面和高架路三层交通网络

B. 邻里单位理论提出居住邻里应以城市交通干道为边界

C. 级差地租理论认为，在完全竞争的市场经济中，城市土地必须按照最有利的用途进行分配

D. "公交引导开发"（TOD）模式提出新城市新建建设应围绕公共交通站点建设中心商务区

9. 在20世纪上半叶的中国，为缓解城市的拥挤，最早出现"卫星城"方案的是（　　）。

A. 孙中山的《建国方略》

B. 民国政府的《都市计划法》

C. 南京的《首都计划》

D. 《大上海都市计划》

10. 中国古代筑城的"形胜"思想，准确的意思是（　　）。

A. 等级分明的布局结构

B. "象天法地"的神秘主义

C. 中轴对称皇权思想与自然的结合

D. 早期的城市功能分区

11. "两型社会"是指（　　）。

A. 新型工业化与新型城镇化社会

B. 新型城镇与新型乡村

C. 资源节约型与环境友好型社会

D. 城乡统筹型与城乡和谐型社会

12. 下列哪个选项无法提高城市发展的可持续性？（　　）

A. 缩短上下班通勤和日常生活出行的距离

B. 维护地表水的存量和地表土的品质

C. 不断提高土地建设开发强度

D. 高效能的建筑物形态和布局

13. 下列表述，错误的是（　　）。

A. 城乡规划是各级政府保护生态和自然环境的重要依据

B. 城市规划是城市发展过程中发挥重要作用的政治制度

C. 动员全体市民实施规划是城市规划民主性的重要体现

D. 协调经济效益和社会公正之间的关系是城市规划政策性的重要体现

14. 下列关于我国城乡规划法律法规体系的表述，正确的是（　　）。

A. 《北京市城乡规划条例》是城乡规划的地方规章，由北京市人大制定
B. 《中华人民共和国行政许可法》是城乡规划管理必须遵守的重要法律
C. 《城市综合交通体系规划编制导则》是城乡规划领域重要的技术标准
D. 城乡规划的标准规范实际效力相当于技术领域的法律，但其中的非强制性条例不作为政府对其执行情况实施监督的依据

15. 下列关于我国城乡规划编制体系的表述，正确的是（　　）。

A. 我国城乡规划编制体系由区域规划、城市规划、镇规划和乡村规划构成
B. 县人民政府所在地镇的控制性详细规划由县政府规划主管部门组织编制，由县人大常委会审核后报上级政府备案
C. 市辖区所属镇的总体规划由镇人民政府组织编制，由市政府审批
D. 村庄规划由村委会组织编制，由镇政府审批

16. 按照《城市规划编制办法》，编制城市规划应当坚持的原则包括（　　）。

A. 政府领导的原则
B. 专家领衔的原则
C. 部门配合的原则
D. 先规划后发展的原则

17. 下列关于制定控制性详细规划基本程序的表述，正确的是（　　）。

A. 对已有控制性详细规划进行修改时，规划编制单位应对修改的必要性进行论证并征求原审批机关的意见
B. 组织编制机关对控制性详细规划草案的公告时间不得少于30日
C. 控制性详细规划的修改如果涉及城市总体规划有关内容修改的，必须先修改总体规则
D. 组织编制机关应当及时公布依法批准的控制性详细规划，并报本级政府备案

18. 下列关于城镇体系和城镇体系规划的表述，准确的是（　　）。

A. 城镇体系是对一定区域内的城镇群体的总称
B. 城镇体系规划的目的是构建完整的城镇体系
C. 城镇体系规划是一种区域性规划
D. 城镇体系中只有一个中心城市

19. 下列关于省域城镇体系规划的表述，准确的是（　　）。

A. 制定全省（自治区）经济社会发展目标
B. 制定全省（自治区）城镇化和城镇发展战略
C. 由省（自治区）住房和城乡建设厅组织编制
D. 由省（自治区）人民政府审批

20. 下列表述正确的是（　　）。

A. 主体功能区规划应以城市总体规划为指导
B. 城市总体规划应以城镇体系规划为指导
C. 区域国土规划应以城镇体系规划为指导
D. 城市总体规划应以土地利用总体规划为指导

21. 下列不属于省域城镇体系规划内容的是( )。
A. 城镇规模控制
B. 区域内重大基础设施布局
C. 省域内必须控制的区域
D. 历史文化名城保护规划

22. 下列关于城市总体规划主要任务与内容的表述，准确的是( )。
A. 城市总体规划一般分为市域城镇体系规划、中心城区规划、近期建设规划三个层次
B. 城市总体规划应当以全国和省域城镇体系规划以及其他上层次各类规划为依据
C. 市域城镇体系规划要划定中心城区规划建设用地范围
D. 中心城区规划需要明确地下空间开发利用的原则和建设方针

23. 在城市规划调查中，社会环境的调查不包括( )。
A. 人口年龄结构、自然变动、迁移变动和社会劳动情况调查
B. 家庭规模、家庭生活方式、家庭行为模式及社区组织情况调查
C. 城市住房及居住环境调查
D. 政府部门、其他公共部门以及各类企事业单位基本情况

24. 下列关于城市职能和城市性质的表述，错误的是( )。
A. 城市职能可以分为基本职能和非基本职能
B. 城市基本职能是城市发展的主导促进因素
C. 城市非基本职能是指城市为城市以外地区服务的职能
D. 城市性质关注的是城市最主要的职能，是对主要职能的高度概括

25. 下列表述中，错误的是( )。
A. 城市人口包括城市建成区范围内的实际居住人口
B. 城市人口统计范围不论现状和规划，都应与规划区相对应
C. 城市人口规模预测时，环境容量预测法不适合作单独预测方式
D. 分析育龄妇女年龄、人口数量、生育率、初育率等是预测人口自然增长的重要依据

26. 下列关于城市环境容量的表述，错误的是( )。
A. 自然条件是城市环境容量的最基本要素
B. 城市人口容量具有有限性、可变性、极不稳定性三个特点
C. 城市大气环境容量是指满足大气环境目标值下某区域允许排放的污染物总量
D. 城市水环境容量与水体自净能力和水质标准有密切关系

27. 下列关于市域城乡空间的表述，正确的是( )。
A. 市域城乡空间可以划分为建设空间、农业开敞空间、区域重大基础设施空间和生态敏感空间四大类
B. 按照生态敏感性分析与空间进行生态适宜性分区，可以划分为鼓励开发区、控制开发区、禁止开发区、基本农田保护区四类
C. 市域城镇空间由中心城区及周边其他城镇组成，主要的组合类型有均衡式、单中心集核式、分片组团式、轴带式
D. 独立布局的区域性基础设施用地与城乡居民生活具有密切联系，应纳入城乡人均用地进行平衡

28. 下列关于市域城镇体系发展布局规划的表述，准确的是（　　）。

A. 经济发达地区可以规划为中心城区、外围新城、中心镇、新型农村社区的城市型居民点体系

B. 市域城乡聚落可以分为中心城区、县城、镇区（乡集镇）、中心村四级体系

C. 市域城镇发展布局规划的主要内容包括确定市域各类城乡居民点产业发展方向

D. 市域交通和基础设施体系要优先满足市域发展的需要，不能分担周边城市的发展要求，否则不利于促进城乡之间的有机分工

29. 下列关于城市规划区的表述，错误的是（　　）。

A. 规划区的划定应符合规划行政管理的需要

B. 规划区的范围大小应体现城市规模控制的需要

C. 规划区范围应包括密切联系的镇、乡、村

D. 水源地、生态廊道、区域重大基础设施廊道等应划入规划区

30. 下列关于信息化对城市形态影响的表述，错误的是（　　）。

A. 城市空间结构出现分散趋势

B. 城乡边界变得模糊

C. 不同地段的区位差异缩小

D. 新型社区功能更加单纯

31. 在城市用地工程适宜性评定中，下列用地不属于二类用地的是（　　）。

A. 地形坡度15％

B. 地下水位低于建筑物的基础埋藏深度

C. 洪水轻度淹没

D. 有轻微的活动性冲沟、滑坡等不良地质现象

32. 不宜与文化馆毗邻的设施是（　　）。

A. 科技馆　　　　　　　　　　B. 广播电视中心

C. 档案馆　　　　　　　　　　D. 小学

33. 下列关于城市布局的表述中，错误的是（　　）。

A. 在静风频率高的地区不宜布置排放有害废气的工业区

B. 铁路编组站应安排在城市郊区，并避免被大型货场、工厂区包围

C. 城市道路布局时，道路走向应尽可能平行于夏季主导风向

D. 各类专业市场设施应统一集聚配置，以发挥联运效应

34. 大城市的蔬菜批发市场应该（　　）。

A. 集中布置在城市中心区边缘　　　B. 统一安排在城市的下风向

C. 结合产地布置在远郊区县　　　　D. 设于城市边缘的城市入口附近

35. 下列关于停车场的表述，错误的是（　　）。

A. 大型建筑物和为其服务的停车场，可对面布置于城市干道的两侧

B. 人流、车流量大的公共活动广场宜按分区就近原则，适当分散安排停车场

C. 商业步行街可适当集中安排停车场

D. 外来机动车公共停车场应设置在城市的外环路和城市出入口道路附近

36. 下列关于汽车加油站的表述，错误的是（　　）。

A. 在城市建成区内不应布置一级加油站
B. 城市公共加油站的进出口宜设在城市次干道上
C. 城市公共加油站不宜布置在城市干道交叉口附近
D. 小型加油站的车辆入口和出口可合并设置

37. 当配水系统中需设置加压泵站时，其位置宜靠近(　　)。
A. 地势较低处　　　　　　　　　B. 用水集中地区
C. 净水厂　　　　　　　　　　　D. 水源地

38. 下列环境卫生设施中，应设置在城市规划建设用地范围边缘的是(　　)。
A. 生活垃圾卫生填埋场　　　　　B. 生活垃圾堆肥厂
C. 粪便处理厂　　　　　　　　　D. 大型垃圾转运站

39. 下列关于城市道路与城市用地关系的表述，错误的是(　　)。
A. 旧城用地布局较为紧凑，道路密而狭窄，适于非机动的交通模式
B. 城市发展轴可以结合传统的混合性主要道路安排
C. 不同类型城市的干路网与城市用地布局的形式密切相关、密切配合
D. 城市用地规模和用地布局的变化，不会根本性地改变城市道路系统的形式和结构

40. 关于城市道路性质的表述，错误的是(　　)。
A. 快速路为快速机动车专用路网，可连接高速公路
B. 交通性主干路为全市性路网，是疏通城市交通的主要通道
C. 次干路为全市性或组团内路网，与主干路一起构成城市的基本骨架
D. 支路为地段内根据用地安排而划定的道路，在局部地段可以成网

41. 下列关于城市综合交通规划的表述，错误的是(　　)。
A. 城市综合交通规划可以脱离土地使用规划单独进行编制
B. 城市综合交通规划内容包括城市对外交通和城市交通两大部分
C. 城市综合交通规划需要处理好对外交通与城市交通的衔接关系
D. 城市综合交通规划需要协调城市中各种交通方式之间的关系

42. 下列关于城市综合交通调查的表述，错误的是(　　)。
A. 交通出行 OD 调查可以得到现状城市交通的流动特性
B. 居民出行调查可以得到居民出行生成与土地使用特征之间的关系
C. 城市道路交通调查包括对机动车、非机动车、行人的流向、流量的调查
D. 查核线的选取应避开对交通起障碍作用的天然地形或人工障碍

43. 下列不属于城市交通发展战略研究内容的是(　　)。
A. 提出城市交通总体发展方向和目标
B. 提出城市交通发展政策和措施
C. 提出城市交通各子系统功能组织及布局原则
D. 提出城市交通资源分配利用原则和策略

44. 下列关于城市对外交通规划的表述，错误的是(　　)。
A. 在城市铁路布局中，线路走向起主导作用
B. 铁路客运站是对外交通与城市交通的衔接点之一
C. 大城市、特大城市通常设置多个公路长途客运站

D. 大城市、特大城市公路长途客运站通常设在城市中心区边缘

45. 下列不属于城市道路系统规划主要内容的是（　　）。

A. 提出城市各级道路红线宽度和标准横断面形式

B. 确定主要交叉口、广场的用地控制要求

C. 确定城市防灾减灾、应急救援、大型装备运输的道路网络方案

D. 提出交通需求管理的对策

46. 下列哪个宪章明确提出了保护历史城镇与城区的内容？（　　）

A.《威尼斯宪章》　　　　　　　　B.《华盛顿宪章》

C.《马丘比丘宪章》　　　　　　　D.《北京宪章》

47. 历史文化名镇名村保护规划的近期规划措施不包括（　　）。

A. 抢救已属于濒危状态的所有建筑物、构筑物和环境要素

B. 对已经或可能对历史文化名镇名村保护造成威胁的各种自然、人为因素提出规划治理措施

C. 提出改善基础设施和生产、生活环境的近期建设项目

D. 提出近期投资估算

48. 在历史文化名城保护规划中不需要划定保护界限的是（　　）。

A. 历史城区　　　　　　　　　　B. 历史地段

C. 历史建筑群　　　　　　　　　D. 文物古迹

49. 某历史文化名城目前难以找到一处值得保护的历史文化街区，正确的做法是（　　）。

A. 整体恢复历史城区的传统风貌

B. 恢复1～2个历史全盛时期最具代表性的街区

C. 恢复1～2个代表不同历史时期风貌的街区

D. 保护现存文物古迹周围的环境

50. 城市中心城区建设用地范围内用于园林生产的苗圃，其用地性质列入下列哪一类？（　　）

A. 公园绿地（G1）　　　　　　　B. 防护绿地（G2）

C. 农林用地（E2）　　　　　　　D. 科研用地（A35）

51. 下列属于城市总体规划的强制性内容的是（　　）。

A. 城市绿地系统的发展目标　　　B. 城市各类绿地的基本布局

C. 城市绿地主要指标　　　　　　D. 河湖岸线的使用原则

52. 根据《城市水系规划规范》，下列表述中错误的是（　　）。

A. 城市水体按功能类别分为水源地、生态水域、行洪通道、航运通道、雨洪调蓄水体、渔业养殖水体、景观游憩水体等

B. 城市水体按形态特征分为江河、湖泊、沟渠和湿地等

C. 城市水系岸线按功能分为生态性岸线、生活性岸线和生产性岸线等

D. 城市水系的保护应包括水域保护、水生态保护、水质保护和滨水空间控制等

53. "确定排水体制"属于下列哪一项规划阶段的内容？（　　）

A. 城市总体规划　　　　　　　　B. 城市分区规划

C. 控制性详细规划　　　　　　　D. 修建性详细规划

54. 下列关于再生水利用规划的表述，不准确的是(　　)。
A. 城市再生水主要用于生态用水、市政杂用水和工业用水
B. 按照城市排水体制确定再生水厂的布局
C. 城市再生水利用规划需满足用户对水质、水量、水压等的要求
D. 城市详细规划阶段，需计算输配水管渠管径、校核配水管网水量及水压

55. 下列关于城镇抗震防灾规划相关内容的表述，不准确的是(　　)。
A. 抗震设防区是指地震基本烈度为 7 度及 7 度以上的地区
B. 城市抗震防灾规划的基本方针是"预防为主，防、抗、避、救相结合"
C. 避震疏散场所是用作地震时受灾人员疏散的场地和建筑，划分为紧急避震疏散场所、固定避震疏散场所、中心避震疏散场所等类型
D. 地震次生灾害主要包括水灾、火灾、爆炸、放射性辐射、有毒物质扩散或者蔓延等

56. 下列不属于城市详细规划阶段城市综合防灾减灾规划主要内容的是(　　)。
A. 确定各种消防设施的布局及消防通道、间距等
B. 确定防洪堤标高、排涝泵站位置等
C. 组织防灾生命线系统等
D. 确定疏散通道、疏散场地布局等

57. 下列关于城市环境保护规划的表述，不准确的是(　　)。
A. 环境保护的基本任务主要是生态环境保护和环境污染综合防治
B. 城市环境保护规划包括大气环境保护规划、水环境保护规划和噪声污染控制规划
C. 大气环境保护规划总体上包括大气环境质量规划和大气污染控制规划
D. 水环境保护规划总体上包括饮用水源保护规划和水污染控制规划

58. 根据《城市地下空间开发利用管理规定》，城市地下空间规划的主要内容不包括(　　)。
A. 地下空间现状以及发展预测
B. 地下空间开发战略
C. 开发层次、内容、期限、规模与布局
D. 地下空间开发实施措施与近期建设规划

59. 下列关于城市总体规划主要图纸内容要求的表述，错误的是(　　)。
A. 市域城镇体系规划图需要标明行政区划
B. 市域空间管制图需要标明市域空间功能区划
C. 居住用地规划图需要标明居住人口容量
D. 综合交通规划图需要标明各级道路走向、红线宽度等

60. 近期建设规划的内容不包括(　　)。
A. 确定近期建设用地范围和布局
B. 确定近期主要对外交通设施和主要道路交通设施布局
C. 确定近期主要基础设施的位置、控制范围和工程干管的线路位置
D. 确定近期居住用地安排和布局

61. 下列关于近期建设规划的表述，错误的是(　　)。
A. 近期建设规划是城市总体规划的有机组成部分

B. 编制近期建设规划，一般以城市总体规划所确定的建设项目为依据

C. 编制近期建设规划，需要反映计划与市场变化的动态衔接和合理弹性，提高计划的可实施性

D. 年度实施计划是近期建设规划顺利开展的重要途径

62. "十二五"近期建设规划中，下列属于落实保障性住房建设任务主要内容的是（　　）。

A. 保障性住房的分期供给规模　　　　B. 保障性住房的轮候与分配机制
C. 保障性住房的税收调控手段　　　　D. 保障性住房的价格调控目标

63. 下列关于控制性详细规划编制的表述，错误的是（　　）。

A. 控制性详细规划的编制需要公众参与

B. 控制性详细规划的编制需要公平、效率并重

C. 控制性详细规划的编制需要动态维护，保证其实施的有效性

D. 控制性详细规划的编制在城市规划区建设用地范围内实现"全覆盖"

64. 县人民政府所在地镇的控制性详细规划，由（　　）。

A. 县人民政府组织编制

B. 市人民政府编制

C. 报县级人民代表大会常务委员会备案

D. 县人民政府依法将规划草案予以公告

65. 下列关于控制性详细规划编制的表述，错误的是（　　）。

A. 我国控制性详细规划借鉴了美国区划的经验

B. 编制控制性详细规划应含有城市设计的内容

C. 控制性详细规划的成果要求在向表现多元、格式多变、制图多样和数据多种的方向发展

D. 控制性详细规划是规划实施管理的依据

66. 修建性详细规划中建设条件分析不包括（　　）。

A. 分析区域人口分布，对市民生活习惯及行为意愿等进行调研

B. 分析场地的区位和功能、交通条件、设施配套情况

C. 分析场地的高度、坡度、坡向

D. 分析自然环境要素、人文要素和景观要素

67. 根据《城市规划编制办法》，下列关于修建性详细规划的表述，错误的是（　　）。

A. 修建性详细规划需要进行管线综合

B. 修建性详细规划需要对建筑室外空间和环境进行设计

C. 修建性详细规划需要确定建筑设计方案

D. 修建性详细规划需要进行项目的投资效益分析和综合技术经济论证

68. 下列表述正确的是（　　）。

A. 镇区人口规模应以城市空间发展战略规划为依据

B. 镇区人口规模应以县域城镇体系规划为依据

C. 镇域城镇化水平应与国家城镇化率目标一致

D. 镇区人口占镇域人口的比例应不低于该地区城镇化水平

69. 根据《镇规划标准》，计算镇区人均建设用地指标的人口数应为（　　）。

A. 镇区常住人口 B. 镇区户籍人口
C. 镇区非农人口 D. 镇域所有城镇建设用地内居住的人口

70. 县人民政府所在地镇的总体规划由（　　）组织编制。
A. 县人民政府 B. 镇人民政府
C. 镇和县人民政府共同 D. 县城乡规划行政主管部门

71. 历史文化名镇名村的保护范围包括（　　）。
A. 核心保护范围和建设控制地带 B. 核心保护范围和风貌协调区
C. 核心风貌区和环境协调区 D. 核心风貌区和建设控制地带

72. 下列关于邻里单位理论的表述，错误的是（　　）。
A. 周边式布局的街坊是典型的邻里单位
B. 以小学的合理规模确定邻里单位的人口规模
C. 邻里单位应避免外部车辆穿行
D. 邻里单位要求配套相应的服务设施

73. 下列关于居住小区的表述，正确的是（　　）。
A. 居住小区规模主要用人口规模来表达
B. 因地块大小不同而分为居住区、小区、组团
C. 居住小区是封闭管理的居住地块
D. 以一个居委会的管辖范围来划定居住小区

74. 下列关于住宅布局的表述，错误的是（　　）。
A. 多层住宅的建筑密度通常高于高层住宅
B. 周边式布局的住宅采光面较大，日照效果更好
C. 冬季获得日照、夏季遮阳是我国大部分地区住宅布局需要考虑的重要因素
D. 在山地居住区中适合采用点式布局

75. 关于居住区道路规划的表述，错误的是（　　）。
A. 居住小区应在不同方向设置至少两个出入口
B. 出入口与城市道路交叉口距离应大于70m
C. 组团级道路红线宽度应满足管线敷设要求
D. 道路边缘与建筑应保持一定距离以保证行人安全

76. 下列关于居住小区绿地规划的表述，错误的是（　　）。
A. 公共绿地不包括满足覆土要求的地下建筑屋顶绿地
B. 小区级公共绿地最小宽度为8m
C. 组团级公共绿地绿化面积不宜小于70%
D. 公共绿地应集中成片

77. 下列关于风景名胜区总体规划的表述，正确的是（　　）。
A. 在国家级风景名胜区总体规划编制前，可先编制规划纲要
B. 国家级重点风景名胜区总体规划由国家风景名胜区主管部门审批
C. 风景名胜区总体规划是做好风景区保护、建设、利用和管理工作的直接依据
D. 风景名胜区总体规划不必对风景名胜区内不同保护要求的土地利用方式、建筑风格、体量、规模等作出明确要求

78. 下列关于城市设计的表述,错误的是( )。

A. 工业革命以前,城市设计基本上依附于城市规划

B. 城市设计正逐渐形成独立的研究领域

C. 城市设计常用于表达城市开发意向和辅助规划设计研究

D. 我国的规划体系中,城市设计主要作为一种技术方法存在

79. 下列关于城乡规划实施手段的表述中,正确的是( )。

A. 规划手段,政府根据城市规划的目标和内容,从规划实施的角度制定相关政策来引导城市发展

B. 政策手段,政府运用规划编制和实施的行政权力,通过各类规划来推进城市规划的实施

C. 财政手段,政府运用公共财政的手段,调节、影响城市建设的需求和进程,以促进城市规划目标的实现

D. 管理手段,政府根据城市规划,按照规划文本的内容来管理城市发展

80. 下列关于城市规划实施的表述,错误的是( )。

A. 城市规划的实施组织和管理是各级人民政府的重要责任

B. 城市规划实施的组织,必须建立以规划的编制来推进规划实施的机制

C. 城市规划实施的管理手段主要包括:建设用地管理、建设工程管理以及建设项目实施的监督检查

D. 城市规划实施的监督检查包括行政监督、媒体监督和社会监督

(二) 多项选择题(共20题,每题1分。每题的备选项中,有两个以上符合题意,少选、错选都不得分)

81. 下列关于大都市区城市功能地域概念的表述,正确的是( )。

A. 加拿大采用"国情调查大都市区"概念

B. 日本采用"大都市统计区"概念

C. 澳大利亚采用"国情调查扩展城市区"概念

D. 英国采用"大都市圈统计区"概念

E. 瑞典采用"劳动—市场区"概念

82. 针对经过中世纪历史发展进入文艺复兴时期的欧洲城市,下列表述中正确的是( )。

A. 城市大部分地区是狭小、不规则的道路网结构

B. 围绕一些大教堂建设有古典风格和构图严谨的广场

C. 建筑师提出的理想城市大多是不规则形的

D. 对中世纪城市经过了全面有序的改造

E. 市政厅、行业会所成为城市活动的重要场所

83. 下列关于全球化背景下城市发展的表述,正确的是( )。

A. 全球资本的区位选择明显地影响甚至决定了城市内部的空间布局

B. 不同区域城市间的相互作用与相互依存程度更为加强

C. 以城市滨水区、历史地段等为代表的独特性资源的复兴,成为提升城市竞争力的重要

举措
D. 制造业城市出现了较大规模的衰退
E. 生产者服务业所具有的集聚性在不断分解，出现了较强的分散化趋势

84. 城市市政公用设施规划包括(　　)。
A. 城市排水工程规划　　　　　　　B. 城市环卫设施规划
C. 城市燃气工程规划　　　　　　　D. 城市通信工程规划
E. 城市环境保护规划

85. 下列哪些项是城市总体规划实施评估应考虑的内容？(　　)
A. 城市人口与建设用地规模情况　　B. 综合交通规划目标落实情况
C. 自然与历史文化遗产保护情况　　D. 政府在规划实施中的作用
E. 城市发展方向与布局的落实情况

86. 下列关于城市总体规划中城市建设用地规模的表述，正确的是(　　)。
A. 规划人均城市建设用地标准为100m²/人
B. 用地规模与城市性质、自然条件等有关
C. 规划人均城市建设用地需要低于现状水平
D. 规划用地规模是推算人口规模的主要依据
E. 规划人口规模是推算用地规模的主要依据

87. 下列关于城市总体规划纲要主要任务与内容的表述，准确的有(　　)。
A. 经过审查的总体规划纲要是总体规划审批的重要依据
B. 总体规划纲要必须提出市域城乡空间总体布局方案
C. 总体规划纲要必须确定市域交通发展策略
D. 总体规划纲要必须提出主要对外交通设施布局方案
E. 总体规划纲要必须提出建立综合防灾体系的原则和建设方针

88. 影响城市空间发展方向选择的因素包括(　　)。
A. 地质条件　　　　　　　　　　　B. 人口规模
C. 高速公路建设情况　　　　　　　D. 城中村分布情况
E. 基本农田保护情况

89. 下列关于城市设施布局与城市风向关系的表述中，不正确的是(　　)。
A. 污水处理厂应布置在城市主导风向的下风向
B. 城市火电厂应布置在城市主导风向的下风向
C. 天然气门站应布置在城市主导风向的下风向
D. 生活垃圾卫生填埋场应布置在城市主导风向的下风向
E. 消防站应布置在城市主导风向的下风向

90. 下列缓解城市中心区交通拥挤和停车矛盾的措施，正确的是(　　)。
A. 设置独立的地下停车库
B. 结合公共交通枢纽设置停车设施
C. 利用城市中心区的小街巷划定自行车停车位
D. 在商业中心附近的道路上设置路边停车带
E. 在城市中心区边缘设置截流性停车设施

91. 下列关于城市公共交通规划的表述中,正确的是( )。
A. 规划应在客流预测的基础上,使公共交通的客运能力满足高峰客流需求
B. 快速公交线路应尽可能将城市中心和对外客运枢纽串接起来
C. 普通公交线路要尽可能体现为乘客服务的方便性,应布置在城市服务性道路上
D. "复合式公交走廊"是一种混合交通模式,有利于提高公共交通的服务水平
E. 公交线网的规划布局应使客流量尽可能集中到几条骨干线路上

92. 下列不属于历史文化名城保护规划保护体系层次的是( )。
A. 历史文化名城　　　　　　　　B. 历史街区
C. 历史文化街区　　　　　　　　D. 文物保护单位
E. 历史建筑

93. 编制历史文化名城保护规划,评估的主要内容是( )。
A. 传统格局和历史风貌
B. 文物保护单位和近年来恢复建设的传统风格建筑
C. 历史环境要素
D. 传统文化及非物质文化遗产
E. 基础设施、公共安全设施和公共服务设施现状

94. 环境保护的基本目的包括( )。
A. 保护和改善生活环境与生态环境
B. 防治污染和其他公害
C. 保障人体健康
D. 防御与减轻灾害影响
E. 促进社会主义现代化建设的发展

95. 《城市用地竖向规划规范》将规划地面形式分为( )。
A. 平坡式　　　　　　　　　　　B. 折线式
C. 台阶式　　　　　　　　　　　D. 自由式
E. 混合式

96. 控制性详细规划的控制体系包括( )。
A. 土地使用控制　　　　　　　　B. 建筑建造控制
C. 市政设施配套　　　　　　　　D. 交通活动控制
E. 开发成本控制

97. 下列表述中,正确的是( )。
A. 乡与镇一般为同级行政单元
B. 集镇是乡的经济、文化和生活服务中心
C. 集镇一般是乡人民政府所在地
D. 集镇通常是一种城镇型聚落
E. 乡是集镇的行政管辖区

98. 下列关于居住区配套设施的表述,正确的是( )。
A. 如容量允许,可以利用项目以外的现有设施,无需重复建设
B. 配套设施的面积规模达标的前提下,功能应根据市场需求设置

C. 高层小区用地较小，一般可按照组团级进行配套
D. 当项目规模介于小区和组团之间时，可以适当增配组团级配套设施
E. 可根据区位条件，适当调整居住区配套公建的项目和面积

99. 下列关于风景名胜区的表述，正确的是(　　)。

A. 风景名胜区应当具有独特的自然风貌或历史特色的景观
B. 风景名胜区应当具有观赏、文化或科学价值
C. 特大型风景名胜区指用地规模 $400km^2$ 以上的风景名胜区
D. 风景名胜区应当具备游览和进行科学文化活动的多重功能
E. 1982 年以来，国务院已先后审定公布了五批国家级风景名胜区名单

100. 下列表述中，正确的是(　　)。

A. 简·雅各布斯在《美国大城市的死与生》中研究怎样的建筑和环境设计能够更好地支持社会交往和公共生活，提升户外空间规划设计的有效途径
B. 西谛在《城市建筑艺术》一书中提出了现代城市空间组织的艺术原则
C. 凯文·林奇在《城市意象》一书中提出了关于城市意向的构成要素是地标、节点、路径、边界和地区
D. 第十小组尊重城市的有机生长，出版了《模式语言》一书，其设计思想的基本出发点是对人的关怀和对社会的关注
E. 埃德蒙·N·培根在《小城市空间的社会生活》中，描述了城市空间质量与城市活动之间的密切关系，证明物质环境的一些小改观，往往能显著地改善城市空间的使用情况

参 考 答 案

模 拟 试 题 一

(一) 单选题

1. A	2. B	3. C	4. D	5. D	6. B	7. B	8. C	9. D	10. B
11. C	12. D	13. A	14. C	15. D	16. C	17. B	18. C	19. D	20. C
21. A	22. A	23. D	24. A	25. A	26. B	27. A	28. C	29. C	30. C
31. D	32. B	33. A	34. D	35. A	36. B	37. D	38. C	39. B	40. D
41. A	42. A	43. B	44. A	45. D	46. B	47. C	48. D	49. C	50. B
51. B	52. D	53. A	54. D	55. D	56. B	57. C	58. C	59. A	60. C
61. C	62. C	63. D	64. D	65. C	66. D	67. A	68. C	69. A	70. C
71. B	72. B	73. D	74. D	75. C	76. D	77. B	78. D	79. B	80. A

(二) 多选题

81. A、C、E	82. A、B、C、D	83. A、B、C、D	84. B、C、E
85. C、D	86. A、B、C、E	87. A、B、C、E	88. C、D、E
89. A、C、D	90. A、D、E	91. A、C、E	92. A、D、E
93. B、D、E	94. A、B、C、E	95. B、C、E	96. A、B、D、E
97. A、B、C、D	98. A、C、E	99. A、B、D	100. A、C、E

模 拟 试 题 二

(一) 单选题

1. D	2. B	3. A	4. D	5. C	6. B	7. C	8. C	9. B	10. B
11. B	12. D	13. D	14. B	15. C	16. D	17. C	18. B	19. C	20. C
21. C	22. B	23. A	24. A	25. A	26. A	27. C	28. B	29. D	30. C
31. C	32. D	33. B	34. C	35. C	36. B	37. D	38. B	39. C	40. B
41. D	42. C	43. D	44. A	45. D	46. D	47. D	48. A	49. D	50. C
51. B	52. B	53. C	54. B	55. A	56. B	57. B	58. B	59. B	60. D
61. A	62. C	63. C	64. D	65. B	66. D	67. A	68. B	69. C	70. A
71. A	72. B	73. D	74. B	75. C	76. D	77. A	78. B	79. B	80. A

(二) 多选题

81. B、C、D、E 82. B、C、D、E 83. A、B、C、D 84. B、C 85. B、C、E
86. B、D 87. A、B、C、D 88. A、B、C 89. A、C、E 90. A、B、C、E
91. A、B、C、E 92. B、C、D 93. A、B、D、E 94. A、C、D 95. A、B、C、D
96. A、C 97. A、B、D、E 98. A、D、E 99. B、D、E 100. A、B、C

模 拟 试 题 三

(一) 单选题

1. B 2. B 3. B 4. A 5. B 6. C 7. A 8. C 9. C 10. B
11. B 12. C 13. C 14. B 15. B 16. C 17. D 18. D 19. D 20. C
21. C 22. A 23. A 24. C 25. B 26. A 27. D 28. C 29. C 30. C
31. D 32. D 33. C 34. A 35. D 36. A 37. A 38. C 39. D 40. D
41. A 42. D 43. A 44. B 45. B 46. B 47. B 48. C 49. D 50. D
51. A 52. A 53. B 54. C 55. C 56. C 57. C 58. D 59. C 60. A
61. D 62. B 63. D 64. A 65. B 66. D 67. C 68. D 69. A 70. D
71. A 72. D 73. C 74. D 75. B 76. A 77. D 78. B 79. A 80. C

(二) 多选题

81. A、B、E 82. A、B 83. C、D、E 84. A、C、D 85. A、B、C、D
86. B、C、D 87. B、D、E 88. A、C、D、E 89. A、B、E 90. A、C
91. A、E 92. A、B、C 93. A、C、D 94. A、C、D、E 95. A、B、C、D
96. B、C、E 97. B、E 98. B、E 99. A、B、E 100. C、D、E

模 拟 试 题 四

(一) 单选题

1. B 2. C 3. B 4. C 5. C 6. A 7. D 8. C 9. A 10. B
11. C 12. B 13. C 14. D 15. D 16. B 17. C 18. D 19. A 20. C
21. B 22. D 23. D 24. D 25. A 26. C 27. D 28. C 29. A 30. B
31. B 32. B 33. A 34. B 35. B 36. A 37. B 38. D 39. A 40. B
41. D 42. B 43. A 44. B 45. B 46. B 47. D 48. A 49. D 50. A
51. B 52. A 53. D 54. B 55. A 56. B 57. C 58. B 59. B 60. C
61. A 62. D 63. C 64. A 65. B 66. B 67. A 68. C 69. D 70. D
71. B 72. C 73. C 74. A 75. D 76. C 77. A 78. A 79. B 80. B

（二）多选题

81. A、B、E	82. A、B、C、E	83. B、C、E	84. A、C、D	85. B、C、D、E
86. A、B、C	87. B、D	88. A、C、D	89. B、C、D、E	90. C、D
91. A、B、C、E	92. A、E	93. B、D	94. D、E	95. A、B、D
96. B、C、D	97. B、D、E	98. B、C、D、E	99. C、D、E	100. B、D、E

模 拟 试 题 五

（一）单选题

1. B	2. C	3. C	4. D	5. D	6. B	7. B	8. B	9. D	10. C
11. C	12. C	13. B	14. B	15. C	16. B	17. B	18. C	19. B	20. B
21. D	22. D	23. C	24. C	25. B	26. B	27. C	28. B	29. B	30. D
31. B	32. D	33. D	34. D	35. A	36. C	37. B	38. D	39. D	40. D
41. A	42. D	43. C	44. A	45. D	46. B	47. D	48. A	49. D	50. A
51. B	52. B	53. A	54. B	55. A	56. C	57. B	58. D	59. D	60. C
61. B	62. A	63. A	64. C	65. C	66. A	67. C	68. B	69. A	70. A
71. A	72. B	73. A	74. B	75. C	76. A	77. A	78. C	79. C	80. D

（二）多选题

81. A、C、E	82. A、B、E	83. A、C、D	84. A、B、C、D	85. A、C、E
86. B、E	87. A、B、C、E	88. A、C、E	89. A、C、E	90. A、B、E
91. A、B、C	92. B、E	93. A、C、D	94. A、B、C、E	95. A、C、E
96. A、B、C、D	97. A、B、C	98. B、D、E	99. A、B、D	100. A、B、C

参 考 文 献

[1] 全国城市规划执业制度管理委员会．全国注册城市规划执业考试指定用书——城市规划原理．北京：中国建筑工业出版社，2000.

[2] 全国城市规划执业制度管理委员会．全国注册城市规划执业考试指定参考用书——城市规划原理．北京：中国计划出版社，2002.

[3] 全国城市规划执业制度管理委员会．全国注册城市规划执业资格考试参考用书之一城市规划原理（试用版）．北京：中国计划出版社，2008.

[4] 全国城市规划执业制度管理委员会．全国注册城市规划执业资格考试参考用书之一城市规划原理（2011年版）．北京：中国计划出版社，2011.

[5] 李德华主编．城市规划原理（第三版）．北京：中国建筑工业出版社，2001.

[6] 同济大学城市规划教研室编．中国城市建设史．北京：中国建筑工业出版社，1982.

[7] 沈玉麟编．外国城市建设史．北京：中国建筑工业出版社，1989.

[8] 孙施文编．城市规划法规读本．上海：同济大学出版社，1999.

[9] 郑毅主编．城市规划设计手册．北京：中国建筑工业出版社，2000.

[10] 陈友华，赵民主编．城市规划概论．上海：上海科学技术文献出版社，2000.

[11] 张兵著．城市规划实效论——城市规划实践的分析理论．北京：中国人民大学出版社，1998.

[12] 刘杰，郑新建主编．行政法学．北京：中国人民公安大学出版社，2001.

[13] 城市综合交通体系规划标准 GB/T 51328－2018. 2018.

[14] 武汉建筑材料工业学院，同济大学，重庆建筑工程学院．城市道路与交通．北京：中国建筑工业出版社，1990.

[15] 姚雨霖等．城市给排水．北京：中国建筑工业出版社，1982.

[16] 章庭笏等．城市集中供热规划．北京：中国建筑工业出版社，1983.

[17] 章庭笏等．城市煤气规划．北京：中国建筑工业出版社，1981.

[18] 将永琨等．城市消防规划与管理技术．北京：地震出版社，1990.

[19] 戴慎志主编．城市宫城系统规划．北京：中国建筑工业出版社，1999.

[20] 王炳坤编．城市规划中的工程规划．天津：天津大学出版社，1994.

[21] 中华人民共和国行业标准．城市绿地分类标准 CJJ/T 85－2002. 北京：中国建筑工业出版社，2002.

[22] 城市规划编制办法．2005.

[23] 村镇规划编制办法．2001.

[24] 全国城市规划执业制度管理委员会．科学发展观与城市规划．北京：中国计划出版社，2007.

[25] 全国人大常委会法制工作委员会经济法室．国务院法制办农业资源环保法制司．住房和城乡建设部规划司、政策法规司．中华人民共和国城乡规划法解说．北京：知识产权出版社，2008.

[26] 城市居住区规划设计标准 GB 50180－2018. 2018.

[27] 风景名胜区规划规范.1999.

[28] 王建国.现代城市设计理论和方法.南京：东南大学出版社，1991.

[29] [美]E·N·培根等著.黄富厢，朱琪编译.城市设计.北京：中国建筑工业出版社，1989.

[30] 中华人民共和国行业标准.城市用地分类与规划建设用地标准 GB 50137—2011.北京：中国建筑工业出版社，2011.

[31] 村庄整治规划编制办法.2013.

[32] 城市设计管理办法.2017.

[33] 海绵城市专项规划编制暂行规定.2016.

[34] 国家级风景名胜区规划编制审批办法.2015.

[35] 城市地下综合管廊工程规划编制指引.2015.

[36] 历史文化名城名镇名村街区保护规划编制审批办法.2014.

[37] 生态保护红线划定技术指南.2015.

[38] 关于统一规划体系 更好发挥国家发展规划战略导向作用的意见.2018.

[39] 乡村振兴战略规划(2018—2022年).2018.

[40] 中共中央 国务院关于建立国土空间规划体系并监督实施的若干意见.2019.

[41] 省级国土空间规划编制指南(试行).2020.

[42] 关于在国土空间规划中统筹划定落实三条控制线的指导意见.2020.

后　记

《全国注册城乡规划师职业资格考试辅导教材》（第十三版）是按照 2008 年 6 月全国城市规划执业制度管理委员会公布的《全国城市规划师执业资格考试大纲（修订版）》要求，参考全国城市规划执业资格制度委员会编写的《全国注册城市规划师执业考试指定用书》，并在总结前 18 年的考试试题的基础上，组织国内专家进行编写的。

要感谢王宇新高级工程师、梁利军、陈超、高飞老师，以及石璐、刘德铭、李波、胡文静、苟树东、胡立军、陶春晖、李慧、李敬桃、薛艳妮、闫红、胡晓春、李爱军、田伟、马建国、刘晔、金晶、戴峰、刘昱如、肖晶、鲁长亮、吴菡、花倩、蒲茂林、陈见、陶玉钊、王鹏、王双杰、余峥、刘菲、孙渭铭、王琛、何素琴、马坤、赵兵兵、贵妩娇、胡聪聪、王芳、李瑾、孙德发、刘晓光、郭鑫等的工作。由于时间所限，不当之处在所难免，敬请指正，以便于今后进一步修改完善。

在此，谨向《全国注册城乡规划师职业资格考试辅导教材》的组织单位中国建筑工业出版社给予的支持和配合表示衷心的感谢，并向中国建筑工业出版社陆新之等编辑，以及校对、美术设计的相关人员表示感谢！

《全国注册城乡规划师职业资格考试辅导教材》编委会

2020 年 5 月 30 日